油气储运工程师技术岗位资质认证丛书

计量工程师

中国石油天然气股份有限公司管道分公司　编

石油工业出版社

内 容 提 要

本书系统介绍了油气长输管道计量工程师所应掌握的专业基础知识、管理内容及相关知识，并分三个层级给出相应的测试试题。其中，第一部分重点介绍了计量标准、油气物性、计量设备等知识；第二部分重点介绍了计量设备维护管理、计量交接、计量检定、站场运销管理、生产管理系统应用等管理内容；第三部分为试题集，是评估相关从业人员岗位胜任能力的标准。

本书适用于油气长输管道计量工程师技术岗位和相关管理岗位人员阅读，可作为业务指导及资质认证培训、考核用书。

图书在版编目(CIP)数据

计量工程师／中国石油天然气股份有限公司管道分公司编. —北京：石油工业出版社，2018.1
（油气储运工程师技术岗位资质认证丛书）
ISBN 978-7-5183-1823-0

Ⅰ.①计… Ⅱ.①中… Ⅲ.①油气-计量-资格考试-自学参考资料 Ⅳ.①TE863.1

中国版本图书馆 CIP 数据核字（2017）第 052235 号

出版发行：石油工业出版社
　　　　　（北京安定门外安华里2区1号　100011）
　　　　网　　址：www.petropub.com
　　　　编辑部：(010)64523583　图书营销中心：(010)64523633
经　　销：全国新华书店
印　　刷：北京中石油彩色印刷有限责任公司

2018年1月第1版　2018年1月第1次印刷
787×1092毫米　开本：1/16　印张：16.5
字数：400千字

定价：75.00元
（如出现印装质量问题，我社图书营销中心负责调换）
版权所有，翻印必究

《油气储运工程师技术岗位资质认证丛书》编委会

主　任：潘殿军
副主任：袁振中　南立团　张　利
成　员：罗志立　董红军　梁宏杰　刘志刚　冯庆善　伍　焱
　　　　赵丑民　关　东　徐　强　孙兴祥　李福田　孙晓滨
　　　　王志广　孙　鸿　李青春　初宝军　杨建新　安绍旺
　　　　于　清　程德发　佟文强　吴志宏

办公室

主　任：孙　鸿
副主任：吴志宏
成　员：杨雪梅　朱成林　张宏涛　孟令新　李　楠　井丽磊

《计量工程师》编写组

主　编：王志学
副主编：庞永庆　耿　健　刘　博　李　春
成　员：苏豪育　李姣姣　李跟臣　侯广文　李昌霖　黄　鑫
　　　　吴振宁　王立伟　陈　光　刘　翀　韩宝东

《计量工程师》审核组

大纲审核

主　审：王大勇　南立团　董红军　刘志刚
副主审：李　伟　吴志宏
成　员：郭　晶　李昌霖　尤庆宇　孟令新

内容审核

主　审：李　伟
副主审：宋　飞
成　员：侯广文　李昌霖　刘圭群　黄　鑫　杨雪梅　吴凯旋

体例审核

孙鸿　吴志宏　杨雪梅　张宏涛　井丽磊　吴凯旋

前　言

《油气储运工程师技术岗位资质认证丛书》是针对油气储运工程师技术岗位资质培训的系列丛书。本丛书按照专业领域及岗位设置划分编写了《工艺工程师》《设备(机械)工程师》《电气工程师》《管道工程师》《维抢修工程师》《能源工程师》《仪表自动化工程师》《计量工程师》《通信工程师》和《安全工程师》10个分册。对各岗位工作任务进行梳理，以此为依据，本着"干什么、学什么，缺什么、补什么"的原则，按照统一、科学、规范、适用、可操作的要求进行编写。作者均为生产管理、专业技术等方面的骨干力量。

每分册内容分为三部分，第一部分为专业基础知识，第二部分为管理内容，第三部分为试题集。其中专业基础知识、管理内容不分层级，试题集按照难易度和复杂程度分初、中、高三个资质层级，基本涵盖了现有工程师岗位人员所必须的知识点和技能点，内容上力求做到理论和实际有机结合。

《计量工程师》分册由中国石油管道公司生产处牵头，中原输油气分公司、西安输油气分公司、郑州输油气分公司等单位参与编写。其中，第一部分由王志学、庞永庆负责编写；第二部分第四章由王志学、侯广文、李昌霖、刘博、李春、苏豪育、黄鑫、吴振宁、王立伟、陈光、刘翀、韩宝东负责编写，第二部分第五至第八章由耿健、刘博、李春负责编写；第三部分由刘博、李春、苏豪育、李姣姣、李跟臣负责编写。刘博、刘春统稿，最后由审核组审定。

在编写过程中，编写人员克服了时间紧、任务重等困难，占用大量业余时间，编者所在的单位和部门给予了大力的支持，在此一并表示感谢。因作者水平有限，内容难免存在不足之处，恳请广大读者批评指正，以便修订完善。

编者

目 录

计量工程师工作任务和工作标准清单 …………………………………………… (1)

第一部分 计量专业基础知识

第一章 计量基础知识 …………………………………………………………… (3)
  第一节 计量名词术语 ………………………………………………………… (3)
  第二节 法定计量单位 ………………………………………………………… (5)
  第三节 误差理论及数据处理 ………………………………………………… (7)
  第四节 油品计量相关性质和计量参数 ……………………………………… (12)
  第五节 油气计量相关计量标准 ……………………………………………… (16)

第二章 油气物性基础知识 ……………………………………………………… (18)
  第一节 油品基本特性 ………………………………………………………… (18)
  第二节 天然气的组成及其性质 ……………………………………………… (21)

第三章 计量设备基础知识 ……………………………………………………… (27)
  第一节 刮板流量计 …………………………………………………………… (27)
  第二节 质量流量计 …………………………………………………………… (30)
  第三节 涡轮流量计 …………………………………………………………… (37)
  第四节 振动管密度计 ………………………………………………………… (38)
  第五节 标准体积管 …………………………………………………………… (40)
  第六节 一球一阀双向体积管 ………………………………………………… (44)
  第七节 活塞式体积管 ………………………………………………………… (47)
  第八节 超声波流量计 ………………………………………………………… (56)
  第九节 孔板差压式流量计 …………………………………………………… (60)
  第十节 流量计算机系统 ……………………………………………………… (62)
  第十一节 气相色谱仪 ………………………………………………………… (64)

第二部分 计量管理及相关知识

第四章 计量设备维护管理 ……………………………………………………… (69)
  第一节 刮板流量计维护管理 ………………………………………………… (69)
  第二节 质量流量计维护管理 ………………………………………………… (72)
  第三节 涡轮流量计维护管理 ………………………………………………… (74)
  第四节 一球一阀双向体积管维护管理 ……………………………………… (77)
  第五节 活塞式体积管维护管理 ……………………………………………… (79)

第六节　气体超声流量计维护管理 …………………………………（81）
   第七节　色谱分析仪维护管理 ………………………………………（84）
   第八节　孔板流量计维护管理 ………………………………………（88）
   第九节　便携式数字密度计的维护管理 ……………………………（91）
   第十节　计量用过滤器维护管理 ……………………………………（93）
   第十一节　流量计算机系统维护管理 ………………………………（94）
第五章　计量交接管理 ……………………………………………………（96）
   第一节　油气计量交接管理 …………………………………………（96）
   第二节　输差产生及控制方法 ………………………………………（97）
   第三节　天然气损耗管理 ……………………………………………（100）
第六章　计量检定管理 ……………………………………………………（103）
   第一节　贸易交接计量器具检定周期 ………………………………（103）
   第二节　容积式流量计检定管理 ……………………………………（103）
   第三节　质量流量计检定管理 ………………………………………（107）
   第四节　一球一阀双向体积管检定管理 ……………………………（112）
   第五节　活塞式体积管检定管理 ……………………………………（118）
第七章　站场运销管理 ……………………………………………………（122）
   第一节　计划管理 ……………………………………………………（122）
   第二节　运销数据统计管理 …………………………………………（123）
   第三节　油品盘点管理 ………………………………………………（125）
   第四节　其他 …………………………………………………………（126）
第八章　生产管理系统 ……………………………………………………（127）
   第一节　ERP系统(计量管理模块)应用管理 ………………………（127）
   第二节　PPS系统应用管理 …………………………………………（135）
   第三节　QMS系统应用管理 …………………………………………（163）
附录A　原油计量交接协议模板 …………………………………………（176）
附录B　成品油计量交接协议模板 ………………………………………（183）
附录C　天然气计量交接协议模板 ………………………………………（191）

第三部分　计量工程师资质认证试题集

初级资质理论认证 ………………………………………………………（194）
   初级资质理论认证要素细目表 ………………………………………（194）
   初级资质理论认证试题 ………………………………………………（194）
   初级资质理论认证试题答案 …………………………………………（201）
初级资质工作任务认证 …………………………………………………（204）
   初级资质工作任务认证要素细目表 …………………………………（204）
   初级资质工作任务认证试题 …………………………………………（205）
中级资质理论认证 ………………………………………………………（217）
   中级资质理论认证要素细目表 ………………………………………（217）

  中级资质理论认证试题 …………………………………………………………（217）
  中级资质理论认证试题答案 ……………………………………………………（223）
中级资质工作任务认证 ……………………………………………………………（226）
  中级资质工作任务认证要素细目表 ……………………………………………（226）
  中级资质工作任务认证试题 ……………………………………………………（226）
高级资质理论认证 …………………………………………………………………（236）
  高级资质理论认证要素细目表 …………………………………………………（236）
  高级资质理论认证试题 …………………………………………………………（236）
  高级资质理论认证试题答案 ……………………………………………………（243）
高级资质工作任务认证 ……………………………………………………………（246）
  高级资质工作任务认证要素细目表 ……………………………………………（246）
  高级资质工作任务认证试题 ……………………………………………………（246）
参考文献 ……………………………………………………………………………（253）

计量工程师工作任务和工作标准清单

序号	工作任务	工作步骤、目标结果、行为标准[输油、输气站、维(抢)修单位]		
		初级	中级	高级
业务模块一：计量设备维护管理				
1	刮板流量计的维护管理	编制设备维护保养计划，参与组织实施	能够对设备易损件进行更换	
2	质量流量计的维护管理	能够确认流量计报警	能够对设备易损件进行更换	
3	涡轮流量计的维护管理	编制设备维护保养计划，参与组织实施	能够对设备易损件进行更换	
4	一球一阀双向体积管的维护管理			
5	活塞式体积管的维护管理			
6	超声流量计的维护管理	更换超声波流量计探头	流量计检测	
7	气体涡轮流量计的维护管理	编制设备维修计划，参与组织实施		
8	气相色谱仪的维护管理		(1) 载气更换； (2) 标准气更换	
业务模块二：计量交接管理				
1	油气计量交接	(1) 按相关标准计算交接油气量； (2) 按相应计量协议进行计量交接		
2	输差产生及控制	(1) 油品损耗的形式； (2) 输油管道的输差构成； (3) 降低输油管道输差的控制措施		

续表

序号	工作任务	工作步骤、目标结果、行为标准 [输油、输气站、维(抢)修单位]		
		初级	中级	高级
3	天然气损耗管理	(1) 天然气损耗相关计算公式； (2) 天然气输差损耗的产生原因； (3) 控制天然气管道输差损耗的措施		

业务模块三：计量检定管理

序号	工作任务	初级	中级	高级
1	容积式流量计检定管理	计量工艺系统要求		容积式流量计检定
2	质量流量计检定管理		(1) 流量计调零； (2) 流量计标定系数修改	(1) 活塞式体积管检定流量计准备； (2) 流量计检定
3	一球一阀双向体积管检定管理			对一球一阀双向体积管进行检定
4	活塞式体积管检定管理			对活塞式体积管进行检定

业务模块四：原油、成品油运销管理

序号	工作任务	初级	中级	高级
1	原油、成品油计划管理	原油月度运销计划的表得和执行		
2	原油、成品油运销数据的统计与上报管理	分析场站输差损耗较大的原因		
3	油品盘点管理	库存盘点过程中，油罐检尺需要注意哪些技术要求		

业务模块五：生产系统管理

序号	工作任务	初级	中级	高级
1	ERP系统（计量管理模块）应用管理	(1) 录入计量员数据； (2) 录入流量计、体积管检定计划； (3) 录入流量计检定、检修记录		
2	PPS系统应用管理	(1) PPS系统应用的考核与奖惩办法，应急处理措施和保密规则； (2) 填报PPS运销日报		
3	QMS系统应用管理	(1) 录入企业信息； (2) 录入管理机构	进行在用工作计量器具录入	

第一部分　计量专业基础知识

第一章　计量基础知识

第一节　计量名词术语

（1）量。现象、物体或物质的特性，其大小可用一个数和一个参照对象表示。

（2）量值。用数和参照对象一起表示的量的大小。

（3）量的数值。量值表示中的数，而不是参照对象的任何数。

（4）计量单位。根据约定定义和采用的标量，任何其他同类量可与其比较使两个量之比用一个数表示。

（5）测量。通过实验获得并可合理赋予某量一个或多个量值的过程。

（6）计量。实现单位统一和量值准确可靠的活动。

（7）计量器具（测量仪器）。单独或与一个或多个辅助设备组合，用于进行测量的装置[1]。

计量器具包括计量基准器具、计量标准器具和工作计量器具3大类。

所谓计量基准器具即国家计量基准器具，简称计量基准，是指用以复现和保存计量单位量值，经中华人民共和国国务院计量行政部门批准作为统一全国量值最高依据的计量器具。

所谓计量标准器具，简称计量标准，是指准确度低于计量基准的、用于检定次级计量标准或工作计量器具的计量器具。

（8）测量系统。一套组装的并适用于特定量在规定区间内给出测量信息的一台或多台测量仪器，通常还包括其他装置，诸如试剂和电源。

（9）测量标准。具有确定的量值和相关联的测量不确定度，实现给定量定义的参照对象。在我国，测量标准按用途分为计量基准和计量标准。

（10）校准。在规定条件下的一组操作，第一步是确定由测量标准提供的量值与相应示值之间的关系，第二步是用此信息确定由示值获得测量结果的关系，这里测量标准提供的量值与相应示值都具有测量不确定度。

（11）检定。查明和确认计量器具是否符合法定要求的活动，它包括检查、加标记和（或）出具检定证书。

（12）检定规程。为评定计量器具的计量特性，规定了计量性能、法制计量控制要求、检定条件和方法以及检定周期等内容，并对计量器具作出合格与否判定的计量技术法规。

（13）正确度。无穷多次重复测量所得量值的平均值与一个参考量值间的一致程度。

（14）精密度。在规定条件下，对同一或类似被测量对象重复测量所得示值间的一致程度。

（15）测量准确度。被测量的测得值与其真值之间的一致程度。

（16）准确度等级。在规定工作条件下，符合规定的计量要求，使测量误差或仪器不确定度保持在规定极限内的测量仪器或测量系统的等别或级别。

（17）测量不确定度。根据所用到的信息，表征赋予被测量量值分散性的非负参数。

不确定度表示在实验测量结果中，由于测量误差的存在，而对被测量值不能确定的程度，表示被测量的真值存在于某一个量值范围的评定。它反映测量结果可信程度的高低，可理解为一定概率的误差极限。具体表示为与一定置信概率相联系的误差分布，是个确定的值。不确定度是表示误差可能存在的范围，表征结果的可信赖程度，不是具体的真误差，它只是以参数形式定量表示了无法修正的那部分误差范围。它的大小是按照一定的方法计算出来的。不确定度越小，说明测量结果可信度越高。但不确定度大不一定意味着误差的绝对值大。测量不确定度与测量误差密切相联，它们都是测量过程中不完善性因素所引起的。测量不确定度理论是在测量误差理论基础上发展和完善的，不是对测量误差理论的废弃，测量误差理论是测量不确定度的基础。

（18）测量重复性。在一组重复性测量条件下的测量精密度。重复性测量条件是指相同测量程序、相同操作者、相同测量系统、相同操作条件和相同地点，并在短时间内对同一或相类似被测对象重复测量的一组测量条件。

（19）测量复现性。在复现性测量条件下的测量精密度。复现性测量条件是指不同地点、不同操作者、不同测量系统，对同一或类似被测对象重复测量的一组测量条件。

（20）量值传递。通过对计量器具的校准或检定，将国家测量标准所实现的计量单位量值通过各等级测量标准传递到工作测量仪器的活动，以保证被测量所获得的量值准确一致。

（21）计量溯源性。通过文件规定的不间断的比较链，测量结果与参照对象联系起来的特性，校准链中的每项校准均会引入测量不确定度。

（22）法制计量。为满足法定要求，由有资格的机构进行的涉及测量、测量单位、测量仪器、测量方法和测量结果的计量活动，它是计量学的一部分。

（23）计量法。定义法定计量单位、规定法制计量任务及其运作的基本架构的法律。

（24）计量保证。法制计量中用于保证测量结果可信性的所有法规、技术手段和必要的活动。

（25）计量监督。为核查计量仪器是否遵守计量法律、法规要求并对测量仪器的制造、进口、安装、使用、维护和维修所实施的控制。

（26）型式批准。根据型式评价报告所作出的符合法律规定的决定，确定该测量仪器的型式符合相关的法定要求并适用于规定领域，以期它能在规定的期间内提供可靠的测量结果。

（27）法定计量机构。负责在法制计量领域实施法律、法规的机构。

法定计量机构可以是各级政府计量行政部门；也可以是政府计量行政部门设立或授权建立的机构，即法定计量检定机构，如国家专业计量站、附属于政府计量行政部门的计量检定所（测试所）。其主要任务是执行法制计量控制。

（28）强制周期检定。根据规定的周期和程序，对测量仪器定期进行的一种后续检定。

强制检定的计量器具包括3部分：

① 社会公用的计量标准器具；
② 部门和企业、事业单位使用的最高计量标准器具；
③ 用于贸易结算、安全防护、医疗卫生、环境监测方面的列入强制检定项目的工作计量器具。

(29) 仲裁检定。用计量基准或社会公用计量标准所进行的以裁决为目的计量检定活动。

(30) 检定证书。证明计量器具已经过检定并符合相关法定要求的文件。

(31) 实验室认可。对校准和检测实验室有能力进行特定类型校准和检测所做的一种正式承认。

(32) 标准参比条件。在油气计量时的标准压力和标准温度条件，我国油气计量的标准参比条件是 101.325kPa 和 20℃（热力学温度为 293.15K）。如果液态烃在 20℃ 条件下的蒸气压大于大气压力，则标准参比压力应该等于 20℃ 下的平衡压力。也可采用合同压力和合同温度作为参比条件。

第二节　法定计量单位

《中华人民共和国计量法实施细则》自 1987 年 2 月 1 日起执行。我国的法定计量单位（以下简称法定单位）包括：

（1）国际单位制的基本单位，见表 1-2-1。
（2）国际单位制的辅助单位，见表 1-2-2。
（3）国际单位制中具有专门名称的导出单位，见表 1-2-3。
（4）国家选定的非国际单位制单位，见表 1-2-4。
（5）由以上单位构成的组合形成的单位。
（6）由词头和以上单位所构成的十进倍数和分数单位，词头见表 1-2-5。
法定单位的定义、使用方法等，由国家计量局另行规定。

表 1-2-1　国际单位制的基本单位

量的名称	单位名称	单位符号
长度	米	m
质量	千克（公斤）	kg
时间	秒	s
电流	安[培]	A
热力学温度	开[尔文]	K
物质的量	摩[尔]	mol
发光强度	坎[德拉]	cd

表 1-2-2　国际单位制的辅助单位

量的名称	单位名称	单位符号
平面角	弧度	rad
立体角	球面度	sr

表 1-2-3 国际单位制中具有专门名称的导出单位

量的名称	单位名称	单位符号	其他表示方式
频率	赫[兹]	Hz	s^{-1}
力、重力	牛[顿]	N	$kg \cdot m/s^2$
压力、压强、应力	帕[斯卡]	Pa	N/m^2
能量、功、热	焦[耳]	J	$N \cdot m$
功率、辐射通量	瓦[特]	W	J/s
电荷量	库[仑]	C	$A \cdot s$
电位、电压、电动势	伏[特]	V	W/A
电容	法[拉]	F	C/V
电阻	欧[姆]	Ω	V/A
电导	西[门子]	S	A/V
磁通量	韦[伯]	Wb	$V \cdot s$
磁通量密度、磁感应强度	特[斯拉]	T	Wb/m^2
电感	亨[利]	H	Wb/A
摄氏温度	摄氏度	℃	
光通量	流[明]	lm	$cd \cdot sr$
光照度	勒[克斯]	lx	lm/m^2
放射性活度	贝可[勒尔]	Bq	s^{-1}
吸收剂量	戈[瑞]	Gy	J/kg
剂量当量	希[沃特]	Sv	J/kg

表 1-2-4 国家选定的非国际单位制单位

量的名称	单位名称	单位符号	换算关系和说明
时间	分	min	1min = 60s
	时	h	1h = 60min = 3600s
	天(日)	d	1d = 24h = 86400s
平面角	[角]秒	(″)	1″ = (π/648000)rad(π 为圆周率)
	[角]分	(′)	1′ = 60″ = (π/10800)rad
	度	(°)	1° = 60′ = (π/180)rad
旋转速度	转每分	r/min	$1r/min = (1/60)s^{-1}$
长度	海里	n mile	1n mile = 1852m (只用于航程)
速度	节	kn	1kn = 1n mile/h = (1852/3600)m/s(只用于航行)
质量	吨	t	$1t = 10^3 kg$
	原子质量单位	u	$1u \approx 1.6605655 \times 10^{-27} kg$
体积	升	L(l)	$1L = 1dm^3 = 10^{-3} m^3$
能	电子伏	eV	$1eV \approx 1.6021892 \times 10^{-10} J$
级差	分贝	dB	
线密度	特[克斯]	tex	1tex = 1g/km

表 1-2-5 用于构成十进倍数和分数单位的词头

所表示的因素	名称	词头符号
10^{18}	艾[可萨]	E
10^{15}	拍[它]	P
10^{12}	太[拉]	T
10^{9}	吉[咖]	G
10^{6}	兆	M
10^{3}	千	k
10^{2}	百	h
10^{1}	十	da
10^{-1}	分	d
10^{-2}	厘	c
10^{-3}	毫	m
10^{-6}	微	μ
10^{-9}	纳[诺]	n
10^{-12}	皮[可]	p
10^{-15}	飞[母托]	f
10^{-18}	阿[托]	a

注：(1) 周、月、年(年的符号为 a)，为一般常用时间单位。
(2) [ ] 内的字是在不致混淆的情况下，可以省略的字。
(3) ( ) 内的字为前者的同义语。
(4) 角度单位度、分、秒的符号不处于数字后时，用括弧。
(5) 升的符号中，小写字母 l 为备用符号。
(6) r 为"转"的符号。
(7) 人民生活和贸易中，质量习惯称为重量。
(8) 公里为千米的俗称，符号为 km。
(9) 10^4 称为万，10^8 称为亿，10^{12} 称为万亿，这类数词的使用不受词头名称的影响，但不应与词头混淆。

第三节 误差理论及数据处理

一、有关误差的名词术语

1. 测量误差
测量结果与被测量真值之差。
2. 量的真值
量的真值是与量的定义一致的量值。量的真值是一理想的概念，它是在消除所有测量上的缺陷情况下获得的，因而在实际测量条件下一般无法获得真值。通常采用理论真值、约定真值、多次测量算术平均值等作为真值。
3. 修正值
真值与测量值之差。在数值上为测量误差的相反数。修正值是用代数方法与未修正的测量结果相加,以补偿系统误差的值。

修正因子:为补偿系统误差而与未修正测量结果相乘的数字因子。

4. 系统误差

在重复测量中保持不变或按可预见方式变化的测量误差的分量。

5. 随机误差

在重复测量中按不可预见方式变化的测量误差的分量。在实际测量条件下,多次测量同一量值时,误差的绝对值和符号以不可预定方式变化着的误差。随机误差及其出现的概率遵从正态分布的形式,具有如下的特点:

(1) 单峰性。绝对值小的误差出现的概率比绝对值大的误差出现的概率要大。

(2) 对称性。绝对值相等的正负误差出现概率相等。

(3) 有界性。绝对值特别大的误差出现的概率近乎为零,也就是误差有一定的实际界限。

(4) 抵偿性。在实际测量条件下对同一量进行多次测量,测量误差的算术平均值随测量次数的增加而减小,最后趋于零。

6. 粗大误差

超出在规定条件下预期的误差。是由于不应有的原因造成的,如测量人员错误读取、记录数据,使用了有缺陷的计量器具或者计量器具使用方法不当等。含有粗大误差的测量结果视为异常值,在测量中应按照一定的方法(如莱因达准则、汤姆逊准则)进行剔除。

二、测量误差的表示方法

1. 绝对误差

绝对误差(ΔX)的定义为测量结果(X)与其真值X_0之差。即绝对误差=测量值-真值。即:

$$\Delta X = X - X_0$$

例如,用2.0级压力表测量某压力值为0.3MPa,用0.4级精密压力表测得压力值为0.29MPa,则2.0级压力表测量绝对误差为0.3MPa-0.29MPa=0.01MPa。

计量器具的绝对误差,可通过给出修正的方法加以消除。修正值在数值上为绝对误差的相反数。

2. 相对误差

绝对误差与被测量真值之比称为相对误差(R)。即:

$$R = \Delta X / X_0$$

相对误差有正负,一般用百分数表示。

给出相对误差定义主要是为了评价和比较测量器具、测量结果的准确度。

例如,用一块压力表测量0.5MPa压力,测量值为0.51MPa,用另一块压力表测量5MPa压力,测量值为5.01MPa,两块压力表测量的绝对误差均为0.01MPa,但第一块压力表的相对误差为$(0.01 \div 0.5) \times 100\% = 2\%$,第二块压力表的相对误差为$(0.01 \div 5) \times 100\% = 0.2\%$。从这两个相对误差可以看出,后者更准确。

3. 引用误差

虽然相对误差可以衡量不同量值测量的准确度,但不便于用来衡量连续刻度仪表的准确度，因为这类仪表有一定的标称范围，根据相对误差的定义，即使在全量程范围内绝对误差保持不变，每个测量点上相对误差也不同，且随着被测量值的增大而减小。为便于划分这类仪表的准确度级别，取某一个特定的值(这个特定值可以是测量器具的量程，或是测量范围最高值)作为分母，这个特定值一般称为引用值，由此引出引用误差概念。即引用误差=仪器示值的绝对误差/仪器的量程(测量范围最高值)。

引用误差用公式表示为：

$$R_n = \frac{\Delta X}{X_n}$$

式中　R_n——计量器具的引用误差；

　　　ΔX——计量器具的绝对误差；

　　　X_n——计量器具的量程或测量范围最高值。

这类仪表的准确度等级，是依据它允许的最大引用误差来划分的，一般来说，如果仪表的精度等级为 S，则仅说明其最大引用误差不会超过 $S\%$。假如仪表的量程为 $0 \sim X_n$，在任一测量点 X 处，其绝对误差应不大于 $X_n \cdot S\%$，而其相对误差应小于或等于 $(X_n \cdot S\%)/X$。因 $X_n \geq X$，故测量点 X 处的相对误差大于或等于 $S\%$。因此，在使用这类仪表时，为提高测量的准确性，应尽可能在其测量上限处工作，一般宜使用满量程的 1/3~2/3 范围。

例如，某计量站压力一般不超过 0.5MPa，现有两块压力表供选择，一块是量程为 0~1.0MPa，精度为 1.0 级；另一块是量程为 0~4MPa，精度为 0.4 级，试从提高测量准确度角度分析，应选择哪一块更合适？

解：由仪表精度等级可知其最大引用误差分别为 1.0% 和 0.4%，据此求出各自的最大绝对误差为：

$$\Delta X_1 = 1 \times 1.0\% = 0.01 \text{MPa}$$
$$\Delta X_2 = 4 \times 0.4\% = 0.016 \text{MPa}$$

再计算它们在测量点 0.5MPa 处的示值相对误差：

$$R_{n_1} = (0.01 \div 0.5) \times 100\% = 2.0\%$$
$$R_{n_2} = (0.016 \div 0.5) \times 100\% = 3.2\%$$

由此可见，虽第一块压力表的准确度等级低于第二块，但其实际测量时的误差却小于第二块。

三、测量误差的来源

测量是由具体的测量人员使用规定的计量器具，按规定测量方法，在规定环境条件下完成的，因此测量误差也来源于这些方面。

1. 计量器具(设备)误差

计量器具是用来测量，并能得到准确量值的工具或装置，因此就存在制造工艺、零部件联结间隙、使用过程中的摩擦、器具调整等因素，使计量器具本身具有误差，这种误差称为计量器具误差。

2. 环境误差

测量时由于环境条件(如温度、湿度、气压等引起测量空间内某些部分扰动、振动，电磁场、照明等)与规定条件不一致而引起的误差称为环境误差。

3. 人员误差

因测量者主观因素（生理上的最小分辨力、感觉器官的生理变化、反应速度，如读取刻度时的偏上或偏下、偏左或偏右等）和操作技术引起的误差。

4. 方法误差

方法误差是指由于测量方法不完善或计算方法不合理所引起的误差。在测量时，采用了近似的公式、选择了有一定误差的修正系数、采取了不合理的实验操作等将产生误差。

值得注意的是，以上几种误差有时是单独起作用，有时是共同起作用。总之，在分析具体测量中误差的来源时，要根据测量特点的不同进行全面分析，力求做到不遗漏、不重复，并善于抓住那些对误差影响较大的主要因素，消除可能的误差。

四、误差的消除方法

1. 消除系统误差的常用方法

为了使测量结果正确，就需要尽力消除系统误差。只有这样才能有效地提高测量准确度，这也是处理随机误差的前提。对于系统误差常采用：（1）将修正值加入测量结果中；（2）在测量过程中消除一切产生系统误差的因素；（3）在测量时选择适当的测量方法，使系统误差抵消而不带入测量结果中等基本方法加以消除。

下面简单介绍在测量过程中不使系统误差带入测量结果的一些常用方法。

1）定值系统误差消除的主要方法

主要包括检定修正法、代替法、反向对称法和交换法4种。

（1）检定修正法：将计量器具送检，求出其示值的修正值以修正之。

（2）代替法：在测量装置对未知量测量后，立即用一个标准量代替未知量并再作测量，以求出未知量与标准量的差值，以此对未知量进行准确测定。

（3）反向对称法：如果反向对称测量时误差符号相反，则可正向反向各测一次，取其平均值以消除误差。

（4）交换法：对某些测量条件（包括计量人员）交换，取交换前后测量结果的平均值，以消除误差。

2）规律性变化的系统误差的消除方法

对随时间变化的线性误差，用对称测量法，即将测量程序对某时刻对称地再作一次，即可消除随时间变化的线性误差。对周期误差，可以每经半个周期进行偶数次测量，即可有效消除，这称为半周期偶数测量法。对其他规律性变化误差，往往可以求出其变化函数关系，再进行修正。

2. 随机误差的消除

由随机误差的抵偿性和对称性可知，当测量次数无限增加时，测量误差的算术平均值的极限为零。因此，只要测量次数无限多，其测量结果的算术平均值就不存在随机误差。当然，在实际工作中，测量次数不可能无限多；但应尽量多测几次，并以多次测量结果的算术平均值作为最终测量值，以达到减小或消除随机误差的目的。

3. 粗大误差的消除

在测量过程中，测量值如果含有粗大误差，将使测得值受到严重歪曲，失去其可靠性和使用价值，因此，含有粗大误差的测量结果称为异常值或坏值，在数据处理前应予剔除。

粗大误差剔除方法有：莱因达准则（3σ 准则）、格拉布斯准则、狄克松准则、罗曼诺夫斯基准则（t 检验准则）、汤姆逊准则等。

如测量次数 $n(n>50)$，用莱因达准则（3σ 准则）最简单方便；$30<n<50$ 情形，用格拉布斯准则效果较好；狄克松准则适用于剔除多个异常值；对于一个粗大误差适用于汤姆逊准则。在实际应用中，较为精密的场合可选用二三种准则同时判断，若一致认为应当剔除时，则可以比较放心地剔除；当几种方法的判定结果有矛盾时，则应当慎重考虑，且在可剔与不可剔时，一般以不剔除为妥。

在体积管检定时，一般采用汤姆逊准则剔除粗大误差，汤姆逊准则如下：

（1）假设数据是 x_1，x_2，$\cdots$，x_n，$\bar{x}$ 表示这组数据的平均数。

即
$$\bar{x} = \frac{1}{n}(x_1 + x_2 + \cdots + x_n) \quad (1\text{-}3\text{-}1)$$

（2）按贝塞尔公式，标准差为：

$$\sigma = \sqrt{\frac{1}{n-1}[(x_1-\bar{x})^2 + (x_2-\bar{x})^2 + \cdots + (x_n-\bar{x})^2]} \quad (1\text{-}3\text{-}2)$$

（3）根据数据个数 n，从下表中查出 τ（其置信度取 0.05，即被剔除的测定值的有效概率为 5%）。

n	3	4	5	6	7	8	9	10	11
τ	1.409	1.608	1.757	1.814	1.848	1.870	1.885	1.895	1.904

（4）若测定值与平均值的偏差大于标准差与汤姆逊 τ 的乘积，则可以剔除这个测定值，即若式（1-3-3）成立：

$$|x_i - \bar{x}| > \sigma\tau \quad (1\text{-}3\text{-}3)$$

则可以将 x_i 剔除。

五、有效数字与数据修约规则

1. 正确数与近似数

从数值是否含有不确定性的角度可分为正确数和近似数，如 3，0.6 和 1/6 等不含有不确定性的数都是正确数；而像 π 和 e 等虽然也是正确数，但不能用有限位数表示出来，如取 π≈3.14，e≈2.72 等只是与其真值 π 和 e 近似相等的近似数。所以，近似数是指接近于正确数，但又不等于正确数的一个数。

2. 有效数字

在一个近似数中，从第一个非零的数字起到最末一位数字止的所有数字都是有效数字。有效数字的位数称为有效位数。

在有效数字的使用过程中，应特别注意"零"在数字中所处位置的不同，其表现的有效位数亦不同。简而言之，零在数前不计位数，零在数中或数后皆计位数，整数后面的零可以是有效位数，也可以不是有效位数。

例如，小数 0.0086 有 2 位有效数字；小数 0.0570 有 3 位有效数字；35.80 为 4 位有效数字；$X\times10^n$ 中有效数字在 X 中体现，如数字 3600 有 2 位有效位数时写成 36×10^2，当其有效位数为 3 位有效数字时写成 36.0×10^2，当其有 4 位有效位数时写成 36.00×10^2。

3. 数据修约规则

通过省略原数值的最后若干位数字，调整保留的末位数字，使最后所得到的值最接近原数据的过程，称为数据修约。

根据近似计算规则，计量学领域内采用数据修约规则如下：

(1) 拟舍弃数字最左一位数字小于 5 时，则舍弃，保留其余数字不变。

(2) 拟舍弃数字最左一位数字大于 5 时，末位进 1，即保留数字末加 1。

(3) 拟舍弃数字最左一位数字是 5 时，且其后有非 0 数字时末位进 1。

(4) 拟舍弃数字最左一位数字是 5 时，且其后无数字或皆为 0 时，则将末位凑成偶数，即末位为奇数时则进 1，末位为偶数时末位不变，亦称为奇进偶不进。

例如，将下列数字变为只留一位小数，则得：25.345→25.3，68.367→68.4，25.35001→25.4，25.350→25.4，25.450→25.4。

(5) 负数修约时，先将它的绝对值按上述规则修约，然后在所得值前面添加负号。

(6) 不允许连续修约。

第四节 油品计量相关性质和计量参数

一、油品计量相关性质

1. 油品的膨胀性

油品与任何物质一样，具有热胀冷缩的特点。这种随温度变化的性质称为油品的膨胀性。油品温度变化 1℃ 时其体积的相对变化率，称为热膨胀率。

$$\beta = \frac{1}{V} \cdot \frac{\Delta V}{\Delta T} \tag{1-4-1}$$

式中　β——油品的热膨胀率，℃$^{-1}$；
　　　V——油品原有体积，m³；
　　　ΔV——油品因温度变化膨胀的体积，m³；
　　　ΔT——油品温度变化值，℃。

在油品体积—温度修正时，用数学公式表示如下：

$$V_t = V_{tr}[1+\beta(t_t-t_r)] \tag{1-4-2}$$

式中　V_t——油品温度为 t 时的体积；
　　　V_{tr}——某基准温度下的体积；
　　　β——油品的体积温度系数；
　　　t_t——油品的温度；
　　　t_r——基准温度。

特别指出的是，β 值与油品密度大小有关，一般来说密度值越大，β 值越小；反之，密度值越小，β 值越大，见表 1-4-1。

表 1-4-1 β 值表

密度(20℃)(kg/m³)	β 值	备注
730.8~755.9	0.0011	查 GB 1885—1998《石油计量表》
826.6~868.5	0.0008	

2. 油品的压缩性

当作用在油品上的压力增加时，油品所占有的体积将会缩小，这种特性称为油品的压缩性。当油品温度不变，所受压力变化时(压力变化 0.1MPa 时)，其体积的变化率，称为油品压缩系数：

$$F = -\frac{1}{V} \cdot \frac{\Delta V}{\Delta p} \tag{1-4-3}$$

式中 F——流体的压缩系数，Pa^{-1}；

V——压力为 p 时的流体体积，m^3；

ΔV——压力增加 Δp 时流体体积的变化量，m^3。

在油品体积—压力修正时，用数学公式表示如下：

$$V_p = V_{pr}[1 - F(p_p - p_e)] \tag{1-4-4}$$

式中 V_p——油品压力为 p_p 时的体积；

V_{pr}——某基准压力下的体积；

F——油品的压缩系数；

p_p——油品的压力；

p_e——油品计量温度下的平衡压力(表压)，当油品计量温度下的饱和蒸气压不大于大气压力时，$p_e = 0$，否则为油品计量温度下的饱和蒸气压。

特别指出的是，F 值与油品密度大小有关，一般来说密度值越大，F 值越小；反之，密度值越小，F 值越大。

$$F = e^x \times 10^{-6} \tag{1-4-5}$$

$$x = -1.62080 + [21.592t + 0.5 \times (\pm 1.0)] \times 10^{-5} + [87096.0/\rho_{15}^2 + 0.5 \times (\pm 1.0)] \times 10^{-5} + [420.92t/\rho_{15}^2 + 0.5 \times (\pm 1.0)] \times 10^{-5}$$

式中 t——油品计量下温度，℃；

ρ_{15}——油品在 15℃ 时的密度，t/m^3。

二、计量相关参数

1. 流量

流量测量指的是测量单位时间内通过某一横截面的流体量。流量以质量表示时，称为"质量流量"；以体积表示时称为"体积流量"；以能量表示时，称为"能量流量"。流量计量是通过流量测量而得到的。流量测量是流量计量的手段和基础。然而，由于流量是由质量、长度、温度和时间等基本量的综合导出的量，是在流动过程中测得的，具有导出性、综合性和动态性，要测准它十分困难。

2. 温度

温度是表示物体冷热程度的物理量，微观上来讲是物体分子热运动的剧烈程度。温度只能通过物体随温度变化的某些特性来间接测量，而用来量度物体温度数值的标尺叫温标。它规定了温度的读数起点(零点)和测量温度的基本单位。目前国际上用得较多的温标有华氏温标(℉)、摄氏温标(℃)、热力学温标(K)和国际实用温标。从分子运动论观点看，温度是物体分子平均平动动能的标志。温度是大量分子热运动的集体表现，含有统计意义。对于个别分子来说，温度是没有意义的。

摄氏温度和华氏温度的关系：

$$℉ = 1.8℃ + 32 \tag{1-4-6}$$

摄氏温度和开尔文温度的关系：

$$K = ℃ + 273.15 \tag{1-4-7}$$

3. 流体的压力

我们把垂直并且均匀作用在单位面积上的力定义为流体的压力。

在国际单位制中，作用力 F 的单位是牛顿(N)，作用面积 A 的单位是平方米(m^2)，压力 p 的单位是牛顿/米²(N/m^2)即帕斯卡(Pa)。

在实际生活和生产中，压力概念常常不同，具体表现在：

(1) 大气压力。大气压力是地球表面上空气柱的重量所产生的压力。用符号 p_B 表示，大气压力值随气象情况、海拔高度和地理纬度等不同而改变。

(2) 表压力。测压仪表所指示的压力称为表压力，它是以大气压力为零起算的压力。用符号 p_G 表示表压力是通常工程中实用压力。

(3) 绝对压力。是指不附带任何条件起算的全压力。即液体、气体和蒸汽所处空间的全部压力。它等于大气压力和表压力之和，用符号 p_A 表示：

$$p_A = p_G + p_B$$

(4) 疏空压力。当绝对压力小于大气压力时，大气压力与绝对压力之差称为疏空压力，又叫真空压力、负压力。用符号 p_H 表示：

$$p_H = p_B - p_A$$

(5) 静压。在流体中不受流速影响而测得的表压力值。

(6) 动压。动压是指流体单位体积所具有的动能大小，通常采用下式计算：

$$p = \frac{1}{2}\rho v^2 \tag{1-4-8}$$

式中　ρ——流体密度；

　　　v——流体运动速度。

流体的压力由各种测压仪表测定。常用测压仪表有弹簧式压力表、压力变送器等。

4. 黏度

从宏观上讲黏度表示流体(气体和液体)流动时的难易程度，黏度大的流体流动困难，黏度小的流体易于流动，实质上，黏度表征流体内部有相对运动时，相互间的摩擦力，即相互障碍运动的力，内摩擦力也叫做黏滞力。流体的黏滞力可用牛顿内摩擦定律计算：

$$F = \eta \frac{vA}{d} \tag{1-4-9}$$

式中　F——两层流体间的内摩擦力，N；

　　　η——流体的动力黏度，Pa·s；

d——两层流体间的距离，m；

A——两层流体间的接触面积，m^2；

v——两层流体间的相对运动速度，m/s。

黏度有多种表示方法，常用油品黏度多用动力黏度、运动黏度和恩式黏度表示。在石油产品中，运动黏度为通用项目。

动力黏度：亦称绝对黏度。它表示液体在一定条件下作相对运动时，由剪切应力所产生的内部阻力的量度，用符号 μ 表示，其值为所加于流动液体的剪切力和剪切速率之比。法定计量单位为"帕·秒"（Pa·s）。非法定单位为"厘泊（cP）"或"泊（P）"，1P = 100cP，1cP = 10^{-3}Pa·s = 1mPa·s。

运动黏度：亦称运动黏度指数。它是液体动力黏度（μ）与同温度下液体密度（ρ）之比，用符号 v 表示，运动黏度法定计量单位为：二次方米每秒（m^2/s），非法定单位为"斯（St）"或"厘斯（cSt）"。1cSt = 0.01St = $10^{-6}m^2/s$ = $1mm^2/s$。

恩式黏度：亦称条件黏度或相对黏度。它是指在规定条件下，一定体积的油品在某温度时，从恩格勒黏度计的小孔流出 200mL 所需时间（s）与同体积水在 20℃ 的温度下流出所需时间（s）的比值，用符号 E 表示。在温度为 t℃ 时，恩式黏度用 Et 表示，单位为"度"。温度高则蒸发快，温度低则蒸发慢。

5. 饱和蒸气压

在一定温度下，与液体或固体处于相平衡的蒸气所具有的压力称为饱和蒸气压。同一物质在不同温度下有不同的蒸气压，并随着温度的升高而增大。饱和蒸气压是液体的一项重要物理性质，如液体的沸点、液体混合物的相对挥发度等都与之有关。面积大蒸发快，面积小蒸发慢。

6. 密度

在一定的温度和压力条件下，油品的质量与它的体积之比，称为密度：

$$\rho = \frac{m}{V} \tag{1-4-10}$$

式中 ρ——油品的密度，kg/m^3；

m——油品的质量，kg；

V——油品的体积，m^3。

1) 标准密度

在 20℃ 下，单位体积石油含有的质量。

2) 视密度

用石油密度计在温度 t℃（非 20℃）下测得的密度（密度计读数）。

3) 石油密度温度系数（γ）

在标准温度下，石油温度变化 1℃ 时，其密度的变化量称为石油密度温度系数，单位为 $g/(cm^3 \cdot ℃)$（表 1-4-2）。

$$\gamma = \frac{\rho_{20} - \rho_t}{t - 20} \tag{1-4-11}$$

式中 ρ_t——任一温度下的密度；

ρ_{20}——标准温度下的密度；

t——温度。

表 1-4-2 γ 值表

ρ_{20}(kg/m³)	γ	ρ_{20}(kg/m³)	γ
719.4~725.5	0.00085	845.1~853.3	0.00067
725.6~731.7	0.00084	853.4~861.8	0.00066
829.2~837.0	0.00069	861.9~870.4	0.00065
837.1~845.0	0.00068		

由一个条件到其他温差 t_2-t_1 不大于 5℃ 和压差 p_2-p_1 不大于 5MPa 的情况下，允许重新核算石油密度，使用下面公式：

$$\rho_{t_2 p_2} = \frac{\rho_{t_1 p_1}}{[1+\alpha_{t_1}(t_2-t_1)][1+\gamma_{t_1}(p_1-p_2)]} \tag{1-4-12}$$

式中 $\rho_{t_1 p_1}$ ——在温度为 t_1 和表压力为 p_1 条件下的石油密度，kg/m³；

$\rho_{t_2 p_2}$ ——在温度为 t_2 和表压力为 p_2 条件下的石油密度，kg/m³；

α_{t_1} ——在 t_1 条件下石油的体积膨胀系数，℃⁻¹；

γ_{t_1} ——在温度 t_1 的条件下石油的压缩系数，MPa⁻¹。

三、流量计主要技术指标

1. 流量范围

指流量计可测的最大流量与最小流量的范围。正常使用条件下，在该范围内满足计量性能要求。

2. 量程和量程比

流量范围内最大流量与最小流量值之差称为流量计的量程。最大流量与最小流量值的比值称为流量计的量程比，亦称为流量计的范围度。

3. 分界流量

在最大流量和最小流量之间的流量值，它将流量范围分割成两个区，即"高区"和"低区"。

第五节 油气计量相关计量标准

一、油品计量标准

GB/T 1885《石油计量表》。
GB/T 19779《石油和液体石油产品油量计算 静态计量》。
GB/T 9110《原油立式金属罐计量 油量计量方法》。
GB/T 9109.1《原油动态计量 一般原则》。
GB/T 9109.5《石油和液体石油产品油量计算 动态计量》。
SY/T 6682《用科里奥利流量计测量液态烃流量》。
GB/T 17288《液态烃体积测量 容积式流量计计量系统》。
GB/T 17289《液态烃体积测量 涡轮流量计计量系统》。

GB/T 17286.1《液态烃动态测量 体积计量流量计检定系统 第1部分：一般原则》。

GB/T 17286.2《液态烃动态测量 体积计量流量计检定系统 第2部分：体积管》。

GB/T 17286.3《液态烃动态测量 体积计量流量计检定系统 第3部分：脉冲插入技术》。

GB/T 17287《液态烃动态测量 体积计量系统的统计控制》。

GB/T 17286.4《液态烃动态测量 体积计量流量计检定系统 第4部分：体积管操作人员指南》。

二、油品化验标准

GB/T 4756《石油液体手工取样法》。

GB/T 27867《石油液体管线自动取样法》。

GB/T 8929《原油水含量的测定 蒸馏法》。

GB/T 1884《原油和液体石油产品密度实验室测定法（密度计法）》。

GB/T 13894《石油和液体石油产品液位测量法（手工法）》。

GB/T 8927《石油和液体石油产品温度测量 手工法》。

三、天然气的计量标准

GB/T 17820《天然气》。

GB/T 21446《用标准孔板流量计测量天然气流量》。

GB/T 18603《天然气计量系统技术要求》。

GB/T 18604《用气体超声波流量计测量天然气流量》。

GB/T 21391《用气体涡轮流量计测量天然气流量》。

GB/T 11062《天然气发热量、密度、相对密度和沃泊指数的计算方法》。

GB 12206《城镇燃气热值和相对密度测定方法》。

GB/T 17281《天然气中丁烷至十六烷烃类的测定 气相色谱法》。

GB/T 13609《天然气的取样方法》

GB/T 13610《天然气的组成分析 气相色谱法》。

GB/T 17747《天然气压缩因子的计算》。

四、检定规程

JJG 633《气体腰轮流量计》。

JJG 168《立式金属罐容量》。

JJG 259《标准金属量器》。

JJG 370《在线振动管液体密度计》。

JJG 667《液体容积式流量计》。

JJG 1038《科里奥利质量流量计》。

JJG 1003《流量积算仪》。

JJG 209《体积管》。

JJG 1037《涡轮流量计》。

JJG 899《石油低含水率分析仪》。

JJG 1030《超声流量计》。

第二章 油气物性基础知识

第一节 油品基本特性

一、易燃性

易燃烧是石油及其产品的特点之一。石油着火危险性是以该油闪点的高低来评定的。闪点是指在规定的试验条件下，油品蒸气和空气的混合物接近火焰闪出火花并立即熄灭时的最低温度。闪点越低，说明在常温下"闪火"的可能性越大，也就是着火的可能性越大。成品油中，汽油的闪点最低，煤油次之（不低于40℃），柴油较煤油又高些（不低于45~65℃）。可见汽油在常温下已具备燃烧条件，只要接触火源即能燃烧，着火危险性最大。煤油和柴油如被加热或外部有热源，也比较容易发生"闪火"，但危险程度低于汽油。

尽管石油及其产品有易燃烧的特征，而且某些油品着火危险性还很大，但油库火灾还是可以防止和杜绝的。防止油品着火的措施有控制可燃物和控制着火源。

1. 控制可燃物

可燃物、助燃物和着火源是燃烧必须具备的三要素。控制可燃物是防火的措施之一。油库中需要控制的可燃物有以下几种：

(1) 装卸过程中发生的跑、冒、滴、漏、溢油。这些暴露在大气中的油处于既未密闭储存，又没有阻火器之类的防火设备的环境中，因而应该随时清除。

(2) 清罐时清除的油污、油泥和废油等，应该将它们集中在指定地点，不得任意存放，更不准倒入下水道（排放），集中后应及时处理。

(3) 罐区、泵房等建筑物四周的枯草、杂草、垫木和树叶等。对此，要组织力量及时清除。

(4) 积聚的油蒸气。对此，应加强通风；容器烧焊前可用蒸汽驱除油气。

2. 控制着火源

1) 控制明火

(1) 不准携带火柴、打火机和其他明火进入油库或油品储存区；油库内严禁吸烟。修理工作必须使用明火作业时，应先提出用火申请，经批准并按要求切实采取安全措施后才能采取明火作业。

(2) 入库车辆必须配有小型灭火器材和防火罩；停车后应立即熄火；灌装作业时不得启动发动机。

(3) 蒸汽机车入库时，要加挂隔离车，关闭灰箱挡板，不准在库内清炉和溜放作业；其他机车入库后必须处于作业安全距离之外，并应采取防止火花的安全措施。

2）控制电火花
（1）罐区、库房、泵房、收（发）油台等作业区内的电器设备必须使用防爆型的。
（2）进入库区的铁轨必须在入库口前安装绝缘隔板，防止外部电源由铁轨流入油库产生电火花。
（3）防止金属敲击产生火花。
① 禁止穿带铁钉的鞋进入爆炸危险区。
② 禁止用铁质工具敲打容器的盖或使铁质工具与铁质工具相撞击。
③ 拔出或插入接卸鹤管时不得与罐车口碰撞。

二、易爆性

油蒸气和空气混合，达到一定比率时，遇火会发生爆炸。能发生爆炸的混合气体中油蒸气的最低含量称爆炸低限，最高含量称爆炸高限，从爆炸低限到爆炸高限称爆炸范围。汽油、煤油、柴油的爆炸范围见表2-1-1。

表2-1-1 汽油、煤油、柴油的爆炸范围

油品名称	与空气混合时的爆炸极限含量(%)	
	爆炸上限	爆炸下限
汽油	8.0	1.0
煤油	6.5	0.8
柴油	6.5	0.6

是否燃烧或爆炸主要决定于混合气中氧的含量。因此，有时先燃烧后爆炸；有时先爆炸后燃烧。防止爆炸的措施，与防火的措施相同。

需要指出的是，汽油的爆炸温度极限为-36~-7℃。这个爆炸温度范围在北方冬天是经常出现的，这表明汽油罐的爆炸危险性冬天比夏天大，但是煤油在夏天时则更容易爆炸。

三、易蒸发性

物质受热由液态变为气态的现象称为蒸发。石油及液体石油产品，尤其是原油和轻质成品油，具有强烈的蒸发性质。

1. 影响油品蒸发速度的因素
（1）温度。温度高，则蒸发快；温度低，则蒸发慢。
（2）蒸发面积。面积大，则蒸发快；面积小，则蒸发慢。
（3）液体表面空气流动速度。空气流动速度快，则蒸发快；流动速度慢，则蒸发慢。
（4）液面承受的压力。压力大，则蒸发慢；压力小，则蒸发快。
（5）密度。密度大，则蒸发慢；密度小，则蒸发快。

2. 石油及液体石油产品易蒸发性的害处
（1）容易引发火灾或爆炸等事故。
（2）造成轻质油损耗，发生数量短缺，降低了油品的品质。
（3）给工作人员中毒提供了必备条件，是污染环境的污染源。

四、易产生静电

绝缘体与另一绝缘体或绝缘体与导体摩擦会产生静电。在收发、输转、灌装过程中，油料沿管线流动与管壁摩擦，撞击容器壁且与容器壁摩擦，以喷洒的形式与空气摩擦，都会产生静电。静电电压随摩擦的加剧而增大。如不采取疏导的措施，当电压增高到一定程度时两带电体之间就会跳火(静电放电)，引起油品燃烧、爆炸。

1. 影响静电电压高低的因素

静电电压越高越容易放电，电压的高低主要与下列因素有关：

(1) 油在管线中的流速。流速越高，则产生的电压越高。

(2) 油的灌装方式。当进油口高于油面时，油在灌装过程中以喷溅形式与空气摩擦，与容器壁撞击，产生的静电电压较高；在液面下装油时，油面缓慢上升且没有液滴溅出，产生的电压较低。

(3) 管道的材质。非金属管线比金属管线容易产生静电。

(4) 油流经的阀、弯头、过滤网越多，产生的电压越高。

(5) 大气温度与空气湿度。大气温度越高、相对湿度越低，则产生的电压越高。

(6) 油的含水量导电性。含水油料比不含水的纯净油料产生的电压要高几倍到几十倍。油的导电性越差，则产生的电压越高。

2. 防止静电放电的方法

(1) 一切用于储存或输转油品的油罐、管线和装卸设备都必须有良好的接地装置，及时将静电导入地下，并应经常检查接地装置的技术状况。

(2) 向容器装油时，输油鹤管的出口必须接近容器底部，减少油品与容器底的冲击和与空气的摩擦。装船时要用导线将管线出油口和油船进油口连起来。卸油时初速度不得大于1m/s，进油口被没后流速可提高，但最高不得超过7m/s。

(3) 不允许穿化纤服装(防静电工作服除外)上罐或从事灌装作业。不允许用化纤布擦工具设备，不准用压缩空气清扫易燃油品的管线。

(4) 严禁在库内向塑料桶灌注易燃油品。

五、油品毒性

油品具有一定毒性。油品的毒害性随其化学组成、蒸发速度、所加添加剂的性质和加入量而不同。一般认为芳香烃、环烷烃、四乙铅和防锈剂毒性较大。这些有毒物质主要通过呼吸道、消化道和皮肤侵入人体，造成急性或慢性中毒。急性中毒可能造成迅速死亡。防毒的方法有以下几个：

1. 减少油蒸气的吸入量

(1) 对于室外作业，操作者应站在上风口；对于室内作业，作业场所应保持良好的通风，以减少人员的蒸气吸入量。

(2) 保证设备不渗、不漏。发现渗漏应及时维修，并收集、处理漏出的油品，以减少对作业区的污染。

(3) 操作者进入轻油罐、油舱作业时，应先打开人孔(光孔)进行通风，并配用有效的防毒面具，佩戴安全带和信号绳；在罐外，要有专人值班监护。进罐的工作人员应轮换作业。不允许进入铁路罐车、汽车罐车内清扫轻质余油。

2. 避免口腔和皮肤与油品接触

(1) 严禁用含铅汽油洗手、擦油渍、机件或作打火机燃料。

(2) 操作者作业时戴防护手套,作业完毕用肥皂洗手;未经洗手不准吸烟或者进食。

(3) 不要将沾有油污的工作服、手套等带进宿舍。沾有油污的工作服应放在指定的更衣室,并定期洗净。

第二节　天然气的组成及其性质

广义而言,自然界的天然气体统称为天然气。我们这里所指的天然气,仅是从地下油气藏中开采出来的气体,是一种以饱和碳氢化合物为主要成分的混合气体(主要成分为甲烷),是一种可燃性气体。

一、天然气的组分

天然气的组分是很复杂的气体混合物,大致可以分为以下几种:

(1) 烷烃。烷烃的通式为 C_nH_{2n+2},是天然气的主要成分。在常压、20℃时,甲烷、乙烷、丙烷、丁烷为气态,戊烷以上到 $C_{17}H_{36}$ 为液态,$C_{18}H_{38}$ 为固态。

(2) 烯烃。通式为 C_nH_{2n} 的烯烃,在大部分天然气中仅可能以微量存在,一般有乙烯、丙烯、丁烯。

(3) 环烷烃。通式为 C_nH_{2n} 的环烷烃。天然气中含量很少,典型的环烷烃有环戊烷、环己烷。

(4) 芳香烃。芳香烃是一种不饱和的环状烃类。在天然气中可能存在的芳香烃有苯、甲苯、二甲苯和三甲苯。

(5) 非烃类。天然气中含有的非烃类气体有氮气、二氧化碳、硫化氢、氢气、氦气、水蒸气,还有硫酸等有机硫化合物。

二、天然气的分类

天然气的分类有以下几种方法。

1. 按油气藏分类来分

(1) 气田气:气藏中烃类以单相存在,而戊烷以上组分很少,在开采过程中没有或较少有天然气凝析油凝析出来的天然气。特点是 CH_4 含量大于90%,在地层下以单相气态存在。

(2) 凝析气田气:气藏中戊烷以上组分含量较多,在开采过程中有较多的天然气凝析油析出,但没有或只有较少的原油同时采出来的天然气。特点是 C_5 以上烷烃含量较多,CH_4 含量在80%左右,单相气态。

(3) 油田伴生气:在油藏中,烃类以液相和气相两相共存,在开采过程中伴随原油同时被采出的天然气。特点是 CH_4 含量小于70%,在地层下气液两相共存。

2. 按烃类的组分来分

天然气按其组分分为干气、湿气、贫气、富气。根据我国情况作如下划分:

(1) 干气。$1m^3(N)$ 的天然气中,C_5 以上重烃液体含量低于 $13.5cm^3$。

(2) 湿气。$1m^3(N)$的天然气中，C_5以上重烃液体含量高于$13.5cm^3$。

(3) 富气。$1m^3(N)$的天然气中，C_5以上烃类液体含量超过$94cm^3$。

(4) 贫气。$1m^3(N)$的天然气中，C_5以上烃类液体含量低于$94cm^3$。

3. 按硫含量分

(1) 酸性天然气：含硫量大于$20mg/m^3(N)$的天然气，必须经净化才能管输。

(2) 洁气：不含硫或含硫量小于$20mg/m^3(N)$的天然气，不需要净化处理就可进行管输或利用的天然气。

三、天然气的成分表示法

天然气是多种组分的混合气体，因此，仅了解天然气有哪些组分还不够，需要进一步了解各组分在天然气中的含量多少，这就涉及天然气成分的组成问题。各组分在天然气中的含量多少，一般用体积组成或质量组成表示，体积组成也称为体积分数，质量组成也称为质量分数。

1. 体积组成

天然气中某些成分的体积组成，是指该组分的体积量与天然气的体积量之比值，也等于该组分的摩尔数之比与天然气的摩尔数之比值，即：

$$y_i = \frac{V_i}{V} = \frac{V_i}{\sum V_i} = \frac{N_i}{N} = \frac{N_i}{\sum N_i} \tag{2-2-1}$$

式中 y_i——天然气i组分的体积组成；

V_i——天然气i组分的体积；

V——天然气的体积（$V = \sum V_i$），m^3，L 或 mL；

N_i——天然气组分的物质的量，kmol；

N——天然气的物质的量（$N = \sum N_i$），kmol。

2. 质量组成

天然气中某些组分的质量组成是指该组分的质量与天然气的质量之比值，即：

$$g_i = \frac{m_i}{m} = \frac{m_i}{\sum m_i} \tag{2-2-2}$$

式中 g_i——天然气i组分的质量组成；

m_i——天然气i组分的质量，kg 或 g；

m——天然气的质量，kg 或 g。

利用式（2-2-2），可以计算天然气某组分的质量组成。

天然气的体积组成y_i和质量组成g_i可以相互换算，两者的换算公式为：

$$g_i = \frac{M_i y_i}{\sum M_i y_i} \tag{2-2-3}$$

$$y_i = \frac{\dfrac{g_i}{M_i}}{\sum \dfrac{g_i}{M_i}} \tag{2-2-4}$$

式中 M_i——天然气 i 组分的摩尔质量，数值上等于该组分气体的相对分子质量。

3. 天然气的相对分子质量

众所周知，物质是由许多非常小的分子组成的，分子是保持物质原有成分和一切化学性质的相对最小粒子。一个分子的质量很小，例如一个氢的相对分子质量是 $3.346×10^{-24}$。所以，化学上采用碳元素 C_{12} 的质量的十二分之一作为测量一切分子的质量的单位，用这种质量单位表示的分子质量叫相对分子质量。

天然气是多种组分组成的混合气体，无明确的分子式，也就是无明确的相对质量。天然气的相对分子质量，是根据天然气各组分的相对分子质量和它们的体积组成，用求和法计算的，通常称为相对分子质量，其公式为：

$$M = \sum y_i M_i \quad (2-2-5)$$

式中 M——天然气的相对分子量；
y_i——天然气各组分的体积组成；
M_i——天然气各组分的相对分子质量。

式(2-2-5)说明，天然气的相对分子质量，随着其组分的变化和各组分组成的变化而变化。由于天然气的最主要成分是甲烷，而且其体积组成为 70%~90%，所以天然气的相对分子质量为 17 左右。

四、天然气主要物化性质

1. 密度及相对密度

对于天然气来讲，单位体积天然气的质量称之为天然气的密度。由此定义可得到天然气密度计算公式：

$$\rho = \frac{m}{V} \quad (2-2-6)$$

式中 ρ——天然气的密度，kg/m^3；
m——天然气的质量，kg；
V——天然气的体积，m^3。

天然气的密度，在生产现场可以由取样分析测得，也可用下述公式，由其组分的密度和体积组成进行计算。

$$\rho = \sum \rho_i y_i \quad (2-2-7)$$

式中 ρ——天然气的密度，kg/m^3；
ρ_i——天然气各组分的密度，kg/m^3；
y_i——天然气各组分体积组成。

由于天然气的体积受其所受压力和温度的影响，随压力和温度的变化而改变，故天然气的密度也随压力和温度的变化而改变。通常在使用天然气的密度时，要说明所受的压力和温度，即天然气处于什么状态。

石油天然气生产中，经常使用相对密度这一概念，天然气的相对密度，是指在同温同压条件下，天然气密度与空气密度之比。即：

$$G = \frac{\rho}{\rho_a} \quad (2-2-8)$$

式中 ρ——天然气的密度，kg/m^3；

ρ_a——同温同压下空气的密度，kg/m^3；

G——天然气的相对密度。

通常所说的天然气的相对密度，是指压力为 101.325kPa、温度为 273.15K（即 0℃ 条件下时），即标准状态下的相对密度。天然气比空气轻，其相对密度一般小于 1，通常为 0.5~0.7。

2. 天然气的黏度

从宏观上讲黏度表示流体（气体和液体）流动时的难易程度，黏度大的流体流动困难，黏度小的流体易于流动，实质上，黏度表征流体内部有相对运动时，相互间的摩擦力，即相互障碍运动的力，内摩擦力也叫做黏滞力。

流体的黏滞力可用牛顿内摩擦定律计算：

$$F = \eta \frac{nA}{d} \quad (2-2-9)$$

式中 F——两层流体间的内摩擦力，N；

η——流体的动力黏度，Pa·s；

n——两层流体间的相对运动速度，m/s；

A——两层流体间的接触面积，m^2；

d——两层流体间的距离，m。

工程上经常使用运动黏度，因为运动黏度在计算中比较方便，它是动力黏度与密度的比值，即：

$$\mu = \frac{\eta}{\rho} \quad (2-2-10)$$

式中 μ——流体的运动黏度，m/s。

动力黏度又称为绝对黏度，运动黏度又称为相对黏度。

天然气的黏度，与其组分相对分子质量、组成、温度及压力有关。在低压条件下，压力变化对气体黏度影响不明显，温度升高时，气体黏度增大。在高压条件下，压力增加时，气体黏度增大；在压力不变时，随着温度升高，分子运动速度增大，使分子间接合条件恶化，气体黏度降低。天然气的最主要成分是甲烷，一般情况下天然气中甲烷含量可达 95% 以上，故可以用甲烷的黏度代替天然气的黏度。

3. 天然气的热值

天然气作为燃料使用，热值是一项重要的经济指标。天然气的热值是指单位数量的天然气完全燃烧时所放出的热量。天然气主要组分烃类是由碳和氢构成的，氢在燃烧时生成水并被汽化，由液态变为气态，于是一部分燃料热能消耗于水的汽化。消耗于水的汽化的热叫汽化热（或蒸汽潜热）。将汽化热计算在内的热值叫高热值（全热值），不计汽化热的热值叫低热值（净热值）。由于天然气燃烧的汽化热无法利用，工程上通常使用低热值即净热值。

天然气是混合气体，其热值可以由天然气各组分的体积组成和热值计算：

$$Q = \sum Y_i Q_i \quad (2-2-11)$$

式中 Q——天然气的热值，kJ/kg 或 kJ/m^3；

Q_i——各组分气体的热值，kJ/kg 或 kJ/m^3；

Y_i——各组分的体积组成。

4. 比容

单位天然气所占有的体积,称为天然气的比容。其表达式为:

$$\gamma = V/m \qquad (2\text{-}2\text{-}12)$$

式中 γ——天然气的比容,m^3/kg;

V——天然气的体积,m^3;

m——天然气的质量,kg。

5. 比热容

在不发生相变和化学变化的条件下,加热单位质量的物质时,温度升高1℃所吸收的热量,叫做此物质的比热容(或叫质量比热容)。使$1m^3$的物质温度升高1℃所需的热量,叫做体积比热容。

$$体积比热容=密度×质量比热容$$

根据气体加热的方式不同,又可分为:

(1) 比定压热容。加热时气体的压力保持不变,能量的一部分转变为气体的内能,另一部分使气体的体积膨胀而做功,这种比热容叫做比定压热容,用c_p表示。

(2) 比定容热容。加热时气体的体积不变,热量全部转变为气体的内能,不做膨胀功,这时的比热容叫做比定容热容,用c_V表示。

对于同一气体,其比定压热容较比定容热容大。

6. 天然气的含水量、湿度和露点

天然气在地层中长期与水接触,一部分天然气溶解于水中,一些水蒸气也进入天然气之中。所以,从地下气藏中开采出来的天然气,总是含有水气。通常所说的天然气含水量,是指天然气中水汽的含量。

天然气的绝对湿度,是指单位数量天然气中所含水蒸气的质量,单位是g/m^3。

在一定的温度和压力条件下,天然气的含水量达到某一最大值,就不能再增加水汽的含量,同时开始有水从天然气中凝析出来,此时的天然气含水量达到饱和,即天然气为水汽饱和。

天然气为水饱和时的绝对湿度,称为饱和绝对湿度,或简称饱和湿度。饱和湿度是一定压力和温度条件下天然气的最大含水气量。

天然气中的含水汽量超过此值后,就会有液态水析出。

在相同压力和相同温度下,气体的绝对湿度和饱和绝对湿度的比值称为相对湿度。

在一定压力下,饱和绝对湿度对应的温度称为水的露点,简称为露点。

7. 蒸气压力和沸点

液体的表面总有一些液体的分子蒸发,变为蒸气,这些蒸气产生的压力称为液体的蒸气压力。而一定的温度下与液体相互平衡的蒸气所具有的压力则称为饱和蒸气压。

饱和蒸气压与外界压力相等时的温度称为液体的沸点,也是气体的液化点。

8. 天然气的可燃性界限和爆炸限度

可燃气体与空气混合(空气中的氧为助燃物质),遇到火源时,可以发生燃烧或爆炸。爆炸是一种剧烈燃烧。

可燃气体与空气的混合物,遇到明火进行稳定燃烧的浓度范围称为可燃性界限,最低浓度称为可燃下限,最高浓度称为可燃上限。

可燃气及空气的混合物，在密闭系统中遇明火可以发生剧烈燃烧，即发生爆炸。可燃气体与空气的混合物，在封闭系统中遇明火发生爆炸时，其可燃气体在混合气体中的最低浓度称为爆炸下限，最高浓度称为爆炸上限，爆炸下限与爆炸上限之间的可燃气体的浓度范围，称为爆炸极限。爆炸极限与天然气的组分有密切的关系，是可以计算的。天然气的爆炸极限一般为4%~15%。

9. 天然气密度的确定

天然气密度的确定，有时直接用密度计测量，但是，大多数是通过分析出气体的组分，再通过计算求出。目前，对天然气密度的确定大部分是采用天然气组分分析确定法。

天然气是多组分气体混合物。天然气的全组分分析，国内在20世纪60年代以前广泛采用的是化学吸收—体积色层法，60年代以来普遍采用气相色谱法。气相色谱法具有简便、快速、准确的特点。

气相色谱的原理是根据组分在气—液或气—固两相分配系数的不同，在载气推动下，使不同组分得到分离，并用不同鉴定器检出。采用气相色谱法可以分析出天然气中近30个重要组分。

通过气相色谱仪分析出天然气的体积组成后，便可通过计算确定天然气的密度。

第三章　计量设备基础知识

第一节　刮板流量计

一、刮板流量计结构

刮板流量计有凸轮式和凹线式两种形式。一般都由流量计主体、连接部分和表头（指示器）组成，如图 3-1-1 和图 3-1-2 所示。

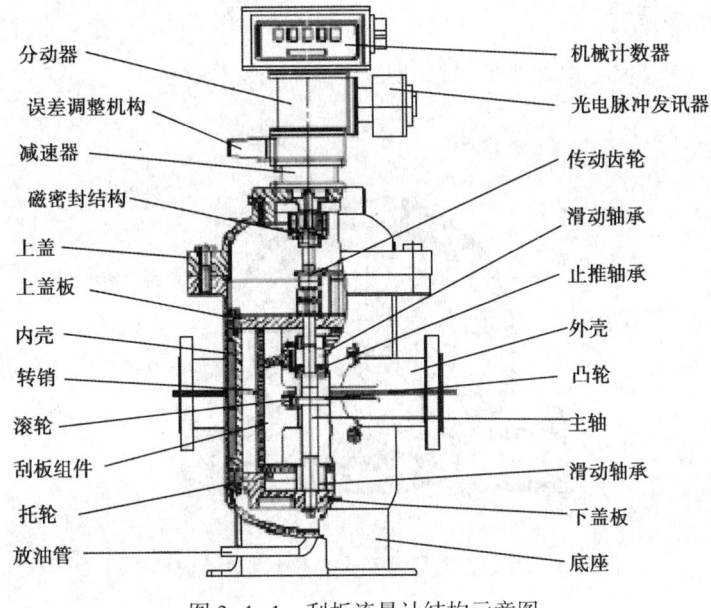

图 3-1-1　刮板流量计结构示意图

1. 凸轮式刮板流量计的结构

1) 流量计的主体部分

凸轮式刮板流量计的主体部分主要由转子、凸轮、刮板、连杆、滚柱及壳体等组成，如图 3-1-3 所示。

凸轮式刮板流量计的壳体内腔是圆形空筒。转子是一个转动的空心薄壁圆筒。当刮板是两对时，在转子圆筒壁上沿径向开有互成 90°角的 4 个槽。当 3 对刮板时，则互成 60°角的 6 个槽（最多也就是 6 个槽）。刮板在槽内滑动，能伸出也能缩回。4 个刮板由两根连杆连接，互成 90°角。3 对刮板则由 3 根连杆连接，互成 60°角，在空间交叉，互不相碰。在刮板与凸轮之间有一个轴承，4 个或 6 个轴承均在一个不动的、具有一定形状的凸轮上滚动，从而使刮板时而从转子内伸出，时而又缩回到转子内。

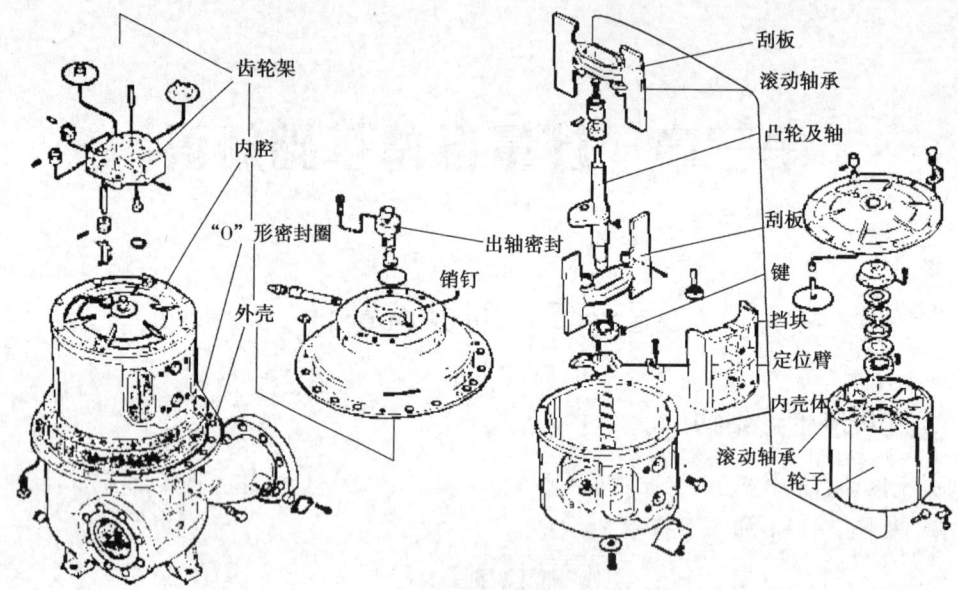

图 3-1-2　刮板流量计主体部分结构示意图

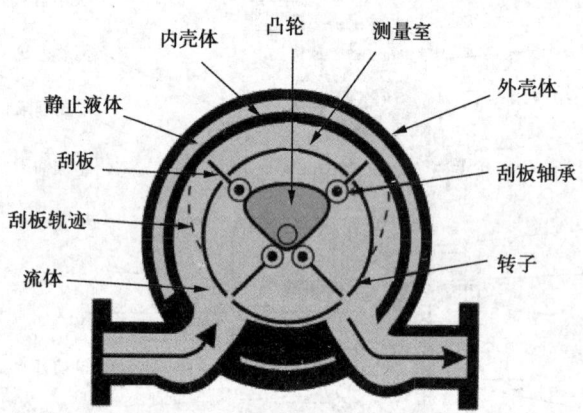

图 3-1-3　凸轮式刮板流量计主体部分结构示意图

2）密封连接部分

要将转子轴的转数传送到表头，必须有一个密封性能好，又能准确无误地将轴的转动可靠地传送到表头的连接部分。连接部分有 3 种结构形式：磁性联轴器、机械密封式和"O"形密封圈式的连接，见图 3-1-2 中的出轴密封。

3）表头（指示器）

流量计计量的液体量由表头指示，流量计计量的液体量由瞬时量、总的累积量和某一时间间隔的累积量，如图 3-1-4 所示。

2. 凹线式刮板流量计的结构

凹线式刮板流量计的主体部分主要由转子、刮板、连杆和壳体组成。壳体内腔是曲线形的，由大圆弧、小圆弧以及两条互相对称的凹线组成，运动的轨迹就是壳体内腔的形线——凹线，如图 3-1-5 所示。

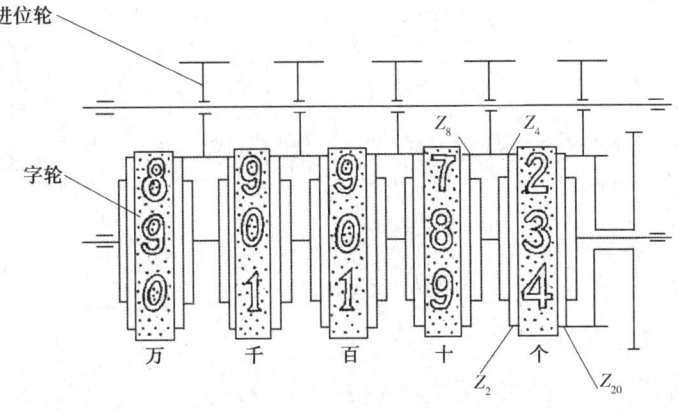

图 3-1-4 流量计表头

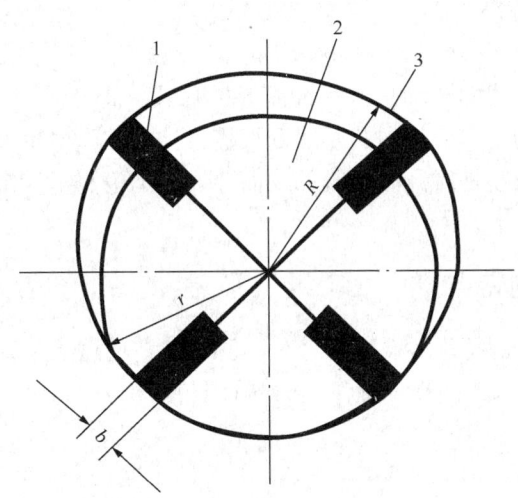

图 3-1-5 凹线式刮板流量计结构示意图
1—刮板；2—转子；3—壳体

二、刮板流量计工作原理

当被计量的液体经过流量计时，推动刮板和转子旋转，与此同时，刮板沿着一种特殊的轨迹呈放射状地伸出和缩回。但是，每两个相对的刮板端面之间的距离是一定值，所以在刮板连续转动时，在两个相邻的刮板、转子、壳体内腔以及上下盖板之间就形成了一个容积固定的计量空间。转子每转一圈，就可以排出 4 个（或 6 个）同样闭合的体积——精确的计量空间的液体量，只要记录转子转动的圈数就可测量出被测介质的体积量。不论哪种形式的刮板流量计，其动作原理都是相同的。下面以凸轮式刮板流量计为例，加以说明，如图 3-1-6 所示。

如图 3-1-6 中（a）所示还没有被计量的液体（黑色区域）流入流量计。流量计转子和刮板顺时针转动。刮板 A 和刮板 D 完全伸出转子，形成计量腔；刮板 C 和刮板 B 缩回转子内。如图 3-1-6 中（b）所示流量计转子和刮板已顺时针转动 45°角。刮板 A 完全伸出，刮板 D 部分缩回，刮板 C 完全缩回，刮板 B 部分伸出转子。如图 3-1-6 中（c）所示流量计转子和刮

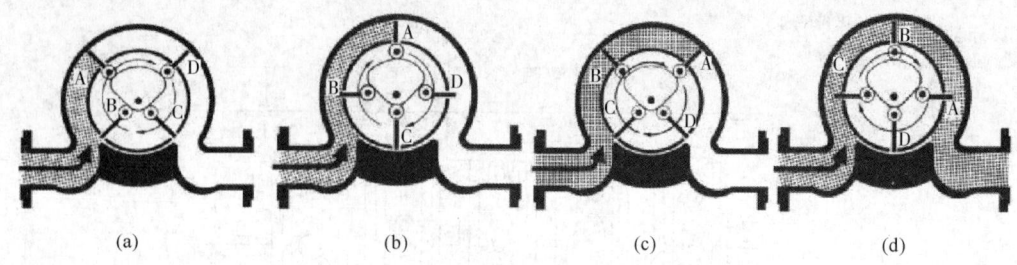

图 3-1-6　刮板流量计工作原理图

板已顺时针转动 90°角。刮板 A 仍保持完全伸出，刮板 B 已完全伸出，在刮板 A 和刮板 B 之间形成的计量腔测得一份已知体积。如图 3-1-6(d)所示，流量计转子和刮板顺时针转动 90°角后，所测得的那一份已知体积的液体被排出流量计，刮板 C 和刮板 B 之间正在形成第二个计量腔。刮板 A 已部分缩回，刮板 D 准备伸出。

在流量计转子和刮板顺时针转动 180°角后，已计量了两个计量腔的液体体积，第三个计量腔正在形成。随着液体的流动，上述过程不断地循环着。

凹线式刮板流量计的工作原理与凸轮式刮板流量计的工作原理基本相同，其区别在于凸轮式刮板流量计刮板的滑动是靠凸轮控制的，而凹线式刮板流量计刮板的滑动是靠壳体凹线来实现的。

三、刮板流量计的特点

（1）由于刮板流量计的特殊运动轨迹，使被测液体在通过流量计时完全不受干扰，不产生涡流，呈流线形流动状态，这一特点对提高计量准确度、减少压力损失创造了良好的条件。

（2）计量准确度高，可达±0.2%。

（3）结构设计上保证机械摩擦小，所以压力损失小，在最大流量下压力损失一般不超过 0.03MPa。

（4）适应性强。对不同黏度以及带有少量细颗粒的液体，均能保证计量准确度。

（5）振动和噪声较小。

（6）DN150 以上口径的流量计采用了双壳体，不受管线热膨胀和应力的影响，有利于检查和维修。同时，由于采用了双壳体，环境温度对计量影响减小。

其缺点是结构复杂，制造精度要求高，价格也相对较高。

第二节　质量流量计

一、质量流量计的结构

质量流量计一般由传感器和流量变送器组成。其中传感器是由测量管、振动驱动器、信号检测器、前置放大器、支撑结构和壳体等组成。流量传感器是一种基于科里奥利效应的谐振式传感器，传感器的敏感元件是测量管，是处于谐振状态的空心金属管，又称测量管。测量管的结构形式较多，有 U 型、双微弯管型、单直管型、双直管型、Ω 型、S 型和双 J 型等。成品油长输管道常用双 U 型和双微弯管型,如图 3-2-1 和图 3-2-2 所示。

图 3-2-1　双 U 型质量流量计外形　　　　图 3-2-2　双微弯管型质量流量计外形

1. 传感器

双 U 型管传感器结构,如图 3-2-3、图 3-2-4 所示,双微弯管型传感器结构图如图 3-2-5 所示。

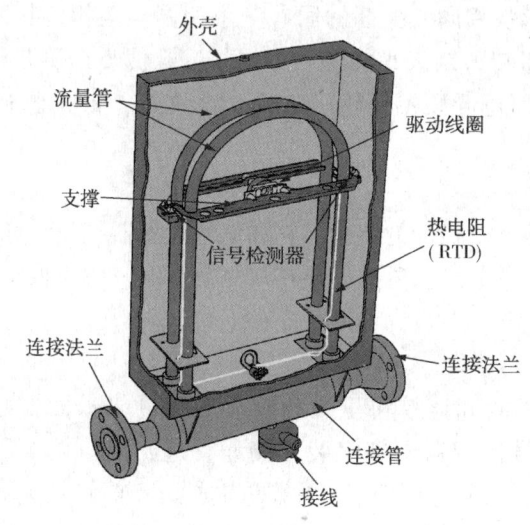

图 3-2-3　质量流量计结构图

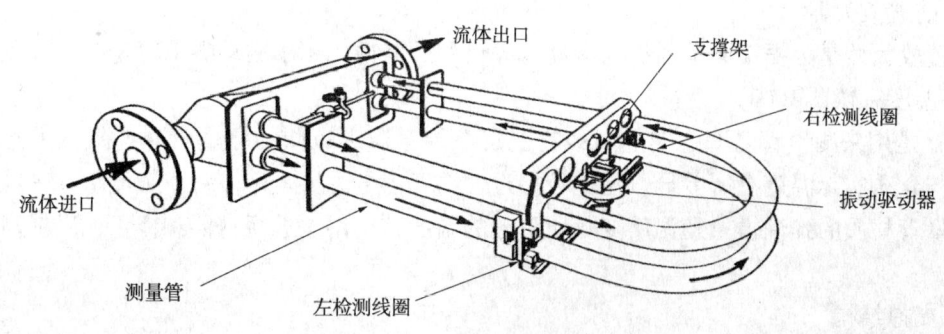

图 3-2-4　双 U 型管传感器结构

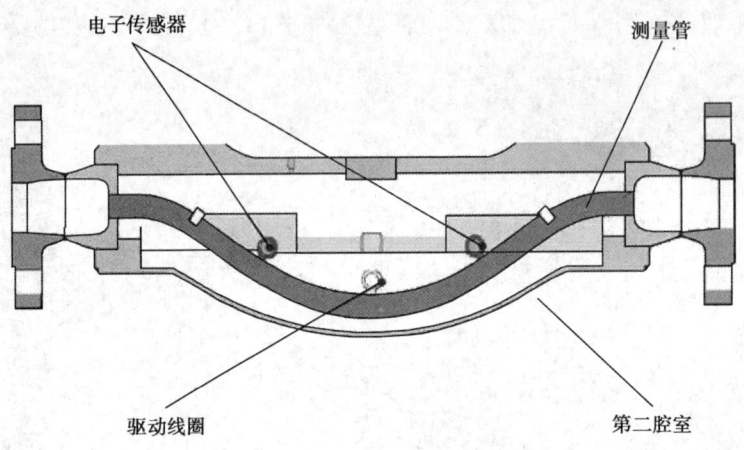

图 3-2-5 双微弯管型传感器结构

1）振动管

振动管即测量管是被测流体流经的管路。测量管由两根平行放置的 U 型管构成。被牢固地焊接到管线的连接管上。连接管上下游分别有与工艺管线接口的法兰，中部有电缆接线盒。流体通过专门的分流弯头分别进入两根测量管，分流弯头的作用是使流入两根测量管的流量相等。两根测量管形状相同、振荡的固有频率相同，但相位相差 180°，从而由于流体产生的科氏力所引起的扭转力矩大小相等、方向相反，使整个测量管系统处于受力平衡状态。一般测量管的材质为超低碳不锈钢、哈氏合金钢等，根据测量介质不同采用适当的材质。

2）振动驱动器

振动驱动器是驱动振动管振动的装置。它和信号检测器、放大处理电路构成一套正反馈自激振荡系统。电磁驱动器的永久磁铁安装在双测量管的其中一根上，而线圈则安装在另一根上。

3）信号检测器

信号检测器是用来检测和监控科里奥利效应的测量传感器。通常有光电式检测器和电磁式检测器两种。信号检测器分别安装在测量管进、出口两侧，其组成类似于电磁驱动器，由分别位于两根测量管上的线圈和磁铁组成，但它们是无源的，只向变送器发送正弦波信号。

4）前置放大器

前置放大器是为振动驱动器提供振动放大信号的器件，用于驱动振动管振荡。

5）温度补偿器 RTD

RTD 是用来测量管温度的铂电阻，它安装在传感器进口侧的测量管外壁上，虽然测得的温度与介质实际温度有所差异，但比较接近。温度信号主要是用于对质量流量和密度测量中由测量管材质的弹性模量随温度变化所引起的温度结构误差进行补偿和修正，以提高测量准确度。

6）支撑结构

支撑结构即振动管的支撑件，常用不锈钢材料铸造而成，它把振动管和安装法兰连接成一个整体。

7）壳体

壳体是对振动管、信号检测器和振动驱动装置进行保护的部件。传感器的其他部分用不锈钢壳体牢固地密封起来，内部充以氮气。一则可保护内部元器件；二则可防止外部气体进入，在测量管外壁冷凝结霜而降低测量准确度。通常情况下，流量传感器均采用单壳体保护。

2. 流量变送器

流量变送器是以微处理器为核心的电子系统。它用来向传感器提供驱动力，驱动传感器的线圈，使流量管振动。并将传感器的信号转换为质量流量信号和其他一些有意义的参数信号，同时具有根据压力、温度参数对质量流量和密度测量进行补偿和修正的功能。

流量变送器一般输出标准电流信号和频率信号，可通过手持通信器或 PC 接口进行组态，可按一定的通信协议，实现与上位机的 DCS 系统的交换与远传通信。变送器上的显示面板可以组态显示所有的各种参数。还具有故障报警、自诊断功能。

二、质量流量计工作原理

振动管在驱动线圈作用下产生振动，在左右两检测线圈中产生正弦波信号，如图 3-2-6 和图 3-2-7 所示。当有油品流经振动管时，振动管在科里奥利力的作用下产生扭曲，从而使左右两个检测线圈正弦波产生时间差 Δt（相位差），如图 3-2-7 和图 3-2-8 所示，而时间差 Δt 与流经振动管的油品质量 q_m 成正比，这样就可以通过测量两检测线圈检测信号的时间差，间接测量出油品的质量。

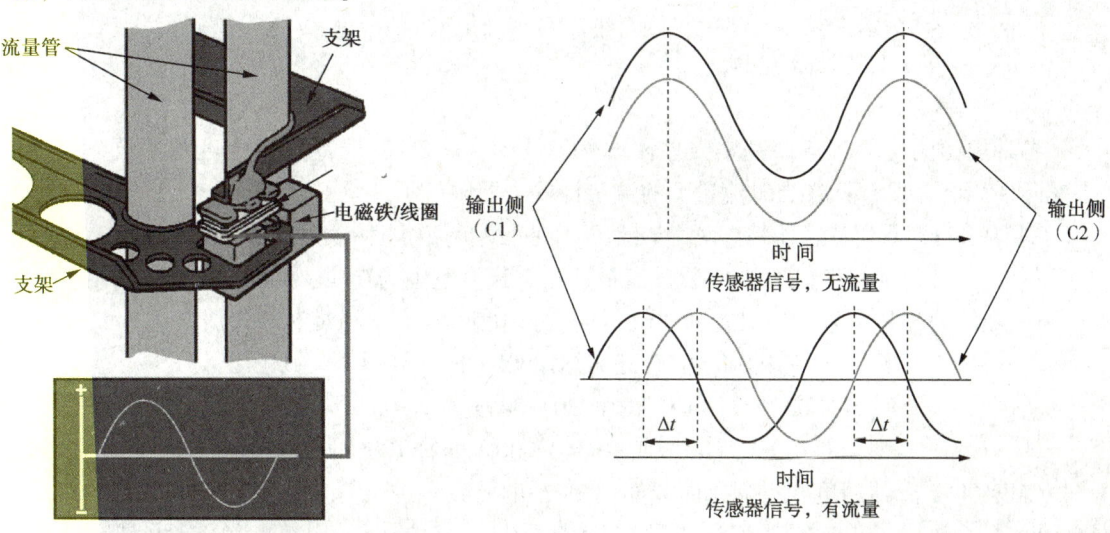

图 3-2-6 检测线圈及检测到的信号　　图 3-2-7 检测线圈检测到的信号

质量流量计流量数学模型：

$$q_m = KG\left[1 - \left(\frac{\omega}{\omega_\theta}\right)^2\right]\Delta t \tag{3-2-1}$$

式中　q_m——质量流量；

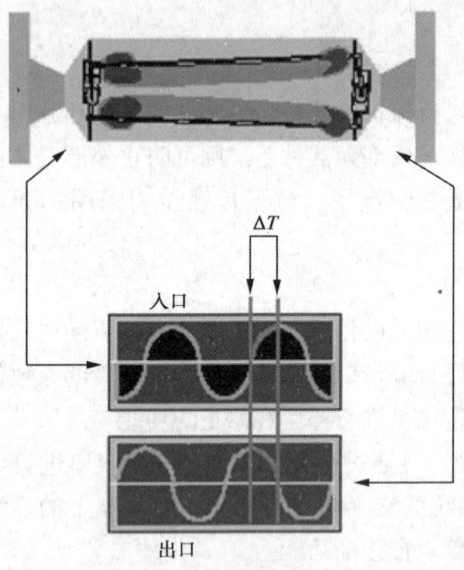

图 3-2-8 油品流过时检测到的信号

K——一个仅决定于测量管结构尺寸的量(当测量管结构一定时,在一定温度下,K是一定值);

G——测量管材料的剪切弹性模量;

ω——测量管主振动的固有频率;

ω_θ——测量管扭转振动的固有频率;

Δt——测量管两检测信号的时间差。

在实际应用中,使管道旋转是比较困难的,一个巧妙的设计思想是使管道做简谐振动,用振动的方式代替旋转的方式。又由于测量管的振动频率会随流体密度变化而变化,因此,质量流量计也可测量流体密度。

三、质量流量计的技术性能

1. 测量准确度

1) 流量测量

主要用带零点稳定度的流量百分比精度进行描述,可以看成是流量百分比精度和满量程百分比精度的综合体现。测量误差不应超过按下式计算的误差限:

$$E_{0i} = \pm [|E_0| + (|q_0|/q_i) \times 100\%] \quad (3\text{-}2\text{-}2)$$

式中 E_{0i}——第 i 点的误差;

E_0——基本误差;

q_i——第 i 点的质量流量;

q_0——零点稳定度。

各种类型的质量流量计基本误差限多为 0.15%~0.2%,但零点稳定度却不同。因此,在实际使用中,要计算在当时流量下的流量计的误差限。

高准 ELITE 系列传感器精度为 $E = \pm [0.1\% + (\pm 零点稳定性/实际流量 \times 100\%)]$。

【例1】 ELITE 系列 CMF400 质量流量计额定流量范围为 0~409000kg/h,零点稳定度为 40.91kg/h。若流量分别为满量程的 20%,50% 和 100% 时,其相对误差分别为:

$$E_{20} = \pm [0.1\% + (40.91\text{kg/h}/81800\text{kg/h}) \times 100\%] = \pm 0.15\%$$

$$E_{50} = \pm [0.1\% + (40.91\text{kg/h}/204500\text{kg/h}) \times 100\%] = \pm 0.12\%$$

$$E_{100} = \pm [0.1\% + (40.91\text{kg/h}/409000\text{kg/h}) \times 100\%] = \pm 0.11\%$$

CMF400 传感器精度和量程比曲线如图 3-2-9 所示。

E+H Promass 80F, M 系列传感器精度为: $E = \pm [0.15\% + (\pm 零点稳定性/实际流量 \times 100\%)]$; Promass 83F, M 系列传感器精度为: $E = \pm [0.1\% + (\pm 零点稳定性/实际流量 \times 100\%)]$。

【例2】 E+H Promass 83F 系列 83FIF-100 质量流量计额定流量范围为 0~350000kg/h,零点稳定度为 14.00kg/h。若流量分别为满量程的 20%,50% 和 100% 时,其相对误差分别为:

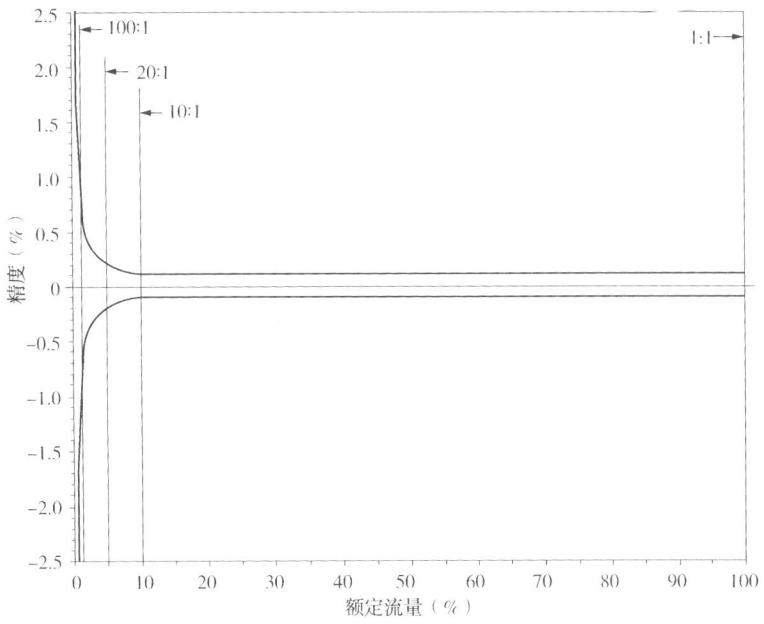

图 3-2-9 CMF400 传感器精度和量程比曲线图

$$E_{20} = \pm[0.1\% + (14.00\text{kg/h}/70000\text{kg/h}) \times 100\%] = \pm 0.12\%$$
$$E_{50} = \pm[0.1\% + (14.00\text{kg/h}/175000\text{kg/h}) \times 100\%] = \pm 0.11\%$$
$$E_{100} = \pm[0.1\% + (14.00\text{kg/h}/350000\text{kg/h}) \times 100\%] = \pm 0.10\%$$

Promass 83F，M 系列传感器精度曲线如图 3-2-10 所示。

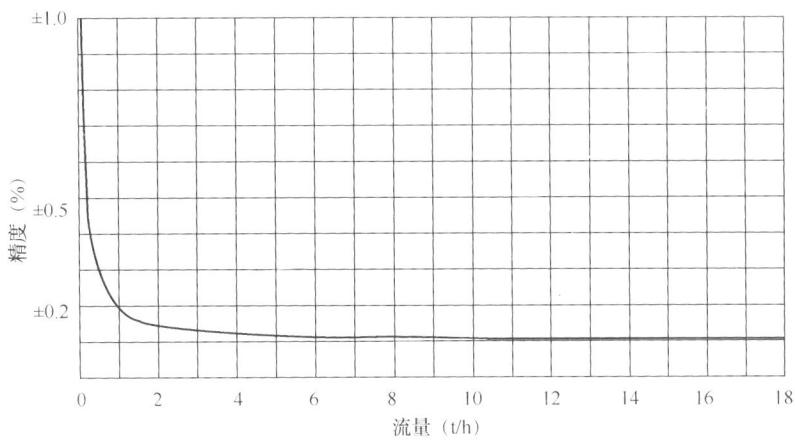

图 3-2-10 Promass 83F，M 系统传感器精度曲线图

2）密度测量

高准 ELITE 系列传感器密度精度为 $\pm 0.2 \text{kg/m}^3$。

E+H 密度精度为 $\pm 1.0 \text{kg/m}^3$。

3）温度测量

高准 ELITE 系列传感器温度精度为 $\pm 1 \text{℃} \pm$ 读数时的 0.5%。

E+H Promass F，M 系列传感器温度精度为 ±0.25℃ ±0.0025T（T 为流体温度，℃）。

2. 重复性

重复性误差不超过基本误差限的 1/2。

$$\delta_{0i} = \pm \frac{1}{2}[E_0 + (|q_0|)/q_i \times 100\%] \tag{3-2-3}$$

式中　δ_{0i}——第 i 点的重复性。

3. 零点稳定度

零点稳定度是在流体不流动和不施加输出抑制的条件下，在适当长的时间内，流量计相对于零点示值的偏差。准确度性能差别的主要技术指标，与测量管材质、直径、壁厚等因素有关。对于不同规格和型号的质量流量计零点稳定度指标也不相同。

例如，同样是 100mm 法兰口径的流量计，CMF300 型零点稳定度为 6.8kg/h，Promass F 型零点稳定度为 14.0kg/h。

那么在流量为 250000kg/h 时零点稳定度引起的误差为：

CMF300 型

$$E_z = (6.8\text{kg/h}/250000\text{kg/h}) \times 100\% = 0.0027\%$$

Promass F 型

$$E_z = (14.00\text{kg/h}/250000\text{kg/h}) \times 100\% = 0.056\%$$

4. 量程比

质量流量计的量程比与测量误差相关，量程比越大，测量误差越大。

例如：量程比为 100∶1 时，流量测量上限为 545500kg/h，零点稳定性为 40.91kg/h，基本误差为 ±0.1%，下限流量 5455kg/h 时的误差为：

$$E_{0i} = \pm[0.1\% + (40.91\text{kg/h}/5455\text{kg/h}) \times 100\%] = \pm 0.85\%$$

量程比为 20∶1 时，流量测量上限为 545500kg/h，零点稳定性为 40.91kg/h，基本误差为 ±0.1%，下限流量 27275kg/h 时的误差为：

$$E_{0i} = \pm[0.1\% + (40.91\text{kg/h}/27275\text{kg/h}) \times 100\%] = \pm 0.25\%$$

量程比为 10∶1 时，流量测量上限为 545500kg/h，零点稳定性为 40.91kg/h，基本误差为 ±0.1%，下限流量 54550kg/h 时的误差为：

$$E_{0i} = \pm[0.1\% + (40.91\text{kg/h}/54550\text{kg/h}) \times 100\%] = \pm 0.17\%$$

所以，为满足流量计基本误差为 0.2% 要求，该流量计最小流量应不小于 54550kg/h，即量程比为 10∶1。

5. 密度效应

一般认为质量流量计不受介质密度的影响，但精确的试验和理论分析表明，事实并非如此。

若以同种介质检定质量流量计，则在实际使用时密度的影响可以忽略不计。但当检定和使用时用的是不同密度的介质时，密度的影响是存在的。经验证明，当密度从 500kg/m³ 变到 1000kg/m³ 时，对精度的影响达到 0.06%。因此，当用液体检定的质量流量计用于测量气体时，所引入的误差是相当大的。如果是用水或柴油检定的，而用于原油或燃料油的计量时，由密度不同引起的误差可忽略不计。

6. 防爆等级

气体、蒸气爆炸性混合物危险场所分为1级1区和1级2区。

1）1级1区

在此区域内，爆炸性混合物：

（1）存在于正常的工作条件下；

（2）因维修或泄漏而往往可能存在；

（3）故障或设备的某一功能失灵或过程中出现的干扰，均能够引起这类混合物的泄出，且同时引起电气结构上的缺陷。

2）1级2区

在此区域内，爆炸性混合物：

（1）可燃液体或气体即使在正常情况下也存在于密闭容器或管道之中，仅当容器或管道遭受破坏（破裂或缺陷）时，或在异常情况下，它们才能从容器或管道中泄出；

（2）爆炸性混合物通常因采取高压通风设施而受到防范，即使通风设施发生故障或功能失灵，也不会造成破坏；

（3）与1类1区交界，危险的气体或蒸气混合物偶尔也会从这类场所泄出（如果不采取有效的、安全的高压通风设施来防止发生的话）。

组别（C和D）：

C——外壳提供的防护可抵御大气中含有的乙烷、乙醚、乙烯、环丙烷；

D——外壳提供的防护可抵御大气中含有的汽油、正乙烷、石脑油、轻质汽油、丁烷、丙烯、乙醇、丙酮。

第三节　涡轮流量计

一、涡轮流量计的结构

涡轮流量计由表体、导向体（导流器）、叶轮、轴、轴承及信号检测器组成，如图3-3-1所示。

涡轮是由高导磁不锈钢材料（如2Cr13、4Cr13和导磁不锈钢）制成的，其上的数片螺旋形叶片，被置于摩擦力很小的轴承上，保持和壳体同轴心。涡轮流量变送器的壳体是用非导磁性材料（如1Cr18Ni9Ti、硬铝合金等）制成。它和管道之间采用螺纹连接或法兰连接。

二、涡轮流量计工作原理

当液流进入流量计时，首先通过特殊结构的前导流体加速。由于涡轮叶片与流体流向成一定角度，在流体的作用下，此时涡轮产生转动力矩，在涡轮克服阻力矩和摩擦力矩后开始转动。当诸力矩达到平衡时，转速恒定，在规定的流量范围和一定的流体黏度下，涡轮转动角速度与流量成线性关系。利用电磁感应原理，通过旋转的涡轮驱动信号发生器顶端导磁体周期性地改变磁阻，使磁场也发生相应变化，从而在线圈两端感应出与流体体积流量成正比的脉冲信号。该信号经前置放大器放大、整形后输入到流量计算机进行计算处理，最后得到经过流量计流体的流量。

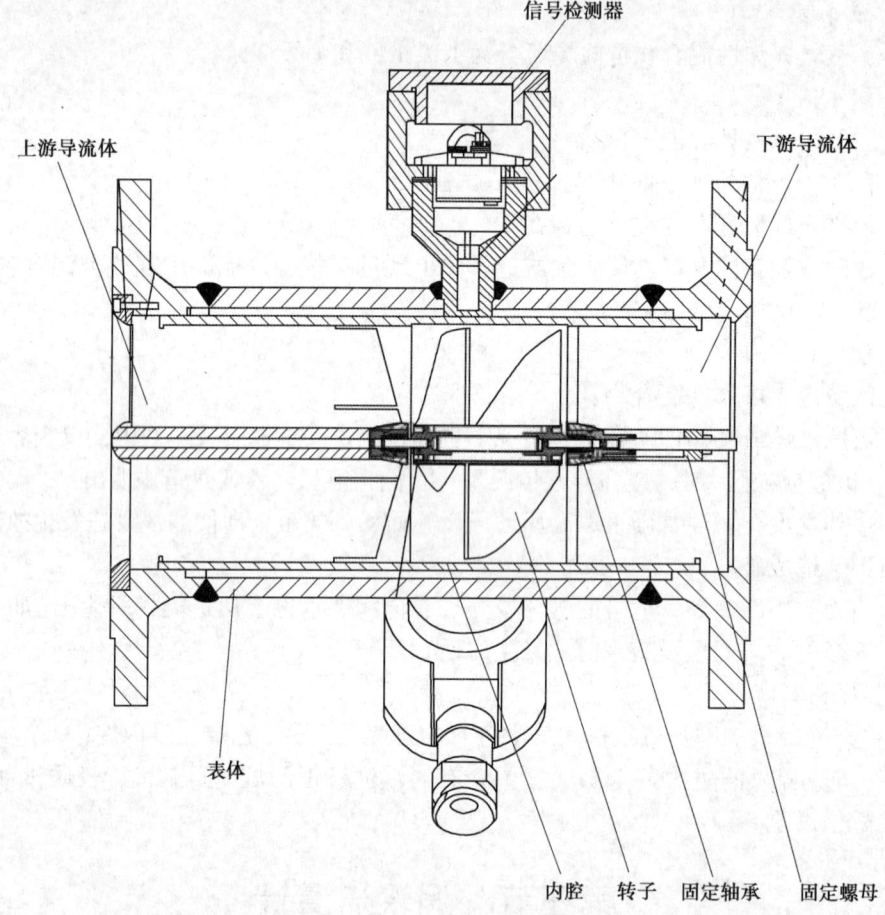

图 3-3-1 涡轮流量计结构图

三、涡轮流量计性能特点

具有精度高、复现性好、结构简单、运动部件少、压力损失小、体积小、重量轻、维修方便等优点。和容积式流量计相比，它的体积较小，占地面积小和重量轻的优点是很明显的。涡轮式流量计通常用于天然气和轻质油等洁净流体的测量。

第四节 振动管密度计

振动管密度计被广泛应用在成品油管道油品界面检测、体积管配密度计检定质量流量计、烃类、精炼油或非腐蚀性液体的密度测量，测量精度高、重复性好、稳定性好、可在线连续测量、频率信号输出等特点，在很多领域得到应用。

一、振动管密度计结构

振动管密度计主要由振动管、检测线圈、驱动线圈、电子放大单元和铂电阻温度计等组成，如图 3-4-1 所示。

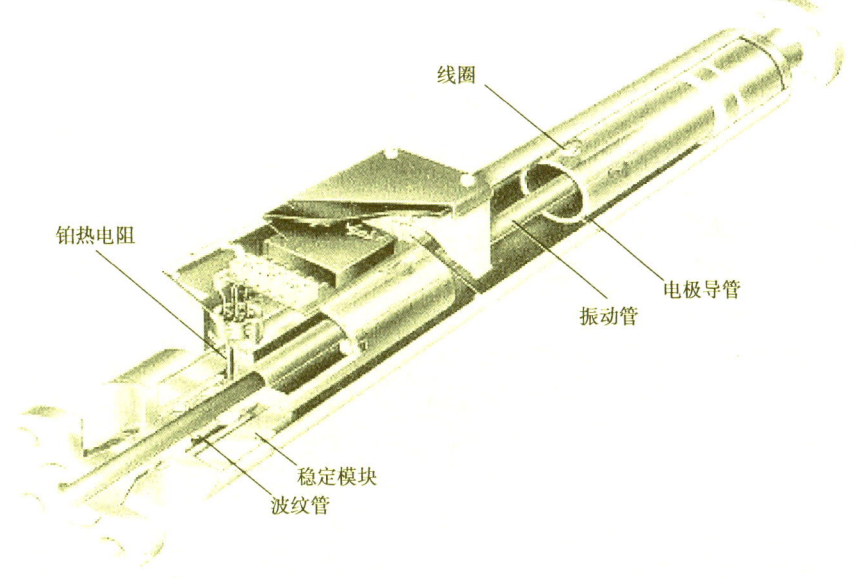

图 3-4-1 振动管密度计结构

二、振动管密度计测量原理

振动管密度计的敏感元件是管式的弹性体,即振子。当被测介质流经它时,其振子的自由振动频率即发生变化,即振子的自由振动频率随介质的密度而变化。当液体密度增大时,则振动频率下降;反之,液体密度减小时,则振动频率增加。因此,通过测量振子振动频率(或周期)的变化,就可以间接地测量液体的密度,如图 3-4-2 所示。

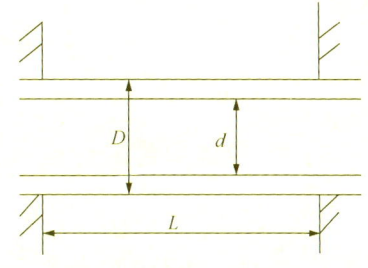

图 3-4-2 振动管密度计测量原理图

振子的振动频率与被测液体的密度关系为:

$$f = \frac{c}{4 l^2} \sqrt{\frac{e}{\rho_0}} \sqrt{\frac{D^2+d^2}{1+\frac{\rho_x}{\rho_0}\frac{d^2}{D^2-d^2}}} \quad (3-4-1)$$

式中 f——振动频率;
c——无量纲的量;
e——管的弹性模量;
ρ_0——管的密度;
ρ_x——被测液体的密度;
L——管长;
D——管外径;
d——管内径。

在实践中,该关系一般用下式来表示:

$$\rho_i = K_0 + K_1 T_1 + K_2 T_2 \quad (3-4-2)$$

式中 K_0,K_1,K_2——密度计常数,由检定密度计确定;

T——振动周期($T=1/f$),μs。

如果密度计使用时的温度与标定时有差异,密度计算就要进行温度修正,修正公式如下:

$$\rho_t = \rho_i \times [1 + K_{18} \times (t-20)] + K_{19} \times (t-20) \quad (3-4-3)$$

式中 ρ_t——温度修正后的密度,kg/m³;

t——振动管密度计温度,由铂热电阻测得,℃;

K_{18},K_{19}——温度修正系数。

在密度计工作时一般偏离标定时的压力,修正公式如下:

$$\rho_{tp} = \rho_t \times (1 + K_{20} \times p) + K_{21} \times p \quad (3-4-4)$$

$$K_{20} = K_{20A} + K_{20B} \times p \quad (3-4-5)$$

$$K_{21} = K_{21A} + K_{21B} \times p \quad (3-4-6)$$

式中 ρ_{tp}——温度和压力修正后的密度,kg/m³;

p——密度计的表压力,MPa;

K_{20A},K_{20B},K_{21A},K_{21B}——压力修正系数。

K_{18},K_{19},K_{20A},K_{20B},K_{21A},K_{21B}是振动管密度计出厂时的修正系数,每台密度计的系数都是不同的。

第五节 标准体积管

一、标准体积管的分类

用作流量计检定的标准体积管有多种形式,从球(或活塞)的移动方向可分为单向型和双向型两大类,从安装的方式来分又有固定式和移动式两种。目前,使用较多的形式可分为:

标准体积管
- 单向型
  - 有阀式
    - 球阀式(一球)
    - 闸阀式(一球)
  - 无阀式
    - 三球式
    - 二球式
    - 一球式
  - 小型活塞式体积管
- 双向型
  - 阀组式(4个截止阀)
  - 四通阀式(1个四通换向阀)

1. 单向型

单向型是指球在体积管标准容积段内始终是沿一个方向运行的。为使检定工作能连续进行,需要把经过两个检测开关后的球能顺利地返回到体积管的入口处。因此,单向型总是把管子弯成 U 型或折叠型的,使体积管的进出口尽可能地接近。有阀式或无阀式都是根据回球的需要而采取的不同形式。

2. 双向型

双向型是指球在标准容积段内的运行方向是来回变化的，因此需要通过管路和阀门达到改变流路的目的。这样就有了四通阀式和阀组式两种形式；另外，它不像单向型那样需要回球，因此，可以是直管，也可以弯成 U 型。

3. 双向型与单向型体积管的比较

（1）单向型体积管，球的移动速度可以大于双向型，单向型球的移动速度可达 3m/s。而双向球为防止球与两端相撞，最大速度控制在 3m/s 以内。

（2）由于双向型体积管是以往返一次作为计量容积，即相当于 2 倍标准容积段的容积，因此，两个检测开关之间的距离可以适当短一些。

（3）双向型体积管为改变球的移动方向，需设置流路切换阀。

（4）单向型体积管必须设回球机构，同时，当球在标准容积段内运行时，回球机构必须切断液体从流入口直接流向流出口的流路。

（5）单向型体积管由于两检测开关之间的距离长，因此，适用于固定安装，而双向型体积管则适宜设计成车装式或移动式。

二、体积管的基本结构

1. 基准管

两个检测开关之间的管段为基准管。基准管是标准体积管的基本组成部分，由直管段弯头和法兰组成。基准管段及弯头应是圆截面、等直径、光滑的，管子的连接应保持同轴，用法兰连接，法兰应是凸凹的，配对加工，并应有定位销。管子的内表面应有足够的硬度，光滑、耐磨、耐腐蚀，能承受 1.5 倍公称压力。

2. 检测开关

检测开关是体积管的发讯机构，安装在基准管的进、出口端。检定流量计时，标定球通过它，使它发出信号，控制电子脉冲计数器，记录流量计发出的脉冲信号，然后将电子脉冲计数器得到的脉冲数同两个检测开关之间的标准容积进行对比，确定流量计的流量系数和精度。检测开关应有足够的发讯灵敏度和可靠性。检定球通过检测开关时，检测开关能准确地给出检定球的触发信号。如图 3-5-1 所示。

3. 标定球

标定球是弹性的橡胶或聚氨酯球。一般直径小于 100mm 的是实心球，大于 100mm 的是空心球，球内注满水、乙二醇等溶液，注液充压时可适当膨胀，为确保球在体积管内运行时与管壁有良好的密封性，球的直径应比体积管的内径大 2%~4%。球的不圆度不应超过 1mm。表面光滑、无凹凸、无瘤疤、无麻点、无损伤。

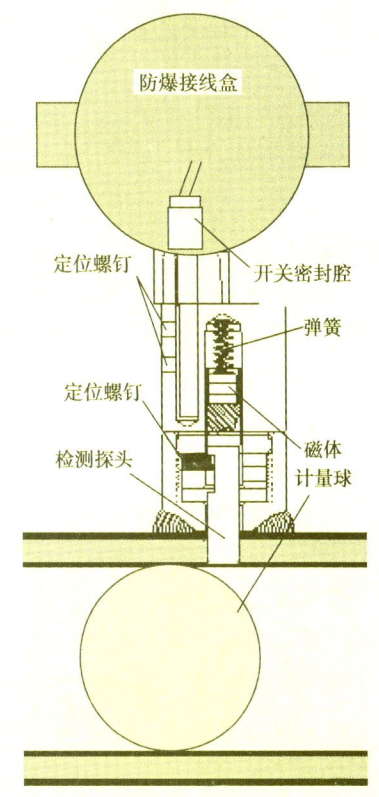

图 3-5-1　检测开关

在标准体积管中起置换、发讯、密封和清管的作用,如图3-5-2所示。

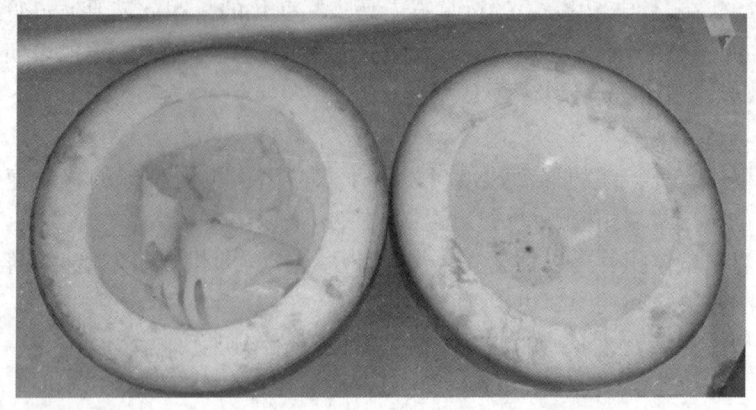

图 3-5-2　剖开的检定球

三、常用标准体积管

1. 三球无阀式单向标准体积管

(1) 分离体(或称为分离三通):标定球在液体的推动下,从基准管的出口流出后,进入分离体。分离体要保证标定球能依靠自重,在标准体积管最大的允许流速下,从液流中分离出来,而不至于吸附在液流的出口处,为此,体积管的分离体直径一般比基准管的直径大。

另外,降低液流在出口处的流速,也利于标定球的分离。在分离体出口的下部,增加一个支流管,作为第二出口,是加速标定球分离的有效措施。

(2) 标定球收发机构:包括快速盲板,液压推球器,上、下液压插销以及收发球三通,作用是在检定流量计时,将标定球发送出去和接收回来,使标定球按照检定程序工作。

(3) 液压系统:主要由高压油泵、油箱和液体元件等组成,是液压推球器,上、下液压插销的控制部分,通过它控制液压推球器和上、下液压插销的工作。

(4) 控制台:控制台上装有标准体积管操作用的电气设备,液压设备的控制单元。测量单元和电子脉冲计数器等,在控制台上要完成流量计检定的操作和检定过程所需参数(压力、温度等)的显示。

2. 一球无阀式单向标准体积管

它的结构与三球无阀式标准体积管是相同的,也有分离体、标定球收发机构、液压系统、电气控制系统等。所不同的是,一球无阀式单向标准体积管的推球器除了承担推球工作外,还要代替阀或球起密封作用,同时还要求有足够的换向长度。

3. 一球一阀式双向标准体积管

(1) 四通阀:是一球一阀式标准体积管的关键部件,作用是使标准体积管中的液流根据需要及时换向。为了保证检定顺利地进行和达到所要求的精度,必须有可靠的密封性和操作的灵活性。四通换向阀不应有任何泄漏,检定球在两检测开关之间运行时,四通换向阀必须保证密封,并便于检查,如图3-5-3和图3-5-4所示。

图 3-5-3 四通阀

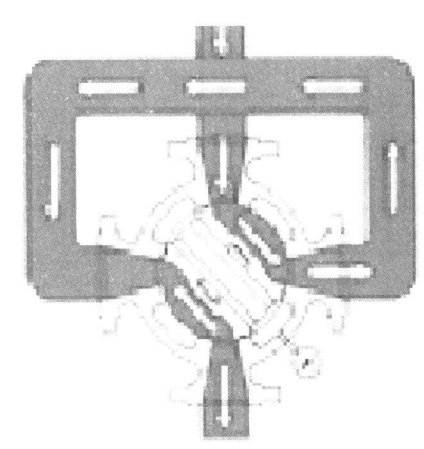
图 3-5-4 四通阀流程示意图

(2) 收发筒：收发筒是标准体积管停放和发送标定球的直管段，直径要比基准管大，盖板采用快速盲板，便于迅速放球、取球和事故处理。由于液体可以两个方向流动，所以，四通阀的两端各装有一个收发筒。

(3) 换向长度：从收发筒下部的大小头到检测开关之间的管段为换向长度，检定流量计时，要通过四通阀的换向来改变液流的方向。该长度应根据标准体积管允许的最大流速和换向所需的时间来确定。

4. 紧凑型小体积管

亦称为微型体积管，与传统常规的上述几种体积管工作原理基本相同，但其结构与它们截然不同，主要包括以下几个部分：

(1) 精密的测量缸筒。

(2) 置换器活塞(金属制成)。

(3) 置换器定位和发射装置。

采用脉冲插入技术进行体积量计算，自动化程度高，对操作人员文化程度等方面要求高。

四、体积管基本参数的确定

(1) 基准管容积一般取标准体积管最大流量(m^3/h)的 0.5% 作为基准管的容积($V_标$)，即：

$$V_标 = Q_{max} \times 0.005$$

其中 Q_{max} 表示标准体积管最大流量，等于该台标准体积管检定的最大口径的流量计的最大流量。

例如，某台标准体积管检定的流量计，最大口径 DN 为 300mm，其最大流量 $1000m^3/h$，则，$V_标 = 1000 \times 0.005 = 5(m^3)$，即标准体积管基准容积不小于 $5m^3$。

(2) 考虑在标定球运行中，防止出现水击现象，标准体积管规定了最大的允许流速，即单向型 3m/s，双向型通常低于 3m/s。

（3）整个标准体积管是由多根管子组成，管子与管子之间是采用特殊法兰连接的，为保证标准体积管的质量，使用管子的椭圆度不应超过±(0.5~1)mm，管内壁应进行加工，其表面粗糙度为 6.3。

（4）管内壁的涂层是为了防止管内壁腐蚀，使管内壁光滑，保证标准体积管的精度，延长标定球的使用寿命。因此，喷涂的材料应具有光滑、耐磨、防腐、防蜡、耐温（80℃左右）以及长期使用不易老化和脱落等性能。

注意：体积管在清洗时，清洗池水温应控制在70℃以下，防止水温过高或体积管内涂层脱落，引起体积管重复性不好，造成水标定困难。

（5）换向管长度主要是保证四通阀换向动作全部完成之前，标定球不致通过检测开关。

（6）收球筒的结构：一球一阀式双向体积管的收发筒有两个，分别安装在四通阀与体积管管体连接的进出口上，起发送和接收标定球的作用。收球筒主要由筒体、大小头和短管组成，筒体上部装有便于开关的快速盲板。

第六节　一球一阀双向体积管

一、一球一阀双向体积管的组成

一球一阀双向体积管由收发球筒、基准管段、检定球、检测开关、四通换向阀及电动执行机构、控制系统等组成，如图3-6-1和图3-6-2所示。

图3-6-1　一球一阀双向体积管外形图

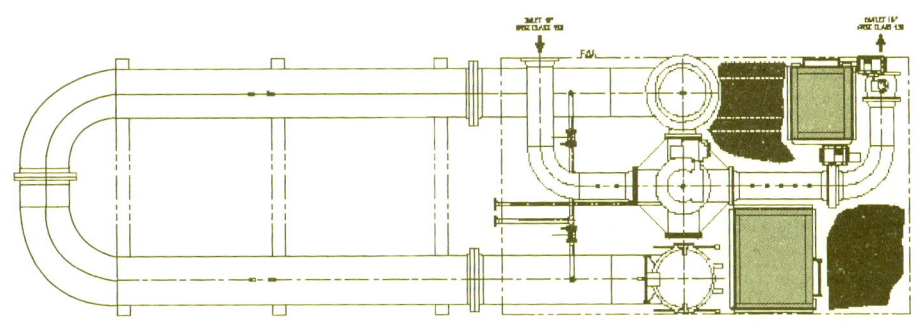

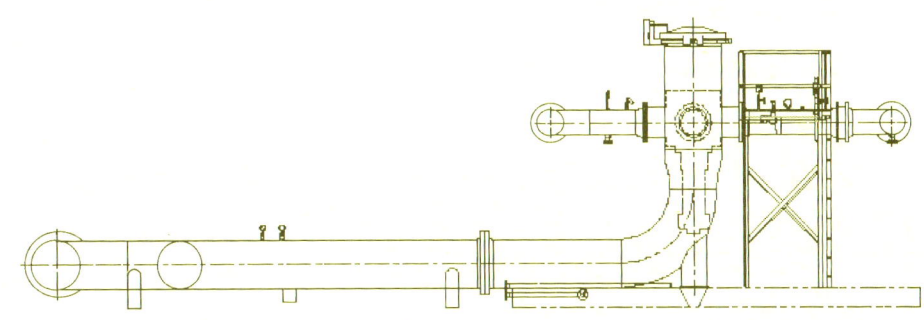

图 3-6-2　一球一阀双向体积管结构图

各个组成部分的功能如下:

1. 收发球腔

收发球腔作为置换球接收和发射之用,每台体积管有两个收发球腔。其一带快开式盲板,以备投球、取球之用(以下称收发球腔Ⅰ);其二带固定式盲板(以下称收发球腔Ⅱ)。

2. 预行程管段

预行程管段是置换球进入密封段到检测开关之间的管段,其长度应保在最大流量下,四通换向阀转换密封到位后,置换球方能触发检测开关,进入标准容积管段。双向体积管的正反行程各有一段预行程管段。

3. 电动四通阀

电动四通阀是双向体积管的一个关键部件,它在双向体积中具有两个作用:一是切换介质流向(起到正程和逆程校验作用),二是密封和自身检漏。

4. 标准管段

标准管段设置在两段预行程管段之间,它的起始位置是起始检测开关 A,终止位置是终止检测开关 B。在一次检定运行中,球形置换器触发 A 时,检定用的电子计数器开始记录流量输出的脉冲数;当 B 被触时,电子计数终止记录。这样从计数器中得到该次检定过程中被检定流量计的脉冲输出数 N。其内壁应保证一定的表面粗糙度和圆度,应具有耐腐蚀、耐摩擦、润滑性好的特点。

5. 检测开关

检测开关是体积管发射信号的关键组件,标准容积管段上游、下游的计量点。应具有防爆性能好、灵敏度高的特点。

6. 球形置换器

球形置换器主要起密封置换介质和触发检测开关的作用，球的材质为丁腈耐油橡胶，中间可充液、有一定的过盈量，要求保证其圆度，并有一定的表面粗糙度和硬度指标。在双向体积管中一般备有两个球：一个使用，另一个备用。

7. 管路支架

管路支架是用于固定管段管线的支撑部件。

8. 控制系统

控制系统可以完成体积管系统各种信号的采集处理，包括控制液压站动作、检测开关的发讯计数、温变、压变、被检流量计讯号的采集处理及各种阀门的控制。该控制系统可以与控制中心联网通信并实现远程控制。

二、一球一阀双向体积管工作原理

1. 检定的前提条件

（1）在检定过程中，流过被检流量计的介质质量等于进入体积管的介质质量（检定系统内的介质既不到系统外，同时，系统外的介质也不到系统内）。

（2）在检定时间内，流量计温度保持不变。

（3）管与介质温度一致。

（4）进入系统的介质全部为液体。

2. 体积管检定流量计工作原理

标准体积管的两个检测开关之间的标准容积值是事先经过检定而得出的，而且复现性好（复现性优于 0.02%）。球在液体的推动下，经过第一个检测开关时，发出一个信号，让电子计数器开始计由流量计的发讯器发出的脉冲信号，当经过第二个检测开关时，又发出一个信号，使电子计数器停止计数。由于计数器所计的脉冲数即为在检定过程中流过流量计的体积量，此量与标准体积管经过温度、压力修正后的容积值相比较，即可得到流量计系数，完成检定，如图 3-6-3 所示。

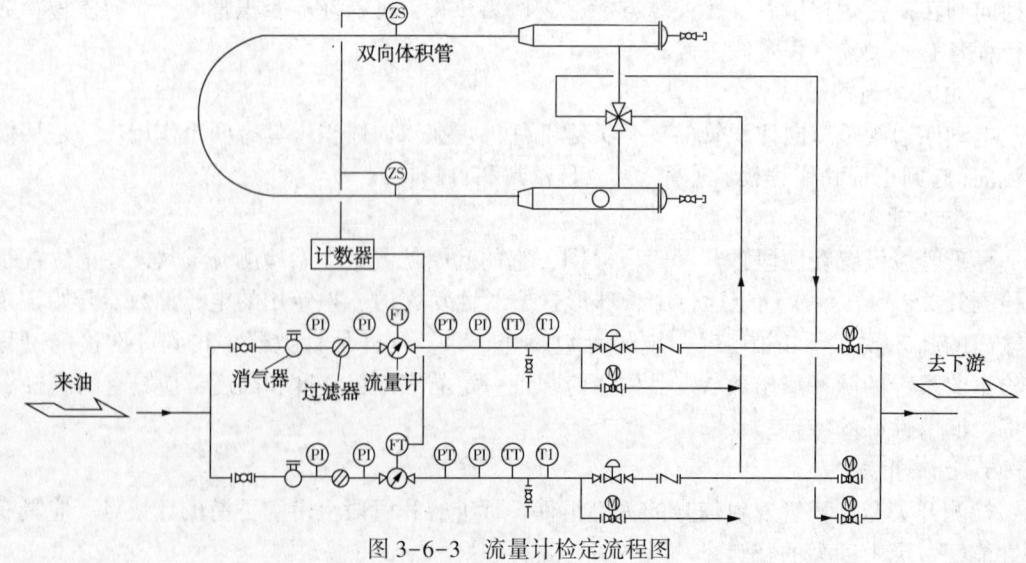

图 3-6-3 流量计检定流程图

将标准状态体积管的容积换算到工作状态下的容积,压力修正:

$$C_{ps} = 1 + p_s \frac{D}{Et} \qquad (3-6-1)$$

式中 C_{ps}——体积管材料的压力修正系数;
p_s——体积管内液体的表压力,MPa;
D——体积管公称内径,mm;
E——体积管材质的弹性模数,MPa;
t——体积管的壁厚,mm。

将标准状态体积管的容积换算到工作状态下的容积温度修正:

$$C_{ts} = 1 + \beta_p(t_s - 20) \qquad (3-6-2)$$

式中 C_{ts}——体积管材料温度的修正系数;
β_p——体积管材质的体膨胀系数,℃$^{-1}$;
t_s——体积管的壁温,℃。

将工作状态下体积管基准管段盛装的液体体积换算到流量计检定状态下的体积压力修正:

$$C_{pl} = 1 + F_l(p_s - p_m) \qquad (3-6-3)$$

式中 C_{pl}——原油的压力修正系数;
F_l——原油压缩系数;
$p_s、p_m$——分别为流量计和体积管处液体平均压力,MPa。

将工作状态下体积管基准管段盛装的液体体积换算到流量计检定状态下的体积温度修正:

$$C_{tl} = 1 + \beta_l(t_m - t_s) \qquad (3-6-4)$$

式中 C_{tl}——原油的温度修正系数;
β_l——液体压缩系数,℃$^{-1}$;
$t_m、t_s$——分别为流量计和体积管处液体平均温度,℃。

流量计系数由下式给出:

$$MF = \frac{V_{20} C_{ps} C_{ts} C_{pl} C_{tl}}{N \cdot k} \qquad (3-6-5)$$

式中 MF——流量计系数;
V_{20}——体积管的基准容积值,L;
N——流量计发出的脉冲数;
k——流量计的脉冲当量,1/N。

第七节 活塞式体积管

一、活塞式体积管的组成

活塞式体积管主要由标准管段(包括活塞和提升阀)、传动缸体、光电检测系统、液压系统、氮气系统、电气系统和仪表系统等组成,如图3-7-1所示。

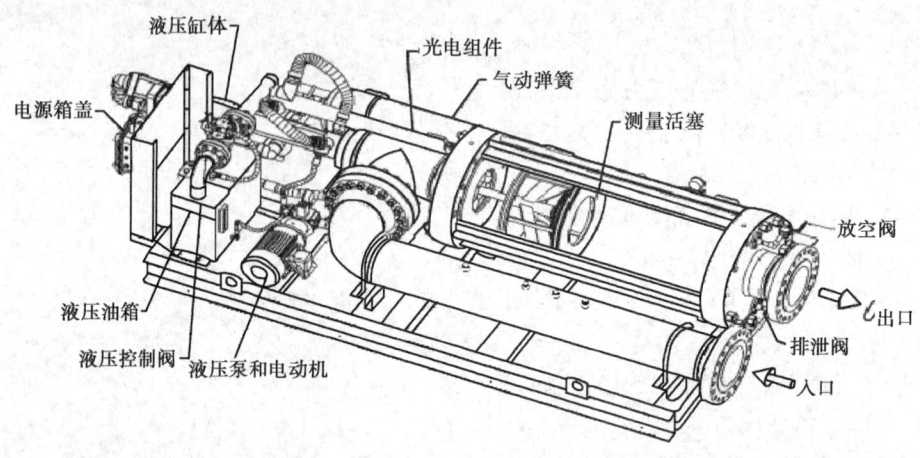

图 3-7-1 活塞体积管结构图

1. 标准管段

标准管段材质为 17-4 PH 不锈钢或 304 不锈钢，入口、出口和法兰均为碳钢。采用特氟隆(Teflon)密封，适用于所有碳氢化合物。

标准管段是体积管的核心部分，测量流体从管内通过，主要由标准管、内部提升阀、测量活塞和机械故障保护部件等组成，如图 3-7-2 所示。

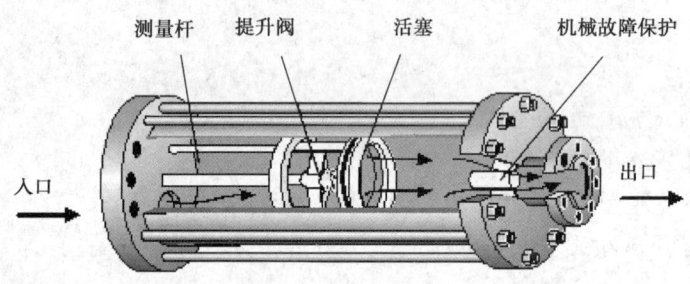

图 3-7-2 标准管段结构

2. 提升阀

提升阀材质为 300 系列不锈钢。"O"形圈采用氟橡胶(Viton)或丁腈橡胶(Kalrez, Nitrile)密封。导向密封圈采用特氟隆(Teflon)密封，如图 3-7-3 所示。

提升阀在工作中做来回往复运动，活塞上的"O"形密封圈起到密封的作用，防止流体渗漏，保证检定的精度。在提升开启时，减少流体对阀体的阻力，压力损失小。在提升和关闭过程中无须截止流量。

3. 活塞

不锈钢测量活塞，通过两个导向密封圈支撑。通过两个空心密封圈使其达到径向平衡连接，始终保持和体积管内部完全接触，具有擦净和清管的效果，延长密封圈的寿命。当使用较干燥的流体时，密封圈起到了附加的润滑作用。

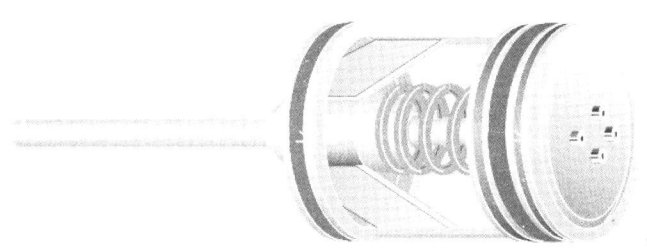

图 3-7-3　提升阀

4. 机械故障保护装置

当出现意外堵塞时,保护装置可将提升阀打开,使流体顺利通过,避免产生憋压,具有独特的安全特性,如图 3-7-4 所示。

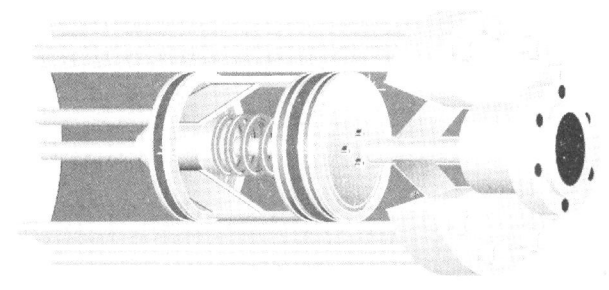

图 3-7-4　机械故障保护装置

5. 传动缸体

传动缸体为高压液压缸。其上部分与气动弹簧装置相连,下部分与液压系统相连,内部活塞位于液压液体和传动气体之间,如图 3-7-5 所示。

液压液体驱动提升阀提起、打开并将其提到初始位置。

气动弹簧系统助推提升阀闭合并随流体一起向下移动到最终位置。

在标定过程中,提供了开启、关闭提升阀以及操作过程中所需的力。

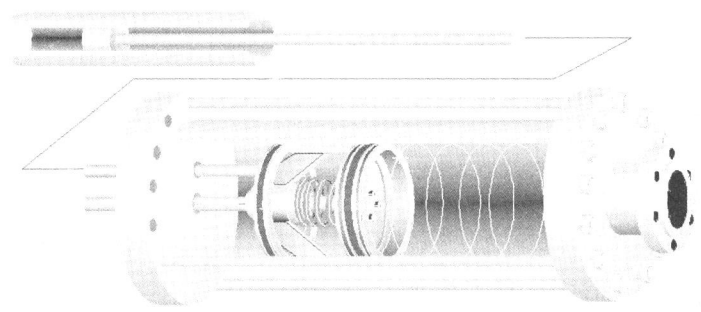

图 3-7-5　传动缸体

6. 气动弹簧压力系统

气动弹簧系统的气体为充满氮气,主要由氮气罐、开关阀、氮气压力表和氮气连接管等组成,气动弹簧压力系统主要是助推提升阀,保持提升阀闭合,使活塞具有克服密封圈和管壁之间摩擦力的动力,如图 3-7-6 所示。

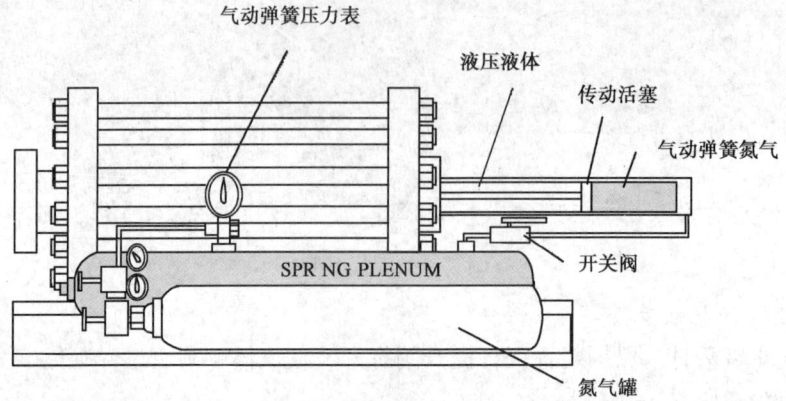

图 3-7-6　气动弹簧压力系统

7. 液压系统

液压系统由液压电动机、泵、液压油箱、液压油、液压缸和电磁阀等组成。

该系统的液压油动力用于提起提升阀，克服气动压力。

液压泵为电动变速泵，用于提供液压动力，如图 3-7-7 所示。

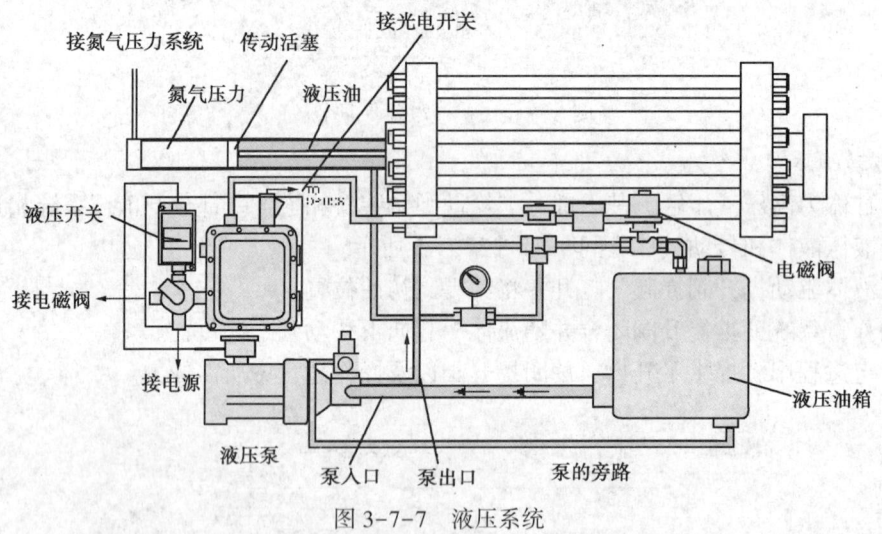

图 3-7-7　液压系统

8. 电气系统

（1）电气系统给体积管系统提供动力，由液压机泵、控制阀、密度计机泵、流量调节阀等组成。动力电源为 380V AC/50Hz。控制阀动力电源为 380V AC/50Hz。

（2）液压机泵主要为液压系统提供液压油动力，由控制阀控制液压油到传动缸体提起提升阀，在液压油泵、油箱和传动缸体之间循环。

（3）控制阀主要功能是开关，控制阀关闭时，液压油进入传动缸体，提起提升阀。

（4）控制阀打开时，在气动弹簧氮气的助推下，将传动缸体内的液压油释放回油箱。

（5）密度计机泵主要为振动管密度计提供流体，保证流体通过密度计的流量为 $1.5 \sim 2.0 m^3/h$，使测量值准确和稳定。

（6）流量调节阀主要是控制检定流量计时的流体流量，使流体流量稳定。

9. 光电传感器

系统由 3 个光电传感器(光电开关)组成。最上端的光电开关为停止位或待机(准备)位开关。第一开关和第二开关之间的体积为标准管段的体积。光电开关被安装于两根热膨胀系数低的钢杆上,通过遮光旗遮断发射极和探头之间的细光源使光电开关进行工作。光电传感器结构如图 3-7-8 所示。

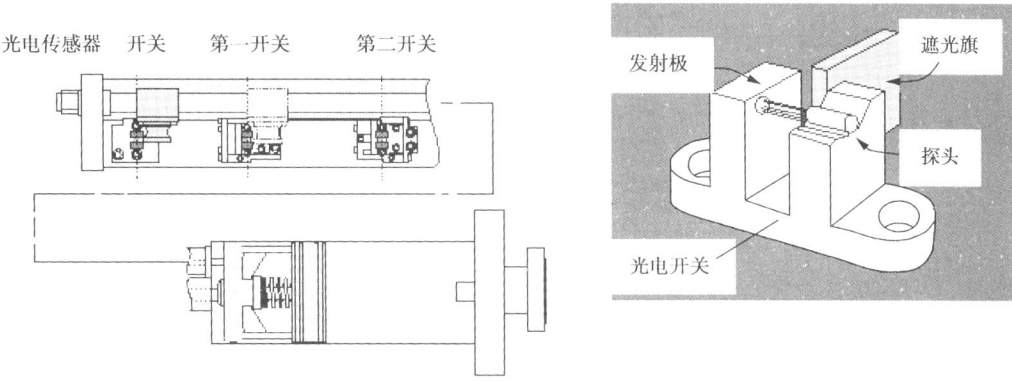

图 3-7-8　光电传感器结构示意图

二、工作过程

1. 等待状态

测量活塞通常保持在上游等待位置,液压控制阀关闭,通过作用在执行活塞上的液压压力,将提升阀打开,并保持在上游等待位置,不截止流量。如图 3-7-9 所示。

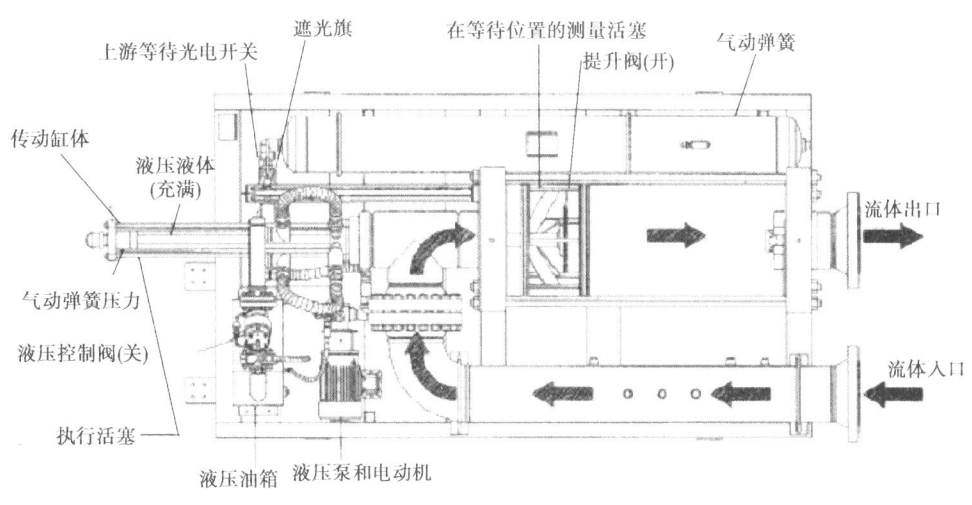

图 3-7-9　等待状态

2. 启动状态

如图 3-7-10 所示,液压控制阀打开并释放液体压力,来自气体弹簧的压力作用在执行活塞的上游侧,在液体流动的过程中助推提升阀和活塞开始向下游移动。

这时测量活塞位于上游准备开关和第一光电开关之间,即准备段之间。

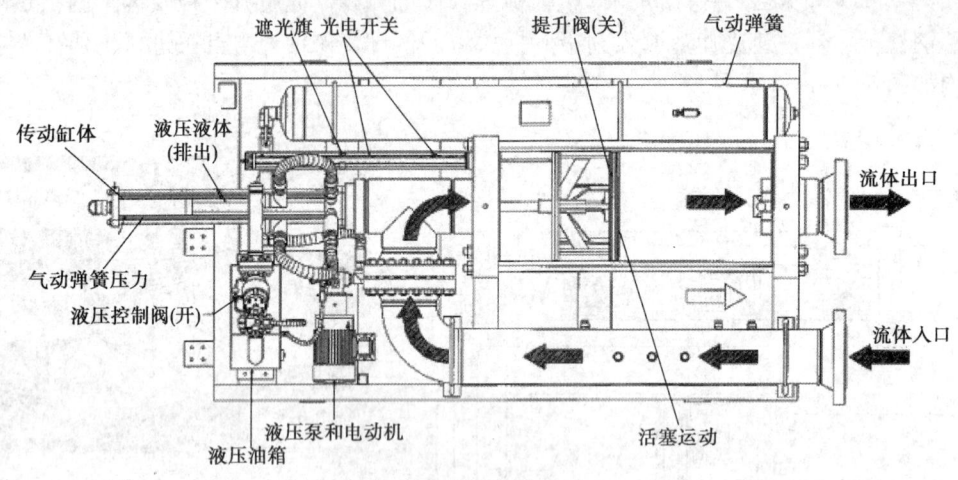

图 3-7-10　启动状态

3. 检定状态

当测量活塞向下移动时,第一光电开关通过连接在探测杆上的遮光滑片被触发。开关信号被立即发送到计算机,系统开始采集数据和脉冲并计时,如图 3-7-11 所示。

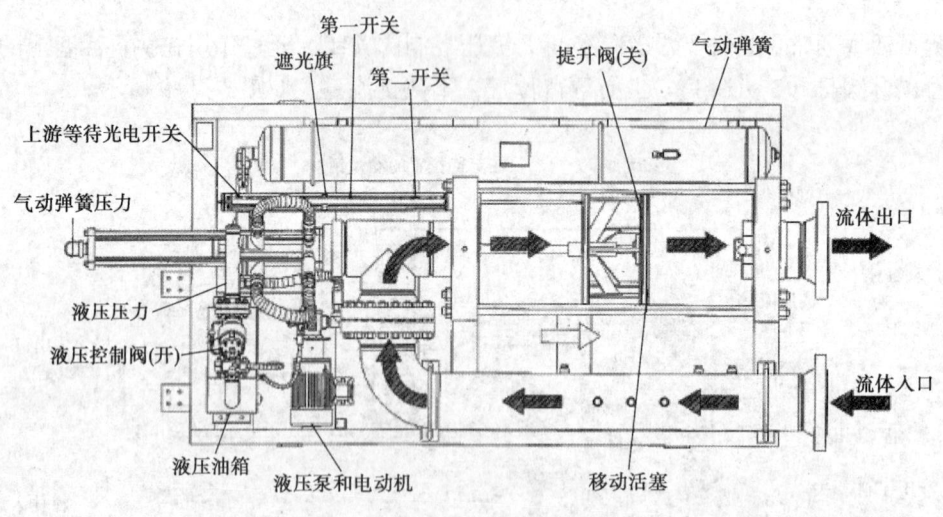

图 3-7-11　检定状态

4. 检定结束

当遮光滑片触发第二光电开关时,系统完成数据和脉冲采集,并停止计时。

液压控制阀关闭,建立液体压力并开始推动执行活塞向上游移动,打开提升阀,流体通过活塞流动。

液压系统工作,活塞退回到等待状态,如图 3-7-12 所示。

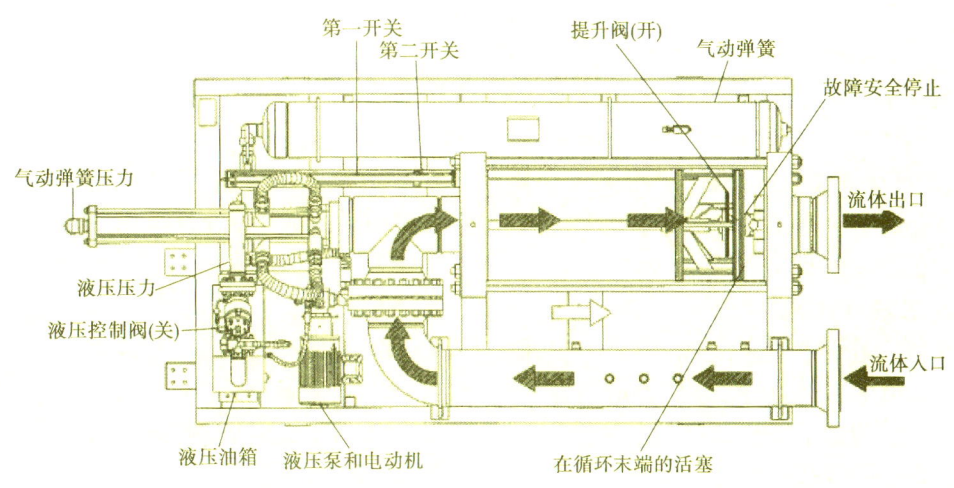

图 3-7-12 检定结束

5. 活塞返回上游位置

执行(缸体)活塞、测量活塞、提升阀、执行杆(与活塞相连接的)、检测杆和遮光滑片返回到上游等待位置。

一旦到达上游位置,液压泵维持液体压力在 380~400psi 保持测量活塞在上游位置,准备开始下一次标定,如图 3-7-13 所示。

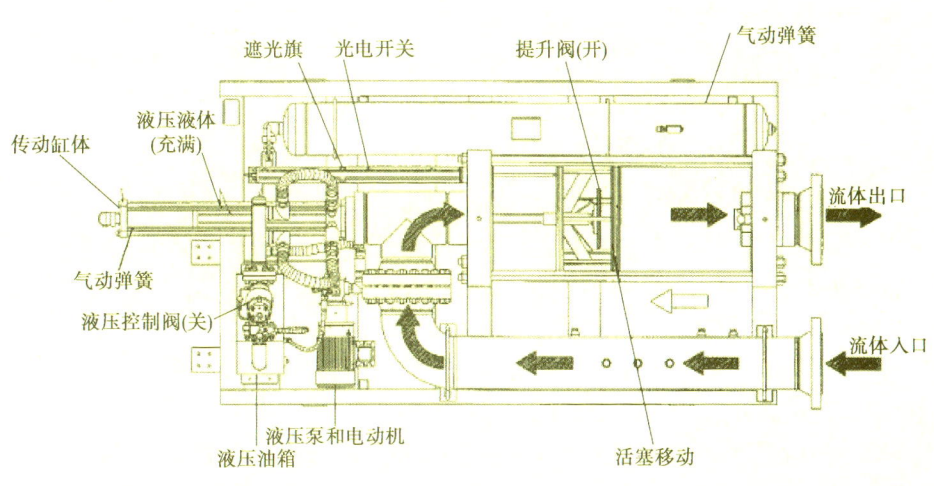

图 3-7-13 活塞返回上游位置

三、脉冲插值

1. 脉冲插值的基本含义

为使计数系统最大误差控制在 ±0.01%(1/10000)之内,检定时,每检定运行一次,流量计至少发出 10000 个脉冲。若采用脉冲插入技术,脉冲数目可以减少,并允许使用每单位体积发出较少脉冲的流量计或较小容积的计量标准器。

检定计算机的微处理器在很高的频率下工作,通常使用两个独立的时间计数器 $A(T_1)$ 和 $B(T_2)$。

一个时钟计数器测出两检测开关的时间 A;

另一个时钟计数器测出完整的流量计脉冲记录时间 B。

此插值法符合 GB/T 17286.2《液态烃动态计量 体积计量流量计检定系统 第 2 部分:体积管》需要大于 10000 个脉冲的要求,也符合美国石油协会《石油测量标准手册》第 4 章—标定系统第 3 节—小体积管标定系统。使用的计数器具有 0.00001s 的分辨率,测出在检定时间内单位时间的脉冲个数。

2. 脉冲插值原理

在检定过程中,第一个检测开关被触发开始计数时,检测到的不一定是整个脉冲,到第二个检测开关被触发时,检测到的也不一定是整个脉冲。而脉冲计数器只能检测记录整个脉冲,这样就造成了非整个脉冲的丢失,产生了检定误差,不能满足在检定过程中达到不少于 10000 个脉冲的要求。

而双时钟脉冲计时法是先计算出单位时间内的脉冲个数,即每秒钟(或每微秒)的脉冲个数。将小于一个的脉冲也计算出来,而且脉冲的个数可以精确到小数点后 5~7 位(根据计时时钟的精确度确定),将脉冲细分,内插的脉冲数一般不是整数,不至于使脉冲丢失,如图 3-7-14 所示。

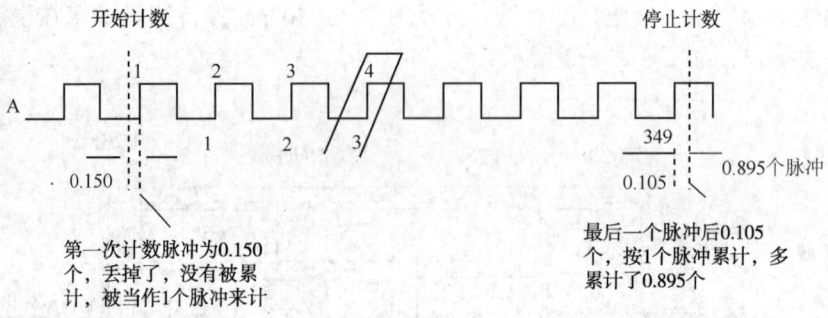

图 3-7-14 脉冲插值

实际脉冲计数表示为:$0.150+349+0.105=349.255$,其中:常规脉冲计数 350 个脉冲;脉冲插值计算 349.255 个脉冲;常规计数误差 0.21%。

根据 GB/T 17286.3—1998《液态烃动态测量 体积计量流量计检定系统 第 3 部分:脉冲插值技术》双计时法脉冲的插入数,该方法原理如图 3-7-15 所示。由检定运行期间计数器收集的流量计发出的完整脉冲总数 n,以及测量的两个时间间隔 T_1 和 T_2 组成,单位 s。

(1) T_1 可以用 $T_{1(i)}$ 或 $T_{1(ii)}$ 表示。

$T_{1(i)}$ 是指第一检测开关触发后流量计发出的第一个脉冲,与第二个检测开关触发后流量计发出的第一个脉冲,这两个脉冲之间的时间间隔;

$T_{1(ii)}$ 是指第一检测开关触发之前流量计发出的最后一个脉冲,与第二个检测开关触发之前流量计发出的最后一个脉冲,这两个脉冲之间的时间间隔。

(2) T_2 为第一个和第二个检测开关触发信号之间的时间间隔。插入的脉冲数 n' 由下式给出:

$$n' = n\frac{T_2}{T_{1(i)}} \quad (3-7-1)$$

或者

$$n' = n\frac{T_2}{T_{1(ii)}} \quad (3-7-2)$$

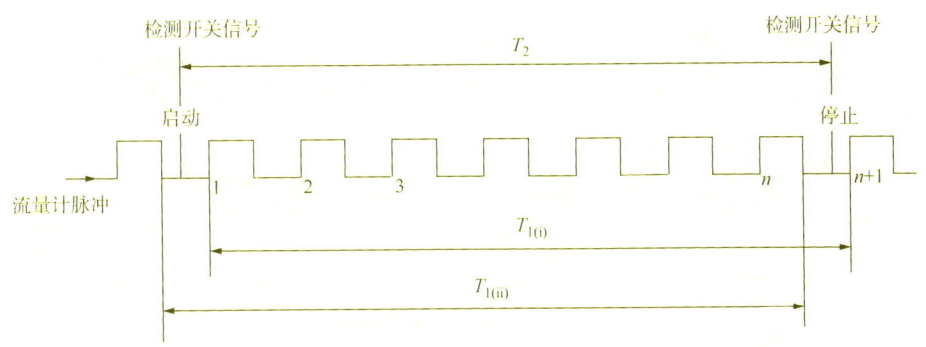

图 3-7-15 脉冲插值

在脉冲插入方法情况下,如果要求将该误差源产生的不确定度限制到±0.01%,在体积管一次单行程检定期间,脉冲计数器必须收集 10000 个脉冲,最大允许分辨力误差为±0.0001。

脉冲插入数:

$$n' = n\frac{T_1}{T_2} \quad (3-7-3)$$

式中 n'——插入后的脉冲数;

n——记录完整的流量计脉冲总数;

T_1——标定体积所用的时间,即两个检测开关之间的时间间隔;

T_2——记录完整的流量计脉冲记录时间。

3. 插值应用

标准体积管双时钟计时法如图 3-7-16 所示,例如:

时间计数器的频率为:100kHz;

检定体积所用的时间,即两检测开关的时间 $A = 0.58377$s;

记录完整的流量计脉冲记录时间 $B = 0.58329$s;

记录完整的流量计脉冲总数 $C = 364$ 个;

体积管的标准体积 $D = 0.0567802 \text{m}^3$。

标定单位时间内的脉冲个数:

$$n = \frac{C}{B} = \frac{364 \text{Pls}}{0.58329 \text{s}} = 624.04636$$

标定时间内的脉冲总数,即插入后的脉冲个数:

$$N = nA = 624.04636 \times 0.58377 = 364.29954$$

或根据式(3-7-3),插入后的脉冲个数:

$$n' = 364 \times (0.58377/0.58329) = 364.29954 \text{ 个}$$

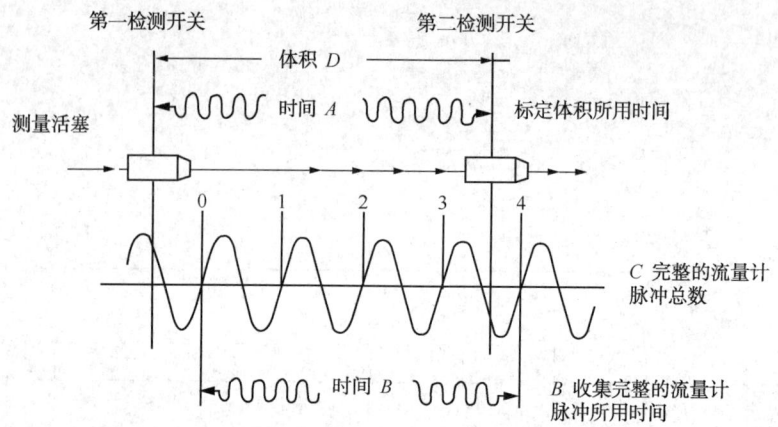

图 3-7-16 脉冲插值

A—标定体积所用时间（两检测开关的时间），s；B—收集完整的流量计脉冲所用时间，s；
C—完整的流量计脉冲总数，N；D—标定的体积（体积管标准体积），m^3

单位体积的脉冲数可表示为：

$$k = \frac{C}{B}\frac{A}{D} \tag{3-7-4}$$

脉冲数 $k = \dfrac{N}{D} = \dfrac{364.29954}{0.0567802} = 6415.96085$。

第八节 超声波流量计

一、超声波流量计的结构和分类

1. 结构

超声波流量计由超声换能器、电子数据单元、流量计本体组成，如图 3-8-1 和图 3-8-2 所示。

1）超声换能器

超声换能器是把声能转换成电信号和反过来把电信号转换成声能的元件。

2）电子数据单元

电子数据单元主要实现数据储存、通信、工况气体流量的计算等功能。

3）流量计本体

流量计本体是经特殊加工，用于安装超声换能器、电子数据单元及压力变送器的装置。

2. 分类

（1）按流量计换能器安装方式可分为接触式和外夹式两种形式。

（2）接触式流量计根据换能器的数目不同，可分为单声道流量计、双声道流量计和多声道流量计。

（3）按流量计的输出方式分为脉冲输出、模拟量输出和数字通信输出流量计等。

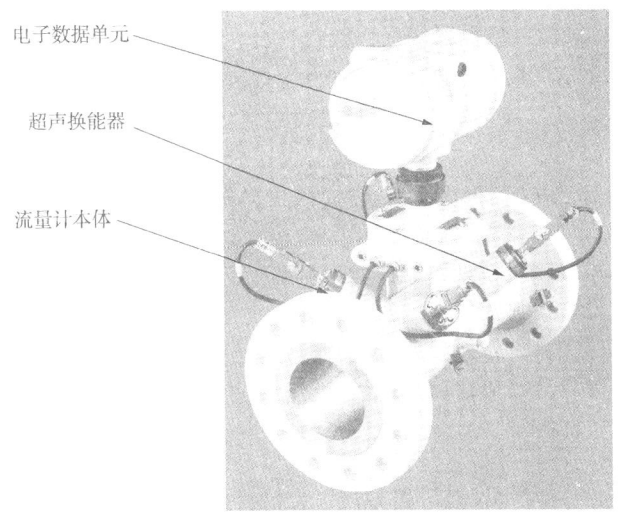

图 3-8-1　超声波流量计组成结构图

图 3-8-2　超声波流量计测量现场图

二、传播时间法超声波流量计工作原理

声波在流体中传播,顺流方向声波传播速度会增大,逆流方向则减小,同一传播距离就有不同的传播时间。利用传播速度之差与被测流体流速之关系求取流速,称为传播时间法。按测量具体参数不同,分为时差法、相位差法和频差法。现以时差法为例阐明工作原理(图 3-8-3)。

1. 流速方程式

超声波逆流从换能器 1 送到换能器 2 的传播速度 c 被流体流速 v_m 所减慢,为:

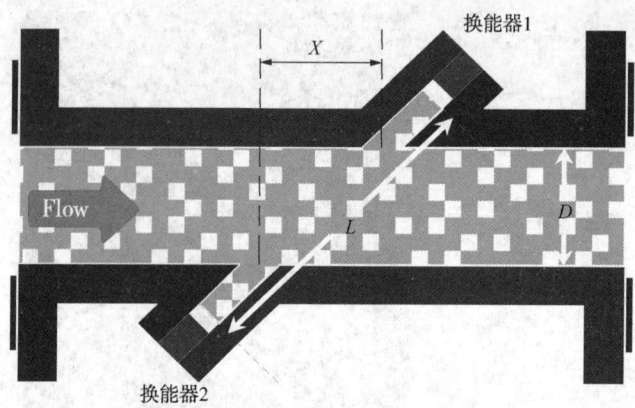

图 3-8-3 超声波流量计工作原理示意图

$$\frac{L}{t_{12}} = c - v_m \left(\frac{X}{L}\right) \qquad (3-8-1)$$

反之,超声波顺流从换能器 2 传送到换能器 1 的传播速度则被流体流速加快,为:

$$\frac{L}{t_{21}} = c + v_m \left(\frac{X}{L}\right) \qquad (3-8-2)$$

式(3-8-1)减式(3-8-2),并变换之,得:

$$v_m = -\frac{L^2}{2X}\left(\frac{1}{t_{12}} - \frac{1}{t_{21}}\right) \qquad (3-8-3)$$

式中 L——超声波在换能器之间传播路径的长度,m;
X——传播路径的轴向分量,m;
t_{12}, t_{21}——从换能器 1 到换能器 2 和从换能器 2 到换能器 1 的传播时间,s;
c——超声波在静止流体中的传播速度,m/s;
v_m——流体通过换能器 1 和换能器 2 之间声道上平均流速,m/s。

2. 流量方程式

传播时间法所测量和计算的流速是声道上的线平均流速,而计算流量所需是流通横截面的面平均流速,二者的数值是不同的,其差异取决于流速分布状况。因此,必须用一定的方法对流速分布进行补偿。此外,对于夹装式换能器仪表,还必须对折射角受温度变化进行补偿,才能精确的测得流量。体积流量 q_v 为:

$$q_v = \frac{v_m}{K} \cdot \frac{\pi D_N^2}{4} \qquad (3-8-4)$$

式中 K——流速分布修正系数,即声道上线平均流速 v_m 和面平均流速 v 之比,$K = v_m/v$;
D_N——管道内径。

3. 流量计算机的计算

1)标准参比条件下的瞬时流量计算

标准参比条件下的瞬时流量按下式计算:

$$q_n = q_f(p_f/p_n)(T_n/T_f)(Z_n/Z_f) \qquad (3-8-5)$$

式中 q_n——标准参比条件下的瞬时流量，m^3/h；

q_f——工作条件下的瞬时流量，m^3/h；

p_n——标准参比条件下的绝对压力（其值为 0.101325 MPa）；

p_f——工作条件下的绝对静压力，MPa；

T_n——标准参比条件下的热力学温度（其值为 293.15 K）；

T_f——工作条件下的热力学温度，K；

Z_n——标准参比条件下的压缩因子（按 GB/T 17747 计算得出）；

Z_f——工作条件下的压缩因子（按 GB/T 17747 计算得出）。

2）标准参比条件下的累计流量计算

标准参比条件下的累计流量按下式计算：

$$Q_n = \int_{t_0}^{t} q_n dt \qquad (3-8-6)$$

式中 Q_n——标准参比条件下在 t_0 至 t 一段时间内的累计量，m^3；

dt——时间的积分增量。

4. 修改 S600 流量计算机气质组分替代值

在主菜单下按 OPERATOR；选择 COMPOSITION；选择测量值（MEASU RED）或替代值（KEY PAD）；在 KEYPAD MOLE 菜单下修改组分值。

5. 流量计的安装

（1）在安装之前，应当检查超声流量计以确信没有由运输引起的损坏以及所有附件（如换能器、变送器）完整无缺。

（2）流量计应水平安装，其他安装方式须咨询制造厂。流量计之间要留有足够的检修空间。

（3）单向计量时，气流与流量计正方向一致。

（4）流量计的安装应尽可能避开振动环境，尤其是可引起信号处理单元、超声换能器等部件发生共振的环境。

（5）避免较强的电磁干扰。

（6）紧邻流量计的上、下游须安装一定长度的直管段，上游 30D，10D 处安装整流器、下游 5D（D 为管道外径）。

（7）上下游直管段内径与流量计内径之差小于流量计内径的 1%，其绝对值应小于 5mm。

（8）与流量计连接的法兰，不得出现台阶及垫片突入，以免影响气流。

（9）温度计应安装在流量计下游 3D~5D（D 为管道外径）范围内，温度传感器插入深度不小于 75 mm。

（10）压力变送器在流量计本体取压。

（11）如气质较脏，应安装一个气体过滤器，定期进行污物排放和清洗，确保过滤器在良好的状态下工作。

（12）站场扫线时，应将流量计拆除，以直通短管代替，扫线作业完成后再安装流量计。

（13）流量计在投产前应进行试压。

（14）DANIEL3400 超声波流量计自诊断系统如果显示，某通道增益量大，信噪比差，声速核查错误，此时要检查超声波换能器（探头）是否脏污，超声波换能器是否故障，前置放大器板是否故障。

6. 流量计的运行

（1）流量计投入使用前，应按相应国家标准或规程进行检定或实流校准。

（2）各种信号线和电源线连接完好。

（3）先打开进口旁通阀，给管道缓慢充气，然后缓慢打开进口截止阀（至少持续1min），避免流量计过高差压或过高流速，给管道缓慢加压，达到流量计的运行压力。注意：压力剧烈振荡或不当的高速加压会损坏流量计。

（4）检查所有的法兰连接处和引压接头及温度传感器的插入接头处是否有气体泄漏。

（5）接线检查。对照厂家提供的系统接线图，检查所有接线无误。注意：在上电前，要确保所有供电接线极性无误。

（6）对气体超声流量计进行组态。

（7）流量计最高流速不超过 30 m/s。

（8）流量计在起用前，应按照 GB/T 18604《用气体超声流量计测量天然气流量》中的要求进行零流量测试，如现场不具备条件，应进行工况条件下的零流量测试。

第九节　孔板差压式流量计

一、天然气孔板流量计的结构

孔板流量计由产生压差的一次装置—孔板节流装置和二次检测仪表—差压计、压力计、温度计和相关参数仪器仪表加信号引线等组成，如图 3-9-1 和图 3-9-2 所示。

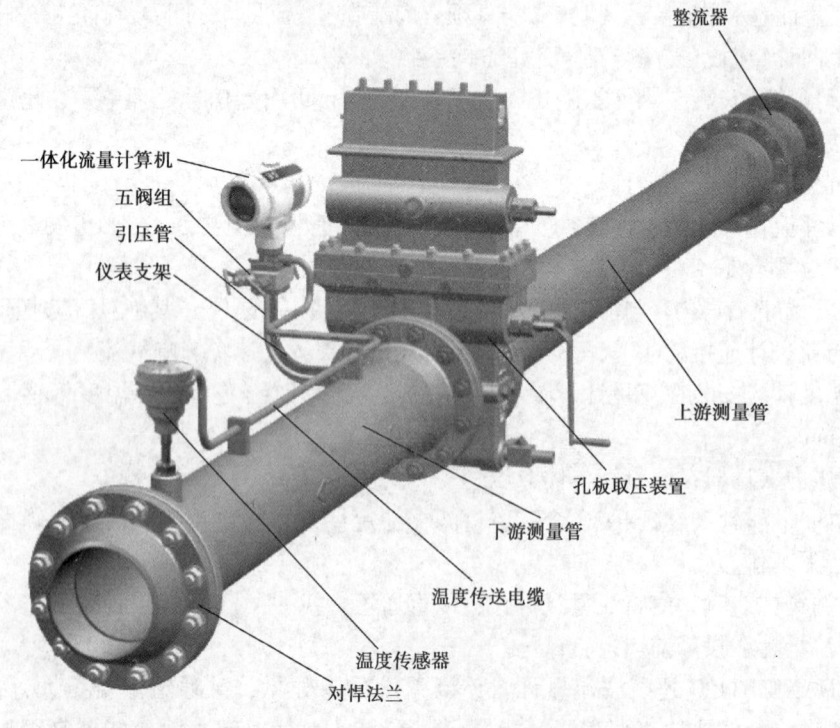

图 3-9-1　孔板流量计外形图

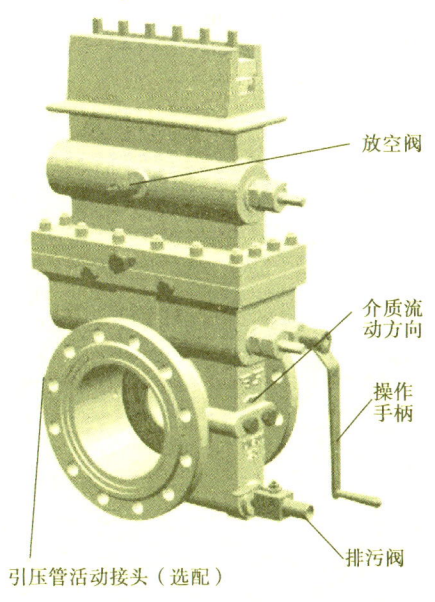

图 3-9-2 高级孔板阀外形图

二、孔板流量计的测量原理

充满管道的流体,当它流经管道内的标准孔板时,如图 3-9-3 所示。流束将在标准孔板处形成局部收缩,从而使流速增加、静压力降低,这样在标准孔板前后便产生了压差。流体流量越大,产生的压差越大,因此可依据压差来衡量流量的大小。这种测量方法是以流动连续性方程(质量守恒定律)和伯努利方程(能量守恒定律)为基础的。压差的大小不仅与流量有关,同时还与其他许多因素有关,例如当节流装置形式或管道内流体的物理性质(密

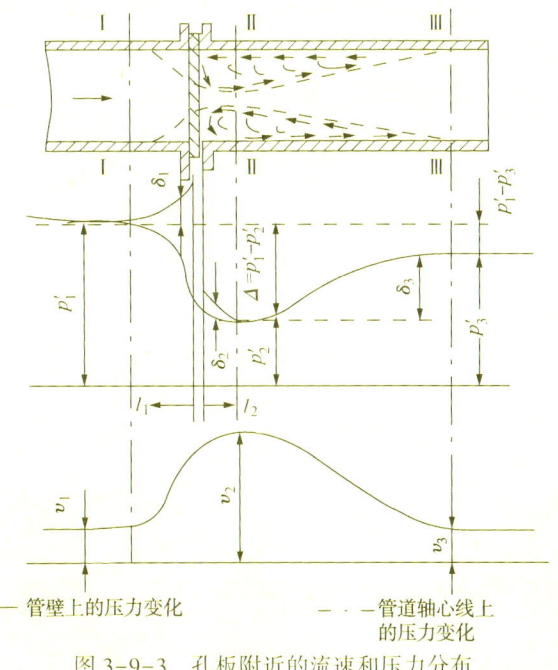

— 管壁上的压力变化　- - -管道轴心线上的压力变化

图 3-9-3 孔板附近的流速和压力分布

度、黏度)不同时,在同样大小的流量下产生的压差也是不同的。

天然气在标准参比条件下的体积流量计算的实用公式:

$$q_{vn} = A_{vn}CEd^2F_G\varepsilon F_z F_T \sqrt{p_1 \Delta p}$$

式中　q_{vn}——天然气在标准参比条件下的体积流量;

　　　A_{vn}——体积流量计量系数视采用计量单位而定(秒体积流量计量系数 $A_{vns}=3.1795\times10^{-6}$;小时体积流量计量系数 $A_{vnh}=0.011446$;日体积流量计量系数 $A_{vnd}=0.27471$);

　　　C——流出系数;

　　　E——渐近速度系数;

　　　d——孔板开孔直径,mm;

　　　F_G——相对密度系数;

　　　ε——可膨胀性系数;

　　　F_z——超压缩系数;

　　　F_T——流动温度系数;

　　　p_1——孔板上游侧取压孔气流绝对静压,MPa;

　　　Δp——气流流经孔板时产生的差压,Pa。

第十节　流量计算机系统

一、流量计算机系统构成

流量计算机系统由信号转换和采集单元、流量计算和处理单元以及输出单元构成。

流量计算机系统应能自动实时采集检测数据、自动实时处理数据、按标准规定自动实时计算天然气流量并对流量数据自动进行累计归档。同时对装置设置的基本参数、检测数据和事件进行历史储存和管理。

在正常供气情况下清洗、检修节流装置或调校仪表时,流量计算机系统应具有流量自动累积功能。

流量计算机系统应具有所有计量参数和历史事件的记录功能。

流量计算机系统应具有参数设置、数据记录的安全保护功能。

流量计算机系统应具备通信功能。

二、流量计算机系统基本技术要求

1. 处理器/存储器

(1) 微处理器不低于16bit,建议选用32bit;

(2) 程序存储器容量应满足程序需求;

(3) 存储器容量满足数据保存需求;

(4) 支持浮点数或双浮点数运算;

(5) 内置电池至少满足1个月的数据保存需求。

2. 时钟

(1) 内置可调整石英时钟;

(2) 可显示出年/月/日/时/分/秒;
(3) 时钟精度不低于 0.1s/24h;
(4) 允许用户设定日流量时间界限。

3. 自诊断

(1) 提供硬件自诊断，包括对处理器、存储器、电源、输入/输出接口、通信接口的诊断测试。
(2) 提供软件自诊断，包括对流量计算程序、设定参数、输入/输出参数的诊断测试。

4. 供电

支持 24V DC 或 220V AC 通过 UPS 供电。

5. 系统安全性

(1) 流量计算程序应采用工厂固化或加密保护，不允许用户修改;
(2) 所有输入/输出通道接口、通信接口与外部设备间及各通道间和通道与内部总线间均需采用有效的隔离防护措施;
(3) 流量计算机需设有操作权限限制，可通过密匙、分级密码进行保护，必要时需采用封印进行保护;
(4) 当流量计算机安装在危险场所时，应符合 GB 3836 标准要求。

6. 操作、显示

流量计算机面板应设有操作键盘，但使用该键盘不能修改程序;修改程序应用专用软件进行组态。流量计算机面板设有 LCD 或 LED 显示窗口，可以显示流量计算机系统基础参数设置、测量过程参数、系统诊断报警信息及有关提示信息等。

7. 输入/输出信号

(1) 支持 4~20 mA、1~5 V 模拟信号输入，RTD 信号输入;A/D 转换分辨率不低于 16bit。
(2) 支持数字信号输入和输出。
(3) 支持 4~20 mA 模拟信号输出，D/A 转换分辨率不低于 12bit。
(4) 支持开关量输出。
(5) 自动或手动输入天然气气质和物性数据、标准参比条件、压缩因子计算方法选择、取压方式选择、测量管内径、孔板开孔直径、仪表量程、报警限设置、时钟数据及通信参数等。
(6) 显示和输出实时和历史测量数据、流量计算和累计数据、当前和历史基础参数、事件记录、报警信息以及必要的中间计算数据等。
(7) 通信接口。至少提供 4 个通信接口，分别用于组态、数据传输、打印以及与在线色谱仪通信。
(8) 平均无故障时间。平均无故障时间(MTBF)应不小于 30000h。
(9) 电磁干扰。电磁性能应符合 GB/T18603 标准要求。
(10) 环境条件。温度:0~40℃(贮存温度-20~50℃);湿度:5%~85%。
(11) 数据采集、处理周期。数据采集周期应不超过 1s;数据处理、流量计算周期不超过 5s。
(12) 流量计算功能。
① 体积流量:支持在操作条件下的瞬时体积流量计算和在标准参比条件下的瞬时体积

流量计算及各自体积流量的累计计算；
②质量流量：支持瞬时质量流量计算及质量流量累计计算；
③能量流量：支持在标准参比条件下的瞬时能量流量计算及能量流量累计计算；
④支持小信号切除功能。必要时，通过设定最小差压值，达到切除干扰的目的。
（13）流量数据存储。
①支持体积流量、质量流量、能量流量和各自累计量的数据存储；
②至少分别提供上述3种流量的小时、日流量累计值存储；
③至少存储前1小时每分钟、前1天每小时、前35天每天的测量数据；
④若有必要可要求提供存储7~35天的小时、日归档测量参数值。
⑤当使用工控机作为流量计量主机时，至少存储前2年的每个计算周期的测量数据、计算结果、历史事件和参数变化数据等。
（14）报警。
①至少提供流量计算机系统故障报警、输入信号故障报警、测量及内部参数超限报警；
②流量计算机报警时，需提供声音和光警示信号；
③流量计算机内部需对产生的报警按照时间顺序自动进行记录存储，记录应包括报警状态、产生的时间、确认的时间和报警描述等信息。
（15）事件。
①按照时间顺序自动记录各种报警和任何一次参数修改等事件；
②记录应包括事件产生的时间、事件描述等信息；
③所有记录均不可修改、删除，存储器满后自动溢出。
（16）通道校准。所有模拟输入通道均支持校准功能；校准及相关设置应有权限限制。

第十一节　气相色谱仪

一、概述

气相色谱仪是利用试样中各组分，在色谱柱中的气相和固定相间的分配及吸附系数不同，由载气把气体试样或汽化后的试样带入色谱柱中进行分离，并通过检测器进行检测的仪器。根据各组分的保留时间和响应值进行定性、定量分析仪，并计算出气体的相对密度、发热量等计量必需的参数，从而实现标准体积流量计量和能量计量。

气相色谱仪由气路系统、进样系统、色谱柱、电气系统、检测系统、记录器或数据处理系统组成，随使用方式的不同可分为：

（1）实验室分析仪。由使用者按天然气的取样方法（GB/T 13609），从管道气中取样，然后在实验室内用气相色谱仪分析天然气组分（GB/T 13610）。

（2）在线分析仪。仪器直接从过程中取样自动分析。分析内容和数据处理方式以及色谱柱、检测器、色谱操作条件等都是预先选定的，运行中不能变更，在无人管理的条件下，长期自动运行。

（3）便携式分析仪。直接从过程中取样进行自动分析，但短时运行，可方便地测量不同管道、设备中的气体。其特点是：准确、经济、维护工作少。

二、结构

气相色谱仪外观,如图 3-11-1 所示。

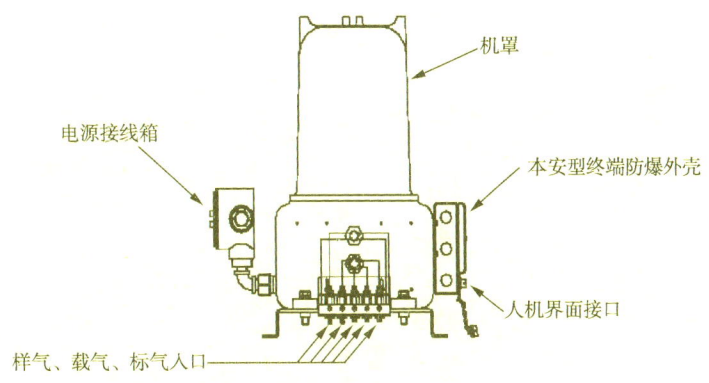

图 3-11-1　气相色谱仪外观图

气相色谱仪上半部分,如图 3-11-2 所示。上半部分由色谱分析模块、电磁阀控制板、电磁阀组件、安装轴(RTD 温度探头)、加热元件和过热保险等组成。

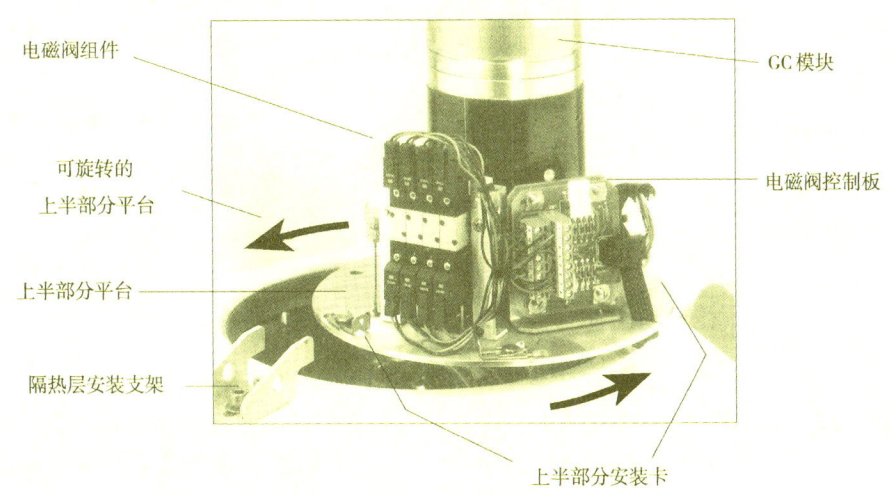

图 3-11-2　气相色谱仪上半部分

气相色谱仪下半部分,如图 3-11-3 所示。组成如下:流路选择模块、压力调节控制板、控制板组件。控制板组件包括:模拟控制板、数字控制板、本安隔离板、本安端子板、RS-232/电源板。

三、基本原理

气相色谱仪基本原理如图 3-11-4 所示,分析用的色谱柱和转换用的检测器及色谱阀是 3 个关键部件。

气相色谱仪中载气以适当的恒定流量流经进样阀、色谱柱和检测器,这些部分的温度恒定于需要的操作值。用进样阀将已知体积的、经过预处理的样品注入,然后由载气带入色谱柱进行分离。色谱柱内的固定相是一些吸附剂或吸收剂,某些吸附剂或吸收剂对不同的物质

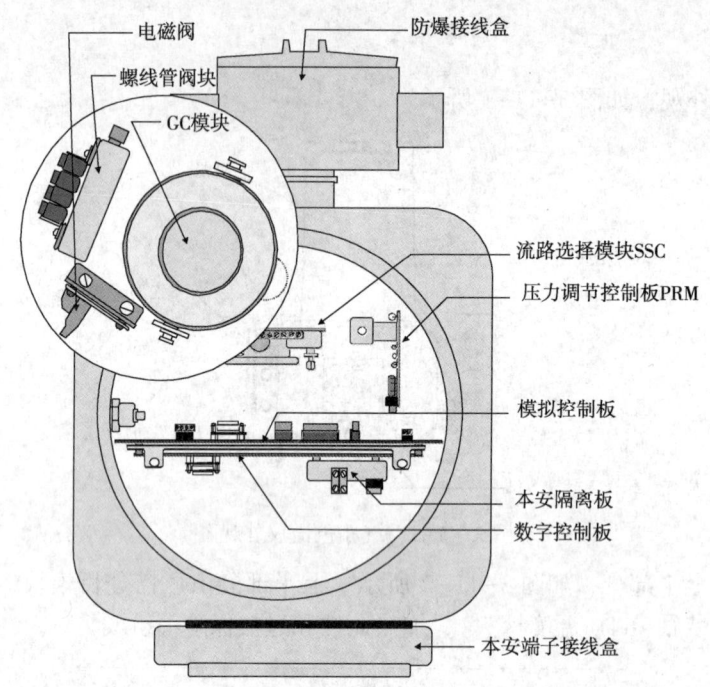

图 3-11-3 气相色谱仪下半部分

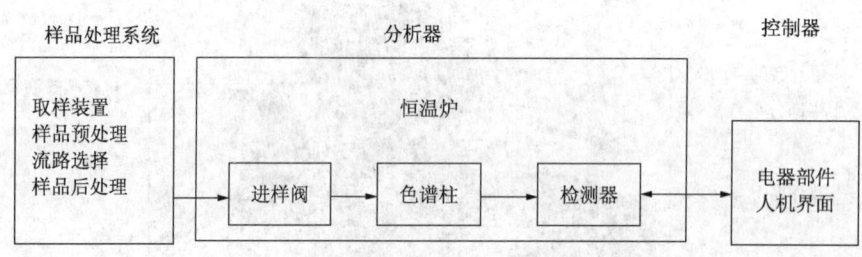

图 3-11-4 气相色谱仪原理示意图

具有不同的吸附能力或不同的吸收能力。因此,当包含样品的流动相流过固定相表面时,样品中各个组分在流动相和固定相中的分配比例不同,使得各组分在色谱柱中流动的速度不同,进而使各组分离开色谱柱进入检测器(如常用的热导检测器 TCD,氢火焰离子化检测器 FID,火焰光度检测器 FPD——也叫硫磷检测器,电子捕获检测器 ECD 等)的时间不一样。检测器根据样品到达的先后次序测定各组分及浓度信号,得到色谱图,由此得出定性分析结果。在实验室内分析时,必须用已知标准混合气在同样的操作条件下,用气相色谱仪进行分离,将二者相应的各组分进行比较,用标气的组成数据计算气样相应的组成。计算时可采用峰高、峰面积或者二者均采用。在过程(在线)分析仪或便携式分析仪中,存有标气标定数据,自动比较,计算得出气样的相应的组成、相对密度和发热量等。气相色谱议还包括样品处理系统、分析器和控制器,其功能如下:

(1) 样品处理系统功能:

取样装置:快速从工艺流程中取出具有代表性的样品,不使样品失真。常见的有 GENIE 取样器,如图 3-11-5 所示。

样品预处理系统:使样品符合色谱分析和检测要求,包括降压、稳压、稳流、保温、降温、除尘、除水干燥、清除对仪器有害的非待测物质等。

流路选择系统：用一套色谱仪轮流分析两个以上的采样流路时要进行流路选择。

样品后处理系统：对快速回路、旁通流路等的样品进行回收、放大气、放火炬等处理。

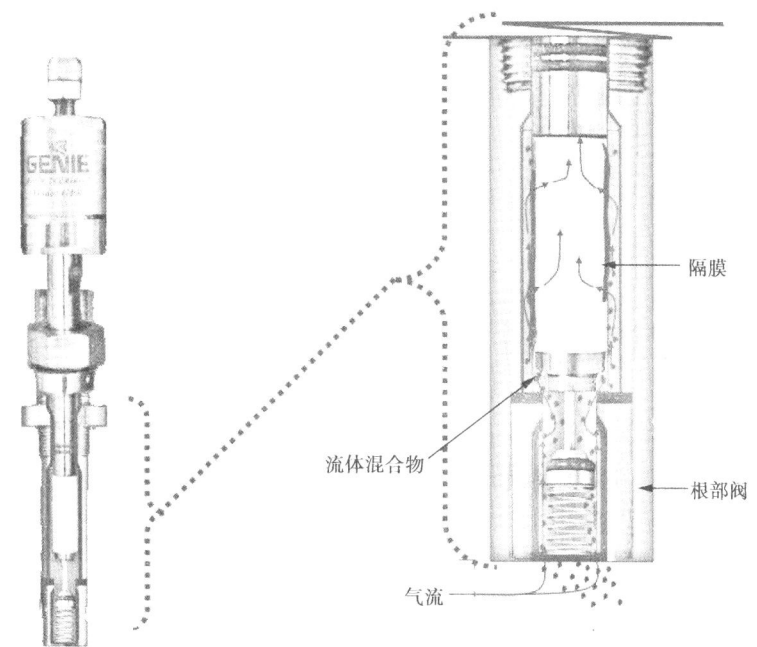

图 3-11-5　GENIE 取样器

（2）分析器功能：

恒温炉：给分析器提供恒定的温度。

进样阀：周期性地向色谱柱送入定量样品，且要求进样期间不改变样品相态。

色谱柱系统：利用各种物理化学方法将混合组分分离开。

检测器：根据某种物理或化学原理将分离后的组分浓度信号转换成电量。

（3）控制器功能：控制采样阀及柱切换阀的动作；控制炉温；处理检测信号；与 DCS 通信等。

四、气相色谱仪的操作

气相色谱仪的操作需通过计算机来完成。每台分析仪随机附送一套人机界面软件，将该软件安装于预装有 Windows® 2000，XP 或 NT 的笔记本电脑中，通过通信接口将计算机与仪器相连后即可对仪器进行相关操作。

气相色谱仪安装示意图如图 3-11-6 所示。图中标气的组分名称和含量（摩尔分数）为：$CH_4(C_1)$，89.57%；$C_2H_6(C_2)$，5%；$C_3H_8(C_3)$，1%；iC_4，0.3%；nC_4，0.3%；$Neo-C_5$，0.1%；iC_5，0.1%；nC_5，0.1%；C_{6+}，0.03%；N_2，2.5%；CO_2，1%。各种组分已被精确测量，并标在证书中。

载气系统的作用：为取出的样气在色谱柱移动提供动力。氦气纯度为 99.995% 零级载气。在分析仪无法分析出检测结果时，需要进行电桥的调平检查。另外在色谱分析仪周期性维护时，也应进行电桥的调平衡。将色谱分析仪置于 halt 状态，停止所有的分析过程；停止

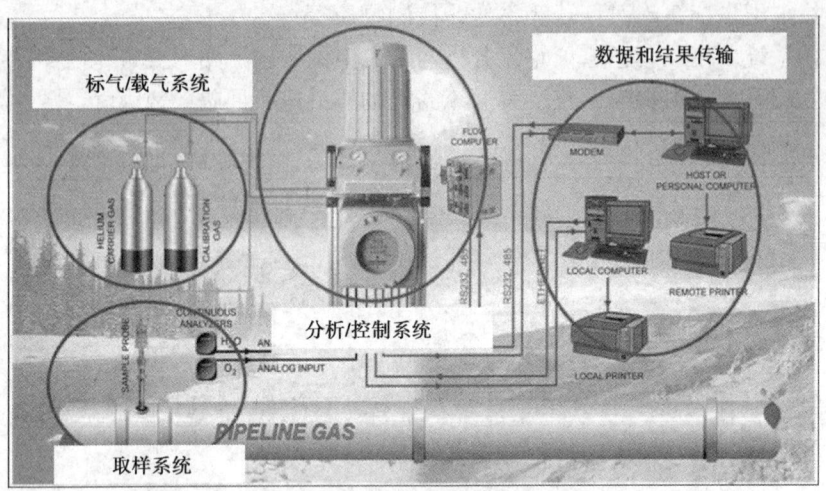

图 3-11-6　气相色谱仪安装示意图

分析一段时间后(一般 30min)，打开分析仪上端的防爆保护外壳；连接数字万用表的负极到黑色的界限端子，正极到红色的端子；检查电桥的电压，正常的电压应该是 $0\sim0.5mV$，调节位于测试桩下面的粗调和微调旋钮以达到要求的值。

第二部分 计量管理及相关知识

第四章 计量设备维护管理

第一节 刮板流量计维护管理

一、维护管理要求

1. 检查流量计表头油杯

定期检查流量计表头油杯中的润滑油,当油量减少到油杯容量的1/4时,应及时添加(图4-1-1)。对带有直角油杯的表头,每8h加注一次润滑油。

2. 检查油杯液位

当油杯液位长期不变时,可判断为油管或注油孔堵塞,需及时清理。当油杯不存油时,可判断为油杯连接精度修整器的油管脱落,需及时修复。

3. 出轴密封维护

应根据流量计出厂说明书定期加注润滑脂(图4-1-2)。如刮板流量计应至少每季度加注一次。使用专用的注油枪向出轴密封机构内注入丙三醇。出轴密封维护(每年进行)。

图4-1-1 对流量计加注润滑油

图4-1-2 对流量计加注润滑脂

4. 检查流量计盖板

流量计盖板上出现漏油,如为出轴密封泄漏,应及时加注润滑脂或更换出轴密封(图4-1-3)。

5. 容差调整器维护(每年进行)

拆下容差调整器(图4-1-4)进行检查(在运行期间不能随意拆卸)。

图 4-1-3　更换轴密封　　　　　　图 4-1-4　容差调整器

6. 精度修整器维护

当精度修正器损坏时,应更换备用精度修正器。

7. 大数字表头保养(每年进行)

(1) 打开大数字表头(图 4-1-5)盖板;

(2) 对大数字表头齿轮传动部分进行检查,对其中的污物及杂质进行清洗(图 4-1-6);

(3) 对齿轮部分加注钟表油进行润滑后,对大数字表头恢复安装。

图 4-1-5　大数字表头　　　　　　图 4-1-6　大数字表头齿轮

8. 常用备品备件

常用备品备件有密封圈、精度修整器、光电发讯器(板)、大数字表头、出轴密封等。

二、现场检查管理

刮板流量计现场检查表见表 4-1-1。

表 4-1-1　刮板流量计现场检查表

检查项目	检查地点	检查标准	检查方法
流量计	现场	流量计外观及铅封应完好,各连接处无渗漏,流量计转动无杂音	目测、耳听
流量计发讯器	校验台	发讯应正常	切换流量计检定流程机型检测

续表

检查项目	检查地点	检查标准	检查方法
大数字表头	现场	转动灵活、无卡数、丢数、键联及回零旋钮转动正常	目测、手动
压力、温度测量仪表	现场	外观、接线、参数显示应正常	目测
过滤器、消气器	现场	外观完好，各连接处无渗漏	目测

三、常见故障及处理

刮板流量计常见故障及处理见表4-1-2。

表4-1-2 刮板流量计常见故障及处理

序号	故障现象	可能的原因分析	排除方法
1	转子不转动	(1) 安装时有杂质进入流量计； (2) 过滤器堵塞； (3) 被测液体压力过小； (4) 管线安装应力过大、流量计壳体变形； (5) 轴承磨损导致转子卡死	(1) 打开流量计，清洗后再安装； (2) 清洗过滤器； (3) 增大系统压力； (4) 消除应力； (5) 更换轴承，修复损坏部件
2	转子运转正常，指针或字轮不动	(1) 传动系统卡住； (2) 传动系统有销钉断裂或脱落	(1) 清洗传动轮系，检查连接件有无损坏，并加油润滑； (2) 更换销钉，并在两端加花铆固定以防脱落
3	指针或字轮运转时有抖动现象，或时走时停	(1) 液体含气量大； (2) 流量过小、转子转动不均匀； (3) 表头连接松动、传动系统有松动； (4) 机械计数器卡死	(1) 采取消气措施、检查消气器工作正常否； (2) 加大流量至规定范围； (3) 铆牢松动部分，更换损坏零件，拧紧螺栓； (4) 检修机械计数器
4	流量计运转时，有异常响声和噪声	(1) 流量过大、超过规定的范围； (2) 止推轴承磨损、转子与壳体摩擦或该部位紧固件松动	(1) 调整流量至规定范围内； (2) 打开下盖，调整止推轴承的轴向位置，拧紧螺栓
5	渗漏	(1) 密封轴密封件磨损； (2) 放气孔或放油孔紧固件松动； (3) 螺栓松动	(1) 更换密封件； (2) 固紧紧固件； (3) 拧紧螺栓
6	指针反转，字轮转动数字由大到小	液体流动方向与壳体箭头所示方向相反	停止运行，按箭头所示方向安装
7	发信器无信号输出或丢失脉冲	(1) 元件损坏； (2) 光电开关松动； (3) 发信器传动连接不可靠	(1) 更换元件； (2) 调整好光电开关位置，并牢靠固定； (3) 正确安装使传动可靠
8	二次仪表故障	(1) 有干扰信号； (2) 显示仪有故障； (3) 显示仪与脉冲发信器阻抗不匹配	(1) 排除干扰，可靠接地； (2) 用"自校"检查显示仪； (3) 加大显示仪的阻抗使之匹配

第二节　质量流量计维护管理

一、维护管理要求

1. 日常维护(每月进行)

(1) 检查传感器、核心处理器及流量变送器和它们的安装支架,管道连接件以及电缆接线是否有损伤、腐蚀、松动或雨后进水的现象。

(2) 检查流量变送器表头上部的状态指示灯是否为绿色常亮。

2. 调零(检定时进行)

(1) 接通流量计电源,允许流量计预热约 20min;

(2) 使被测流体通过传感器直到传感器温度接近正常的工艺温度;

(3) 关闭传感器下游的截流阀;

(4) 确保传感器达到满管状态;

(5) 确保被测流体已经完全停止流动;

(6) 用 Prolink2.0 进行调零,从 prolink/calibration/zero calibration 菜单,对流量计调零(图 4-2-1);

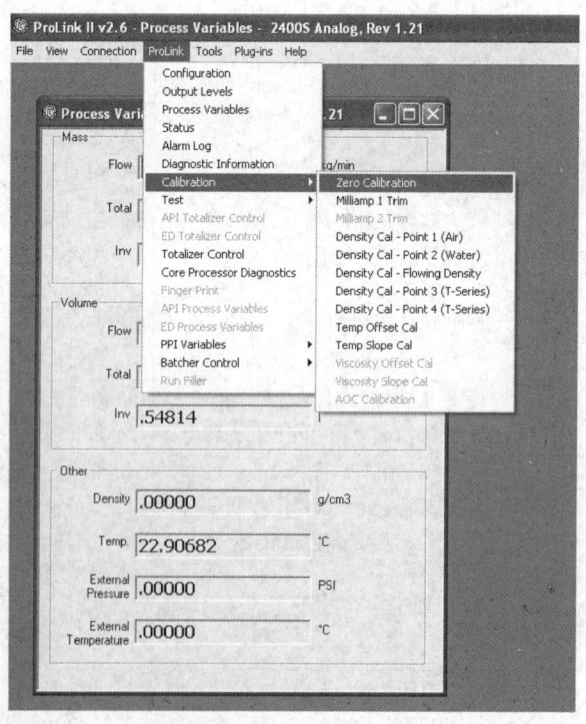

图 4-2-1　调零界面

(7) 如图 4-2-2,点击 perform zero 按钮,即可完成调零操作。调零时,状态 calibration in process(A104)变为红色,完成后变成绿色,通常应连续调零 3 次(图 4-2-2)。

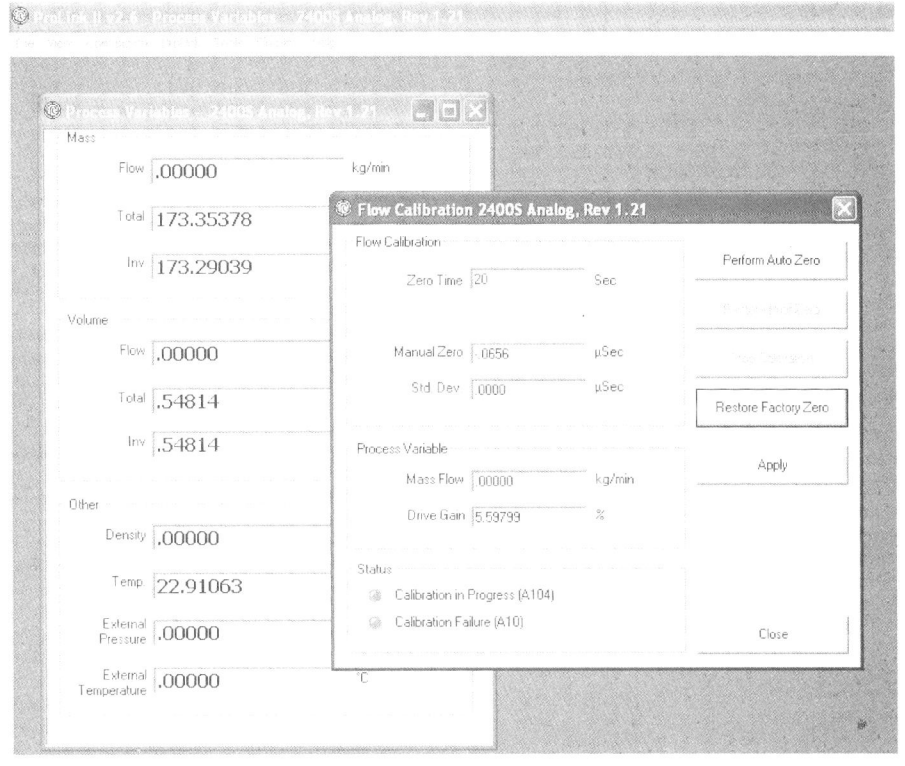

图 4-2-2　调零 3 次

3. 检定（每年进行）

参与贸易计量交接的质量流量计应进行国家强制检定，采用在线实流检定的方式，检定内容及步骤依据标准 JJG 1038《科里奥利质量流量计》和计量交接协议。

4. 自检（按计量交接协议规定的频次进行）

自检内容及步骤依据标准 JJG 1038《科里奥利质量流量计》和计量交接协议。

5. 常用备品备件

流量变送器、核心处理器、保险等。

二、现场检查管理

质量流量计现场检查表见表 4-2-1。

表 4-2-1　质量流量计现场检查表

检查项目	检查地点	检查标准	检查方法
变送器表头	变送器液晶屏	检查有无红灯报警	目测
变送器、核心处理器	表盖及接线	检查接线、表盖是否紧固	目测

三、常见故障及处理

1. 停输时显示有流量

通常是由于小信号切除值过小或传感器下游的截流阀关闭不严。另外，流量计气液两相也会出现这种故障。应适当修改小信号切除值,充压排气或检查阀门是否内漏。

2. 流量计突然停止计数,显示红灯报警

通常是由于气液两相或者流量计背压过低,也有可能是核心处理器、传感器故障。应查看报警菜单,确定具体原因,再做处理。

质量流量计常见故障及处理见表4-2-2。

表4-2-2　质量流量计常见故障及处理

序号	故障现象	可能的原因分析	排除方法
1	给变送器上电,但没有显示	(1) 没有正确的连接电源; (2) 电源输出板的保险丝熔断; (3) 带电插接接线插头,电路元件击穿	(1) 按线路图接通电源; (2) 检查电源电压、更换保险丝; (3) 更换有关线路板
2	有显示,但无量或测量不显示	(1) 组态参数设置不正确; (2) 密度切除点设置不正确; (3) 检测线圈或驱动线圈有断路; (4) 接线盒受潮; (5) 测量管堵塞,不启振; (6) 变送器调零单元失效; (7) 零点漂移; (8) 流量系数不正确	(1) 重新设置组态参数; (2) 重新设置密度切除点; (3) 送修传感器、更换线圈; (4) 擦拭晒干; (5) 拆下处理,重新安装; (6) 更换调零单元线路; (7) 零点校准; (8) 重新检定,将正确的系数输入到数据库
3	零点不稳定或超差	(1) 安装有应力; (2) 未接地或虚接; (3) 预热时间不够长; (4) 变送器损坏	(1) 检查安装,消除应力; (2) 接地; (3) 延长预热时间; (4) 送修或更换变送器
4	传感器的测量管振动异常	(1) 测量管没有完全充满流体; (2) 传感器的电缆接线有问题; (3) 测量管堵塞; (4) 安装有应力	(1) 使测量管充满流体; (2) 检查电缆是否连续良好; (3) 拆下处理,重新安装; (4) 检查安装,消除应力
5	变送器与手操器组态接口通信不上	(1) 使用操作方法不当; (2) 变送器与手操器连接有问题; (3) 变送器或手操器接口工作不正常	(1) 参考使用手册,正确操作; (2) 检查连接是否正确; (3) 送制造厂修理

第三节　涡轮流量计维护管理

一、维护管理要求

1. 对天然气流量计加注润滑油

(1) 装有油泵的涡轮流量计应每3个月加注一次润滑油。

(2) 油泵操作:用手向下压油泵的手动杆直到停止,这样每次可以形成同样的油压,向下压动手动杆一次意味着油泵活塞的一个冲程,如图4-3-1所示。

(3) 需按时给油腔补充加油以确保没有空气进入流量计润滑油管道系统,油泵必须与水隔绝(注意加油孔盖子上的粘贴物或螺钉是否紧固完好)。

图 4-3-1 对涡轮流量计加注润滑油

表 4-3-1 润滑说明

DN80-DN150	DN200-DN600
按钮式油泵(型号：PM04)	拉杆式油泵(型号：HP03)
15 个冲程/3 个月	4 个冲程/3 个月
初次运行的润滑：30 个冲程	初次运行的润滑：10 个冲程

可使用的润滑油：① Shell Voltol Gleitoel 22；② Shell Risella D15；③ Shell Tellus T15。

2. 日常维护

(1) 按时定期巡检，检查流量计仪表、二次仪表、变送器、传感器、流量计算机各连接、接线是否正确可靠；计量回路上是否出现其他噪声和敲击声，连接点上是否出现渗漏。

(2) 每季清洗过滤器，过滤器上的压差不应超过到 0.05MPa(图 4-3-2)。

图 4-3-2 对内部进行清理

(3) 每年对流量计进行检定，并在有效期内使用（图 4-3-3）。

(4) 常用流量范围为最大流量的 70%~80%，最大流量为允许最大流量的 120%，但过载时间不能超过 30min，最小流量不低于流量计的工作下限。

(5) 如果涡轮流量计测量数据存在明显偏差，可根据需要，对涡轮流量计进行清洗。具体步骤为：将流量计断电后拆卸，再将流量计立起来，用干净的汽油或其他洗涤剂灌入进口，不断循环清洗，直至吹动表内的叶轮转动灵活。

(6) 每 3 年检查叶轮和轴承情况，视具体情况维护。

图 4-3-3　计量系统

二、现场检查管理

涡轮流量计现场检查表见表 4-3-2。

表 4-3-2　涡轮流量计现场检查表

检查项目	检查地点	检查标准	检查方法
流量计计数器的检查	现场	查看平稳供气时，流量计计数匀速转动	目测
流量计算机的检查	机柜间	无报警	目测
涡轮流量计	现场	检查接线应正常，螺栓连接应完好，带表头的涡轮流量计表头显示正常	目测
阀门	现场	拆卸或安装后检查放空阀、排污阀门应关闭，过滤器前后阀门应开启	目测
数据显示	计量标定间	检查涡轮流量计的数据显示应正常	目测

三、常见故障及处理

(1) 涡轮流量计现场计数器匀速转动，但流量计算机上无计量数据。

与高频探头相连的电缆有松动；或是从流量计高频探头相连的线缆至流量计算机之间的线路故障。

(2) 在供气下运行，现场计数器不走数，流量计算机无计量数据。

① 流量小；

② 流量计内部被击穿。
(3) 涡轮流量计上位机显示数值错误或无显示或流体流动时表头累积量不增加。
① 查看涡轮流量计接线是否正确；
② 检查涡轮流量计输出信号是否正常，如果不正常，检查信号输出板是否损坏；
③ 检查是否流量计内部叶轮卡死或轴承断裂；
④ 上述检查都无问题，检查 PLC 端数据处理是否正常。
(4) 涡轮流量计流量减小。
① 查看液位计前过滤器是否堵塞；
② 若为传感器叶轮受杂物阻碍或轴承间隙进入异物，导致阻力增加而减速减慢，可清理流量计。
(5) 流体不动，流量计显示不为零。
① 若传输线屏蔽接地不良，存在干扰，查看是否接地良好；
② 若管线振动，导致叶轮跟随抖动，产生误信号，应加固管线或在流量计前后加支墩；
③ 若流量计前截止阀不严导致，应检修截止阀。

第四节 一球一阀双向体积管维护管理

一、维护管理要求

1. 控制系统的维护保养（每月 1 次）
(1) 打开体积管控制台电源开关。
(2) 检查体积管控制台（控制台上装有标准体积管操作用的电气设备，液压设备的控制单元、测量单元、电子脉冲计数器以及温度和压力参数显示仪器等）的各操作指示灯和检定过程所需参数（温度、压力等）的显示是否正常。
(3) 为了防止计算机病毒感染，不应在控制系统计算机上安装与检定无关的软件，如果需要备份数据库文件，应采取措施防止感染病毒。
(4) 根据体积管使用频率，应及时备份历史数据文件、系统配置文件并妥善保管。
(5) 控制箱及外壳表面采用生产厂家推荐的清洗剂清洗。
(6) 每 3 个月，对控制箱内部应采用软毛刷和压缩空气吹扫。用于吹扫的气体必须是清洁干燥的。

2. 四通换向阀的维护保养
(1) 在环境温度低于 5℃时，应打开四通换向阀底部的排污堵头，将四通换向阀内的积水排空。
(2) 如果阀门密封检漏系统有泄漏指示，且使用手轮加压仍不能终止泄漏，则可采用下列操作：
① 阀门换向一次，如果压力表指示值为零，需对密封部分进行检修。
② 检查密封部分需在阀门放空的状态下进行。将四通换向阀置于非密封装置，（检查压力表指示为零）并打开泄压阀。然后打开阀门底盘，取出密封滑块进行检查，如果需要则更换之。通常在每次打开四通换向阀底盘后，宜更换底盘密封圈。

(3) 齿轮操作机构维护按生产厂家规定要求执行。
(4) 按体积管生产厂家规定定期对操作机构进行润滑。
(5) 按相关标准规定对电动执行机构进行维护。

3. 检定球的维护保养(每年一次)

(1) 关闭(检查)与体积管相连的扫线阀、排污阀、放空阀和清洗阀等全部阀门。
(2) 体积管通油运行,操作控制系统走球,让检定球达到带有快开盲板的收发球筒,关闭体积管进出口截止阀。关闭体积管控制系统电源,停运体积管。
(3) 打开排污阀,用氮气扫线,将体积管内油排到污油池。
(4) 扫线结束后,打开体积管收、发球筒上的放空阀泄压,观察并确认体积管内压力为零时,用防爆工具打开快开盲板,取出检定球,清洗干净。
(5) 用量规、卡尺或量球规检查球直径及椭圆度是否满足其技术手册要求,并检查球表面的损坏情况,当有迹象表明球表面出现机械损伤或因化学作用而软化时,应及时更换检定球。
(6) 备用球不应充液后存放,也不能放在平面上,应按照生产厂家的要求,将球悬挂在网内或吊袋内,或放在由沙窝支撑的保护器具内。

4. 检测开关的维护保养

(1) 检查体积管检测开关外观及铅封是否完好。
(2) 体积管通油运行,给体积管控制系统通电,并确认控制系统各路指示正常。
(3) 操作控制系统走球,当球经过检测开关时,检测开关动作,现场能听到触发声音,同时发出信号,控制台处的检测开关信号灯亮,计数器开始记数;让球继续在体积管内运行,直至到达下一个检测开关时,检测开关动作,现场又能听到触发声音,同时发出信号,控制台处的检测开关信号灯亮,计数器停止记数。
(4) 在常用流量点,操作控制台发送检定球(正程、反程),反复走球几次,观察检定球通过检测开关时,体积管检测开关的动作能否准确地给出检定球的触发信号。
(5) 体积管上的检测开关是高度灵敏的测量装置,只有经过培训的人员才能对其进行维修和调整,维修检测开关能改变体积管的标准容积,因此必须重新检定体积管。

5. 常用备品备件

常用备品备件为检定球、密封圈、四通阀、电动执行机构、检测开关等。

二、现场检查管理

一球一阀双向体积管现场检查表见表4-4-1。

表4-4-1 一球一阀双向体积管现场检查表

检查项目	检查地点	检查标准	检查方法
体积管系统各部位(管线、阀门、盲板等)	体积管间	无渗漏,无油污	目测
四通阀密封	体积管间	四通阀密封无泄漏	目测
控制机柜	体积管控制室	各路控制电源置于关闭状态	目测

三、常见故障及处理

一球一阀双向体积管常见故障及处理见表4-4-2。

表4-4-2 一球一阀双向体积管常见故障及处理

故障现象	可能的原因分析	处理方法
体积管控制系统提示四通阀有泄漏	四通换向阀泄漏	(1) 通过增加传动机构或手轮转矩使密封更牢靠； (2) 更换密封
检测开关不发信号	(1) 检测开关本身故障； (2) 球体损伤或球体变形或球嘴与丝堵间有泄漏导致密封性变差	(1) 排除四通阀、标定球等原因，由专业人员拆卸和检查检测开关，对损坏或腐蚀更换匹配部件，重新组装后应重新标定体积管； (2) 体积管扫线，取出球进行检查，如损伤严重，则更换
检定数据重复性不好	(1) 体积管排气不彻底； (2) 球体损伤或球体变形	(1) 重新排气再进行检定； (2) 体积管扫线，取出球进行检查

第五节 活塞式体积管维护管理

一、维护管理要求

1. 工艺设备系统维护

(1) 检查体积管装置管路及阀门应使用完好，不存在渗漏，管路或阀门渗漏应进行维修或更换。

(2) 检查体积管入口过滤器，维护参考《计量用过滤器维护保养规范》进行。

(3) 检查体积管配套密度计，维护参考《振动管密度计维护保养规范》进行。

(4) 检查液压系统液压泵和电机工作状态，维护参考相关规范进行。

(5) 检查液压系统压油缸液压油油量及品质，初始液压油液位应保持在"HIGH"和"LOW"线2/3以上，且不应超过"HIGH"线，油品清澈，不存在乳化变质。使用的液压油为航空液压油，等级为E，型号为MIL-H-5606。

(6) 检查液压系统管路，存在渗漏或老化时应联系厂家进行更换。

(7) 在液压系统运行过程之中，检查液压控制阀和电磁阀动作情况，若动作异常应进行维修或联系厂家进行处理。

(8) 检查光学组件套筒铅封，若铅封损坏应重新进行容积检定。

(9) 检查氮气罐压力值，压力值不宜过高或过低；压力值过低时应补充，过高时应及时卸放，压力值应满足以下计算公式：

$$p_N = \frac{\dfrac{p_1}{6.9R} + 60}{6.9}$$

式中 p_N——氮气瓶需保持的压力，kPa；

p_1——体积管内液体介质的压力,kPa;

R——压力系数(18in 体检管 $R=5.0$,24in 体检管 $R=5.83$)。

氮气罐压力值偏差应在计算压力的 0~+5%范围内,且不应低于 75psi。

2. 电气系统维护

(1)检查体积管外接电气电缆及航空插头,电缆外观应完好,存在破损时应更换。

(2)连接体积管外接电源,检查体积管出口流量调节阀及密度计泵工作状态,电源供给不上或相序错误应及时处理。

3. 仪表系统维护

(1)体积管配套温度变送器、压力变送器及压力表应按检定规范进行定期检定,压力仪表一次二次阀应保持开启状态。

(2)检查体积管信号电缆及航空插头,电缆外观应完好,存在破损时应更换。

(3)检查检定流量计算机工作状态,维护参考《流量计算机维护保养规范》进行。

(4)连接体积管与检定流量计算机之间的信号线,启动检定流量计算机,查看温度、压力、密度和阀位等信号上传是否正常,存在异常时应及时处理。

4. 附属设施维护

(1)检查体积管配套外接金属软管,外观应完好不存在变形。

(2)检查金属软管收放装置手动卷扬机、尼龙滑道及滑轮机构,各部件应完好,存在损坏时应更换。

(3)检查移动车棚棚布、棚布紧固件(皮带扣)、车厢后门及门锁,各部件应完好,存在损坏时应及时更换。

(4)定期对体积管、车厢及棚布进行清洗,保持外表美观清洁。

(5)按相关标准规范对安全泄放阀及手提干粉式灭火器进行定期检查和校验。

5. 常用备品备件

常用备品备件有提升阀组件、活塞密封组件、液压软管、连接软管、光电开关、安全栅、过滤器滤网、过滤器密封圈等。

二、现场检查管理

活塞式体积管现场检查表见表 4-5-1。

表 4-5-1 活塞式体积管现场检查表

检查项目	检查地点	检查标准	检查方法
工艺设备系统	现场	阀门开关状态正确、无渗漏	目测
电气仪表系统	现场	电缆已收紧至绞盘且锁紧	目测
附属设施	现场	金属软管收紧到位,锁紧手动卷扬机、棚布,车厢后门上锁	目测

三、常见故障及处理

活塞式体积管常见故障及处理见表 4-5-2。

表 4-5-2 活塞式体积管常见故障及处理表

序号	常见故障	原因	处理方法
1	模拟量信号无法上传	信号线连接错误	重新连接信号线及航空插头、重启检定流量计算机
2	活塞不向上游移动	液压系统或控制系统故障	重新连接动力电源、检查液压油泵、液压控制阀、接口板等
3	活塞不向下游移动	液压系统或控制系统故障	检查液压控制阀对螺线管、液压控制阀继电器、接口板和光学组件等

第六节　气体超声流量计维护管理

一、气体超声流量计维护管理要求

1. 工艺设备系统维护

(1) 气体超声流量计声速核查(每季度一次，以丹尼尔气体超声流量计为例)。

(2) 将装有 Daniel MeterLink 软件的笔记本电脑与超声流量计用网线连接。

(3) 更改笔记本电脑的 IP，与流量计通信成功(图 4-6-1)。

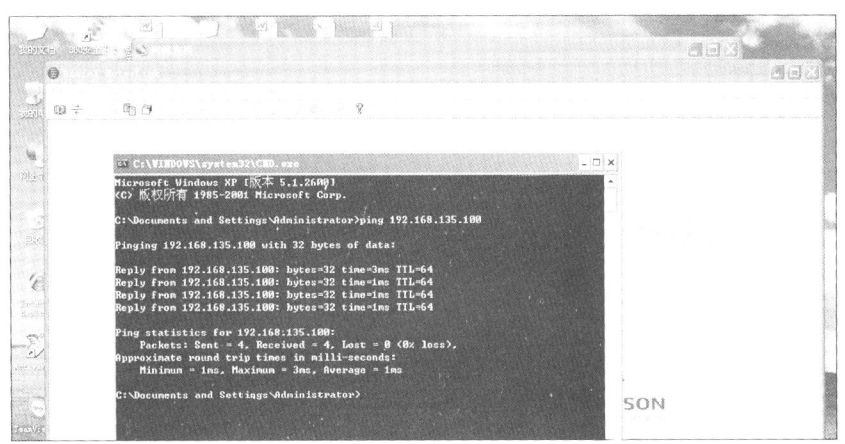

图 4-6-1　流量计与电脑连接界面

(4) 使用软件与超声波流量计建立连接(图 4-6-2)。

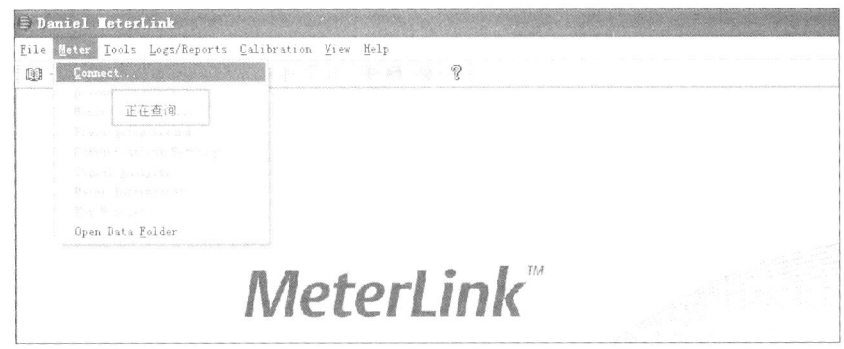

图 4-6-2　使用软件与超声波流量计连接

(5) 软件连接成功后，打开软件中的声速核查功能(图 4-6-3)。

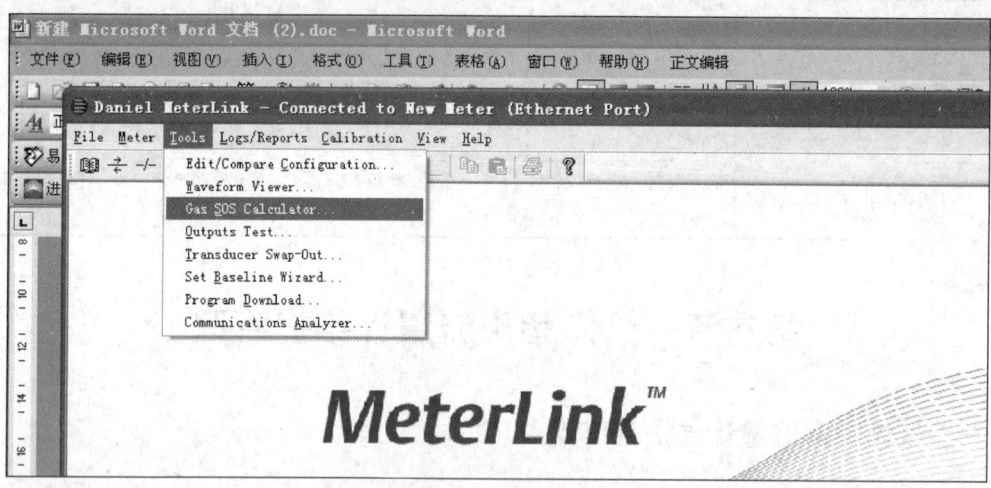

图 4-6-3　声速核查功能界面

(6) 进入声速核查功能后，输入气体计量使用的组分及实时的压力和温度，单击"Calculate"进行声速核查，若理论声速与实际声速的偏差值超过 2.5‰，需及时查找原因并进行处理(图 4-6-4)。

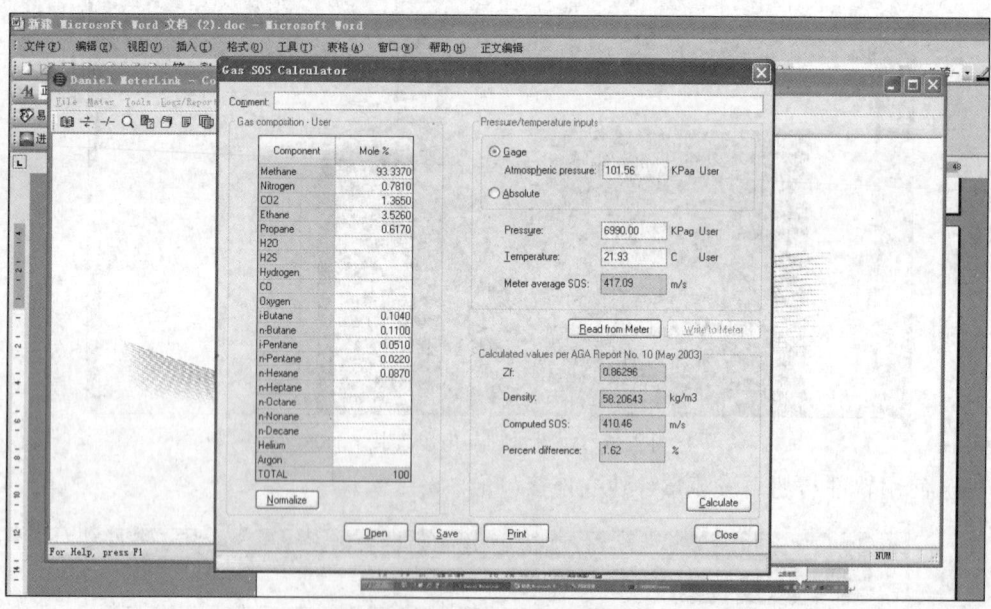

图 4-6-4　计算偏差界面

2. 超声流量计探头及管壁的清洗(随检定进行，数据异常时进行)

(1) 探头拆卸。

(2) 缓慢放空该管段压力。

(3) 断开超声流量计电源。

(4) 打开超声流量计 SPU 防爆接线箱。

(5) 找到与该探头相连的电缆，将电缆从防爆接线箱中取出。

(6) 拆除超声换能器的安装螺栓。
(7) 将探头从管道上拔出。
(8) 探头及管壁的清洗。
(9) 观察探头表面所附着的油污，用抹布蘸少量煤油将污物擦拭干净。
(10) 检查探头对射面防护层是否有损伤或破裂，如有则需更换新的探头。
(11) 对管壁进行清洗。
(12) 使用防静电抹布和一点酒精清洁探头及探头插入位置管壁。
(13) 涂抹一点硅油在"O"形圈上。
(14) 将新探头插入管道内。
(15) 紧固探头的安装螺栓。
(16) 将与探头相连的电缆线安装到SPU防爆接线箱。
(17) 盖紧防爆接线箱端盖。
(18) 给该管段充压，检测探头安装部位是否漏气。
(19) 恢复流量计供电。
(20) 连接软件，检查流量计探头的增益、信噪比、声速等参数是否在正常范围内。

3. 整流器的清洗(随检定进行，数据异常时进行)
(1) 关闭流量计前后阀门并锁定。
(2) 缓慢放空前后直管段压力，用氮气将该管段天然气置换合格。
(3) 拆卸法兰螺栓将整流器取出进行清洗。
(4) 将清洗后的整流器安装完成。
(5) 给该管段充压，检测法兰连接部位是否漏气。

二、超声流量计的现场检查管理操作后的检查

超声流量计现场检查及管理操作后检查见表4-6-1。

表4-6-1 超声流量计现场检查及管理操作后检查

检查项目	检查地点	检查标准	检查方法
超声波流量计探头	现场	现场无天然气外漏	检漏
超声波流量计探头	软件	连接软件，查看各探头工作正常	软件测试
流量计算机	机柜间	检查流量计运行正常，通信正常，压力及温度采集正常，无报警	目测
法兰连接处	现场	现场无天然气外漏	检漏

三、常见故障及处理

1. 流量计算机不显示参数
计算机柜接线错误或松动；流量计内接线错误或松动；电源开关故障；保险未复位。

2. 计量参数异常
换能器污垢太多；换能器连接线缆故障；采集放大板故障。

3. 声速核查异常

温度采集故障；压力采集故障；组分使用异常。

4. 换能器处天然气泄漏

更换密封圈；更换换能器基座。

5. 整流器处法兰泄漏

紧固螺栓；更换垫片。

6. 换能器连接软管老化严重

更换换能器连接软管。

第七节　色谱分析仪维护管理

一、维护管理要求

1. 标定时分析仪泄漏检查和吹扫(每季度)

1) 分析仪泄漏检查

(1) 堵住测量气出口(MV 出口)，打开样气出口(SV 出口)；

(2) 慢慢打开压力调节阀，保持压力稳定 110×(1±2%)psi(表)；

(3) 2min 后，关掉氦气瓶阀门，观察压力表高端指示；

(4) 10min 内仪表高端指示值下降不得高于 100psi(表)；

(5) 如果压力降得太快，可能是氦气瓶和分析仪间连接部分泄漏，重新检查，拧紧即可；

(6) 检查完成，重新打开氦气阀，移开 MV 堵头；

(7) 重复上述步骤，完成标气的泄漏检查(堵住 SV，打开 MV)。

2) 载气的吹扫(更换载气瓶时或每半年)

分析仪 XJT 盒位置及上部 XJT 盒内部示意图分别如图 4-7-1 和图 4-7-2 所示。

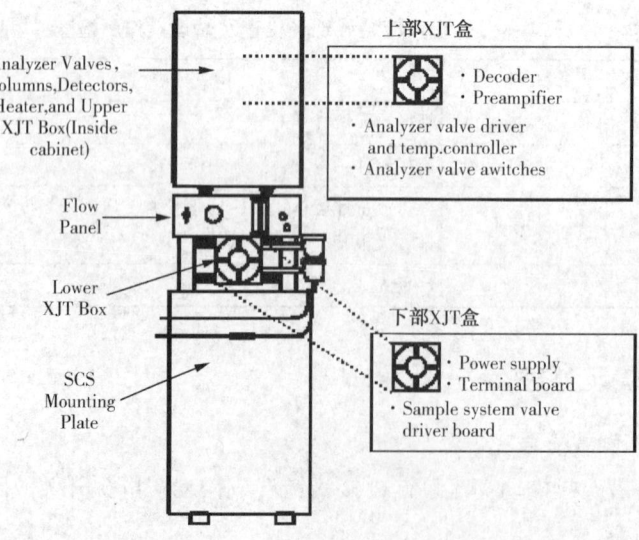

图 4-7-1　分析仪 XJT 盒位置

(1) 确保 MV 堵头移开，MV 口为打开状态；

(2) 打开分析仪的 AC 电源(当 AC 开时，打开分析仪上部 XJT 盒子，绿色 LED 灯闪烁)；

(3) 确保上部 XJT 内所有分析仪阀门开关处于自动位置；

(4) 确保载气瓶阀门打开；

(5) 设定载气压力 110psi(表)；

(6) 确保载气线全部被载气吹扫完毕。

3) 标气的吹扫(更换标气瓶时或每半年)

(1) 确保载气全部充满管道；

(2) 关闭标气瓶阀门；

(3) 打开所有和标气相关的阀门；

(4) 打开分析仪下端的 XJT 盒子可看到阀门驱动板，如图 4-7-3 所示。

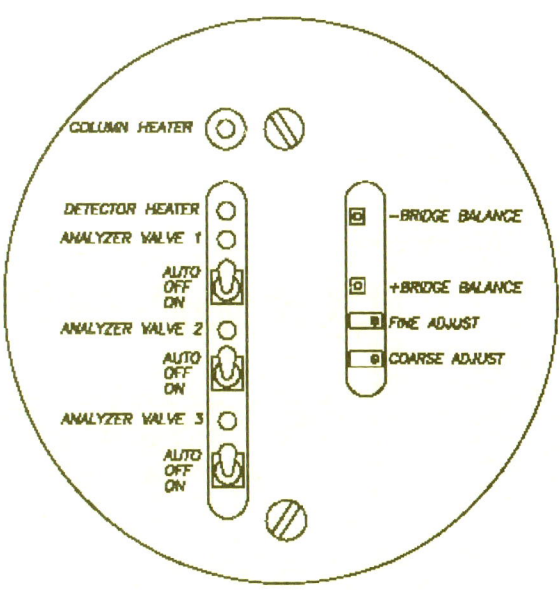

图 4-7-2 上部 XJT 盒内示意图

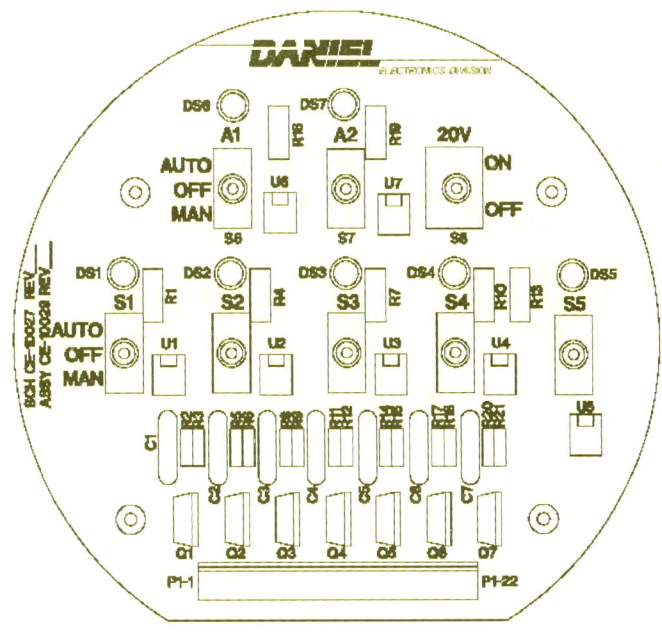

图 4-7-3 分析仪阀门驱动板

(5) 在阀门驱动板上，设定气流开关 S2 到 MAN(如果气路 2 要用到标气的话)；

(6) 打开标气阀门；

(7) 调节压力调节阀，使出口压力为 20×(1±5%)psi(表)；

(8) 关闭标气瓶阀门，使压力调节阀的入口出口压力减小为零；

(9) 重复第(6)步至第(8)步 5 次；

(10) 打开标气瓶阀;

(11) 通过流量调节旋钮, 使流量设定为 50cm^3/min;

(12) 将 S2 设定为 AUTO, 关闭两个 XJT 盒。

4) 样气分析

(1) 色谱控制器与笔记本电脑的连接;

(2) 在电脑系统中点击 DANIEL MON, 运行软件, 软件初始界面如图 4-7-4 所示;

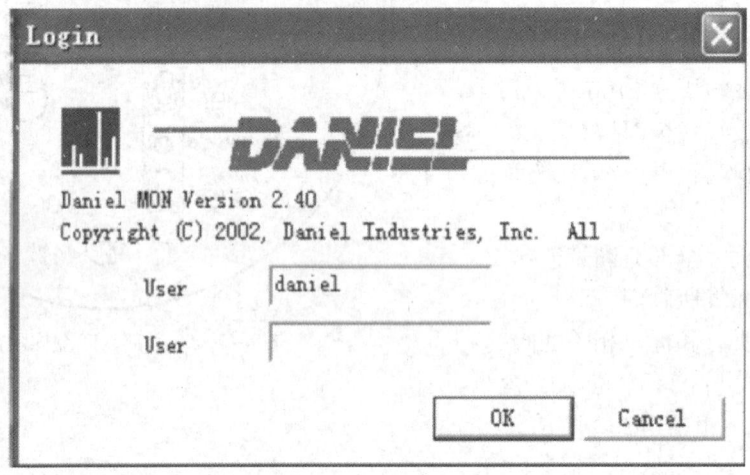

图 4-7-4　色谱分析仪登录界面

(3) 输入用户名密码后, 将程序连接至色谱控制器;

(4) 投用新标气;

(5) 点击"application>component"进入修改票据组分界面如图 4-7-5 所示;

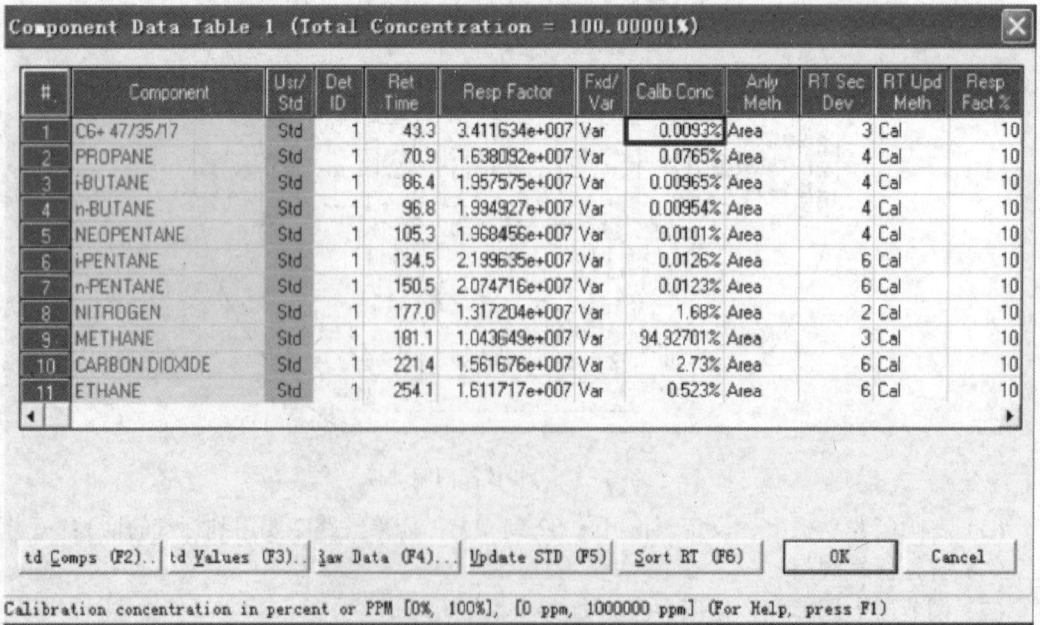

图 4-7-5　组分上传界面

(6) 在"calib conc"对应的列中输入标气瓶上各气体的组分后，点击 OK 按钮；

(7) 在 control>calibration 菜单路径进入此功能。Start calibration 对话框出现，如图 4-7-6 所示；

(8) 点击 FORCED 按钮进行强制，点出 OK 按钮，接受作出的选择；

(9) 开始标定，使用状态条监测此功能的进度；

(10) 强制标定结束后，从 control>calibration 菜单路径进入，点击 NORMD 按钮标定，通过状态条监测标定情况；

(11) 在运行了标定的命令之后，在 Chromatogram 的界面中选择 save data at end，这样当一个分析周期完成之后在 Gc Archive 栏目中选择 last calibration stream 2 中打开图形，同时点击 result 可以观看标定结果(图 4-7-7)；

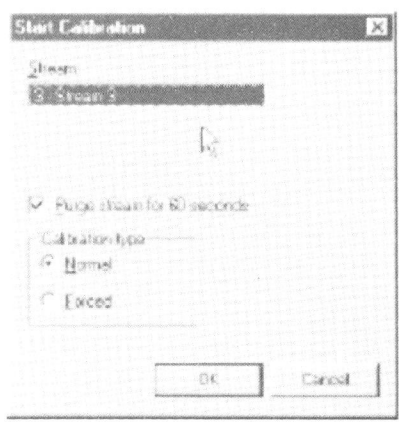

图 4-7-6 Start calibration 对话框

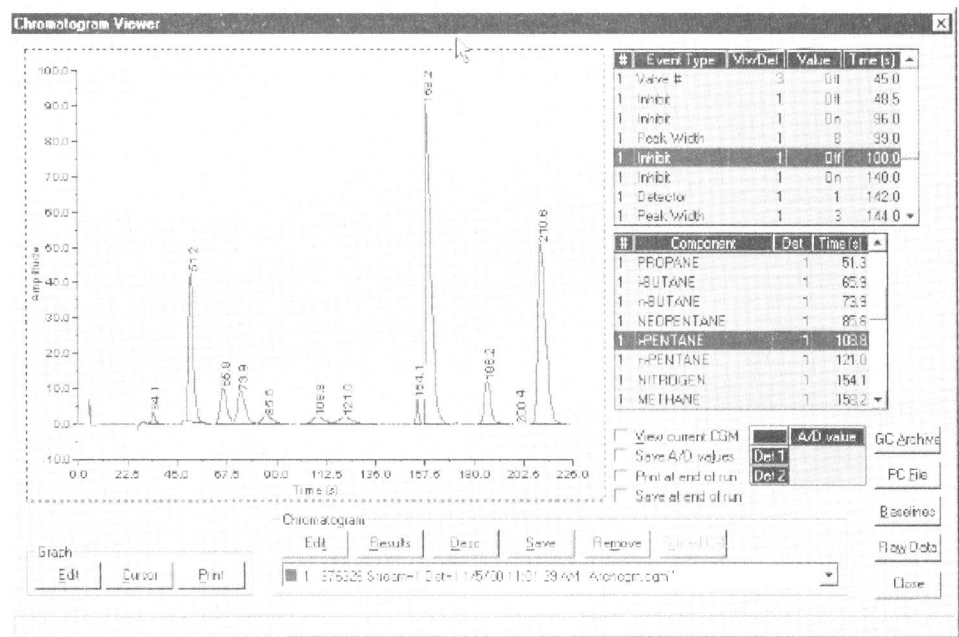

图 4-7-7 色谱分析标定结果

(12) 确保标定正常后，进行自动分析，分析出的结果应在 98~102 之间。

二、色谱分析仪的现场检查管理

色谱分析仪的现场检查见表 4-7-1。

三、常见故障及处理

1. 控制器出现 Preamp Input 1 Out of Range 报警

无载气，载气进气阀未打开；电源故障；恒温箱故障；功放失去平衡或故障；分析仪温度太低；线路连接故障。

表 4-7-1　色谱分析仪的现场检查表

检查项目	检查地点	检查标准	检查方法
控制器检查	现场	控制器绿灯常亮	目测
载气瓶压力	现场	110 psi	目测
标气瓶压力	现场	20 psi	目测
样气压力	现场	20 psi	目测
载气压力面板	现场	80~85 psi	目测

2. 造成 DANIEL570 色谱平衡电压无法归零
（1）前置放大器板故障；
（2）热导磁探头故障；
（3）解码器组件故障。

第八节　孔板流量计维护管理

一、维护管理要求

1. 孔板阀表面维护

孔板阀表面应保持清洁，油漆无脱落、锈蚀，铭牌清晰，零部件齐全完好，无内外渗漏现象，可动部分灵活好用。

2. 检查孔板阀操作(每月进行)

每月对孔板阀操作检查一次，清除孔板表面污物，目测孔板重要部位，如有划伤、蚀坑、磨损等缺陷，应予以更换，密封件如有损伤变形必须更换。检查内容主要有：

（1）外观检查：孔板不应有脏物、积尘、腐蚀及明显损伤变形；

（2）测量孔径：是指新孔板使用前的孔径测量，方法是用 0.02 级的游标卡尺在内圆上大致相等角度的四个方位测量，其结果的算术平均值就作为现场实测孔径值，此值应与孔板上标出的孔径值一致；

（3）变形检查：用游标卡尺的棱面分别贴靠孔板上、下游面在大致垂直的两个方位上，估计最大缝隙宽度，其值与计量管内径的比值应小于 0.5%；

（4）尖锐度检查：检查孔板开孔直角入口边缘的尖锐度，若发现有肉眼可见的划痕、冲蚀和擦伤等缺陷，建议更换孔板；

（5）五阀组检查：检查五阀组高低压阀腔有无漏气，关闭根部阀打开平衡阀后检查零点有无漂移；

（6）引压管清理：每月对引压管进行放空、吹扫，防止引压管内积聚污物。

3. 孔板流量计补充密封脂(每月进行)

（1）孔板阀每月检查一次，使滑阀保持良好密封，随时补充密封脂，如图 4-8-1 所示；

（2）若不需要检查孔板，则应活动上下阀腔导板提升轴，检查灵活性。

图 4-8-1 孔板阀注脂嘴

4. 孔板流量计排污(每半月进行)

每半月打开排污阀吹扫排污一次。在排污阀清除污物之前,应把孔板导板提升到上阀腔。

5. 孔板流量计孔板的清洗及更换(每月进行)

1) 取出孔板的步骤

(1) 打开平衡阀,平衡上下腔压力;

(2) 全开滑阀,用摇柄顺时针方向摇齿轮轴2,至摇不动为止;

(3) 把孔板从下阀腔提至上阀腔,逆时针方向摇齿轮轴3,感觉孔板导板与齿轮轴1咬合时,再逆时针方向摇齿轮轴1至转不动为止;

(4) 关闭滑板阀,用摇柄逆时针方向摇齿轮轴2,至摇不动为止,切断上下腔通道;

(5) 关闭平衡阀;

(6) 慢开放空阀,将上阀腔压力放空至零;

(7) 取下防雨保护罩,拧松螺钉,取掉顶板、压板;

(8) 逆时针方向继续旋转齿轮轴1,提出孔板。

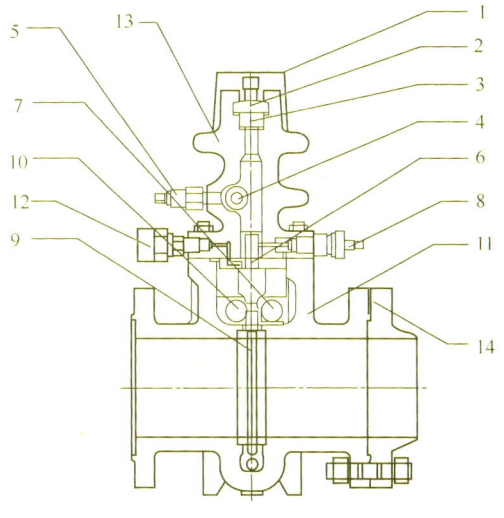

图 4-8-2 结构图

1—防雨保护罩;2—顶板;3—压板;
4、7、10—齿轮轴;5—放空阀;6—滑阀;
8—平衡阀;9—孔板部件;
11—下阀体;12—注油嘴;
13—上阀体;14—对焊法兰

2) 清洗孔板

(1) 清除孔板表面油污;

(2) 使用抹布及酒精清洗孔板。

3) 装入孔板的步骤

(1) 在孔板密封环四周少许抹一层黄油,将孔板装入导板后放入上阀腔,并将其向下摇至碰到滑板为止(孔板开孔扩散方向应朝向介质流动方向);

(2) 顺时针慢摇齿轮轴1至能装压板、顶板位置即可;

(3) 依次装入密封垫片、压板、顶板,拧紧顶板上的螺钉,盖好防雨保护罩;

(4) 关闭放空阀;

(5) 打开平衡阀,平衡上下腔压力;

(6) 全开滑阀，用摇柄顺时针方向摇齿轮轴2，至摇不动为止；

(7) 依次顺时针方向旋转齿轮轴1和齿轮轴3，直到孔板到位；

(8) 关闭平衡阀；

(9) 关闭滑板阀，注入密封脂；

(10) 开放空阀，将上阀腔压力放空至零；

(11) 关放空阀；

(12) 检查有无渗漏现象。

4) 清洗下阀腔(每月进行)

(1) 检查更换孔板，清洗下腔时，必须先关闭上下游取压针形阀，开旁路，然后再关上下游干线阀门，将计量管段内压力放空，待无压力时，才能拆卸、清洗；

(2) 恢复计量时，应依次开下游阀门、上游阀门，最后关旁路。

二、孔板流量计的现场检查管理

孔板流量计的现场检查见表4-8-1。

表4-8-1　孔板流量计的现场检查表

检查项目	检查地点	检查标准	检查方法
孔板流量计压板	现场	现场无天然气外漏	检漏
孔板流量计排污口	现场	现场无天然气外漏	检漏
孔板流量计操作手柄根部	现场	现场无天然气外漏	检漏
孔板流量计引压管接头	现场	现场无天然气外漏	检漏

三、常见故障及处理

1. 杂质划伤滑阀密封并产生内漏

对于轻微渗漏，可从注脂嘴加注密封脂7903，在开关滑阀4~8次即可；对于严重内漏，应切换支路并分解检查，如零件损坏必须更坏。

2. 开关滑阀或提升孔板跳齿

保持上下腔压力平衡，缓慢正反向旋转导板提升轴至齿轮啮合正常；若错齿卡死，应切换支路分解检查，如零件损坏必须更换。

3. 提升孔板部件有卡滞现象

清洗导板上的污物，如仍不能排除，可用锉刀稍微修理导板顶端倒角。

4. 孔板部件下坠不能在中腔停留

紧固齿轮轴内六角。

5. 注脂嘴渗漏

取下注脂嘴帽，加注密封脂，拧紧注脂嘴帽。

6. 其他部件渗漏

堵头、法兰等处应切换支路并分解检查，更换密封垫或密封圈；壳体部件的渗漏，应切换支路并分解检查，更换整台阀门或补焊壳体。

7. 计量数据差较大，差压过大或过小

更换新孔板，正常计量时差压值应该在差压变送器量程的 10%～90% 范围内。

第九节　便携式数字密度计的维护管理

一、日常维护管理要求(每月进行)

1. 传感器的清洁

（1）将传感器放入合适的溶剂[纯汽油、酒精、丙酮(只能短时间)]中，上下晃动几次，直至将探头清洗干净。

（2）探头的卷尺可以用任何溶剂清洗。

（3）传感器和卷尺可以用去污剂清洗，但是去污剂中不能含有磨蚀成分。

（4）用纸巾或干净的抹布将传感器擦拭干净。

（5）传感器在水或水溶液中使用后，建议用酒精或其他溶剂对其进行一定的漂洗。

（6）每次整理时，仪器必须完全归整，以确保：

① 卷尺无损坏及连接状态完好；

② 浮板、探头的主体及变换器无凹痕、裂缝及污迹；

③ 仪器本身标志以及相关说明或警告铭牌的完整及清晰可读。

（7）只有清洁干燥后的仪器才可以放入库房中。

2. 卷轴的清洁

（1）缆线卷尺需要定期维护才能保证正常使用。

旋松卷尺清洁装置的 2 个螺钉，卸下两个橡胶垫，用抹布清洁。加上镶嵌件然后旋紧螺钉。

（2）控制器电池充电测试(每年进行)。

① 关闭仪器，打开变换器下端的盖子，露出充电器的插孔；按紧盖子的背面，同时将其正面朝操作者身体方向拔出；

② 首先将充电器与电源相连接，然后再与控制器相连(图 4-9-1)。

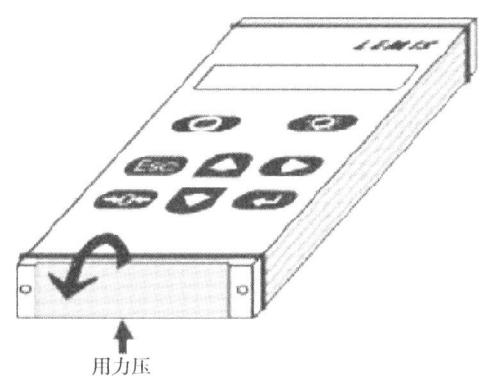

用力压

图 4-9-1

③ 充电模式将自动开启，在该模式下，屏幕将显示：

```
Charging
in progress
```

若充电中断,屏幕将显示:

```
Charging
ABORTED
```

④ 屏幕显示以下信息,表明充电结束:

```
Charging
complete
```

⑤ 断开充电器,控制器将自动关闭。

3. 卷尺卷轴电池充电测试(每年进行)

(1) 关闭仪器,旋开面板上刻有"Charge Battery"中间的螺栓,即露出充电器插座;

(2) 首先将充电器与电源相连接,请使用仪器自带的充电装置(90~230 V,50~60 Hz),将充电装置与卷轴相连,充电将自动进行;

(3) 在充电过程中 LED 灯将会依次显示红—黄—绿的颜色,如果卷轴电源没有自动打开,请按一下按钮;

(4) 充电完成后(100%)LED 灯一直显示绿色;

(5) 断开充电装置,关闭卷轴电源;

(6) 关闭并拧紧面板上的螺栓。

4. 自检(每年进行)

(1) 通过在通常情况下对蒸馏水的密度进行检测,从而对仪器的准确性进行检验,需在标准条件下进行;

(2) 在测量前将仪器和被测样品在房间里放置 1h;

(3) 清洗并擦干传感器,传感器主体和共振器必须保证干净、干燥;

(4) 打开控制器开关;

(5) 打开卷尺装置开关;

(6) 将传感器浸入蒸馏水并保证 2~3min;

(7) 蒸馏水的密度及温度进行的测定,记录结果。

5. 校准(每年进行)

参与贸易计量交接的便携式密度测量仪应进行国家强制周期校准,校准周期通常为 1 年。

二、现场检查管理要求

便携式数字密度计现场检查表见表 4-9-1。

表 4-9-1 便携式数字密度计现场检查表

检查项目	检查地点	检查标准	检查方法
面板	液晶屏	检查有无红灯报警	目测
设备完整性	设备本体	检查设备有无松动、断裂的情况	目测

三、常见故障及处理

1. 屏幕显示"Break Off Connection"
（1）检查磁鼓与装置之间有无异物，更换元件；
（2）检查卷尺是否干净，更换干净的扁叉；
（3）对比传感器序列号码与屏幕显示的是否相同，激活传感器。

2. 测量过程中显示器显示的密度值反常
（1）如果被测液体的温度与存储温度差别较大，则需在测量前将传感器置于液体中 2~3min 后再进行测量；
（2）按照以下方式，用干净的溶剂（丙酮或酒精）清洗传感器：将传感器浸入溶剂中；将传感器在溶剂中上下使劲晃动几次洗净后用蒸馏水冲洗，然后擦干。

3. 密度计的多次读数与使用者按照常数值估算的期望值差别较大
（1）重新校正仪器；
（2）检查该密度计的传感器，通过"Sensor Test"程序重新设置校正常数；
（3）更换传感器。

第十节　计量用过滤器维护管理

一、维护管理要求

1. 过滤器巡检（每日进行）
（1）巡检时检查过滤器外观是否完好，各连接处有无渗漏；
（2）检查流量计过滤器两端压差大小，如过滤器前后压差突然减小或超出厂标称最大压差的 80%，应打开过滤器对滤网进行检查。

2. 过滤器维护（半年进行）
（1）打开过滤器取出滤筐，对滤网进行清洗；
（2）对滤网进行检查，如发现滤筐损坏需进行维修，如滤网有破损需进行更换；
（3）维护完成后，对过滤器恢复安装。

二、现场检查管理

计量用过滤器现场检查表见表 4-10-1。

表 4-10-1　计量用过滤器现场检查表

检查项目	检查地点	检查标准	检查方法
工艺流程	现场	排污阀门应关严	目测
压力测量仪表	现场	外观、接线、参数显示应正常	目测
过滤器	现场	检查外观完好，各连接处无渗漏	目测

三、常见故障及处理

计量用过滤器常见故障及处理见表 4-10-2。

表 4-10-2 计量用过滤器常见故障及处理表

序号	故障现象	可能的原因分析	排除方法
1	过滤器前后压差突然减小	滤网破损	对滤网进行清洗检查,更换破损滤网
2	过滤器前后压差超出厂标称最大压差的80%	滤网被油污杂质堵塞	对滤网进行清洗
3	流量计转子卡住	(1)排除流量计本体故障; (2)过滤器滤筐或滤网破损	(1)排除流量计本体故障; (2)对滤筐进行清洗检查,对损坏的滤筐或滤网进行修复或更换
4	渗漏	(1)过滤器盖板密封损坏; (2)螺栓松动	(1)更换密封件; (2)拧紧螺栓

第十一节 流量计算机系统维护管理

一、日常维护管理要求(每月进行)

1. 清洁仪器

可以使用软布或海绵沾水对仪器外壳进行擦洗。

2. 设备巡检

如图 4-11-1,在 F 键和 Menu(菜单)键之间是警报灯和两个警报键,分别为 View(浏览)和 Accept(接受)键。

在正常操作的过程中,没有警报,则警报灯为绿色。如果出现警报,则警报灯会显示闪动的红色,直到造成发生警报的原因已经分别通过 View(浏览)和 Accept(接受)键被检查出并接受为止。

如果警报未被接受,则警报发生的日期及时间则会被逆相显示。而一旦警报得到接受,则会被正常显示。多个警报则会按照时间的顺序被显示出来。

在警报被解除之前,将显示为持续的红色。黄色的警报指示灯表示显示器或者键区发生故障,也可能表示面板和 CPU 模块之间的通信发生了故障。

图 4-11-1

1) 参数核查(仅指天然气管线,每季度进行)

每季度应核查并记录表 4-11-1 中的参数,用于统计分析。

2) 保险丝检查(每年进行)

为了安全起见,应该由服务工程师或者受过培训的专业人员进行操作。按以下步骤操作:

(1) 关闭电源;

(2) 拧下螺钉并拆下 CPU 模块;

(3) 轻轻地将保险丝拆下;

(4) 检查保险丝的状况,如果必要,可以用一个 20 mm×5 mm 2.5Amp 防过载的保险丝进行更换；使用电流功率更高的保险丝将使 Daniel FloBoss S600 设备中的保险作用失效；

(5) 更换保险丝后，检查确认其安全性，然后重新将 CPU 模块安装就位；

(6) 更换塞式连接器；

(7) 打开电源开关。

表 4-11-1　流量计算机参数检查内容表

	设备型号		组分输入情况	
	设备编号		CH_4	
	设备运行(备用、在用)		C_2H_6	
	报警情况		propane C_3H_8	
	参比条件		i-butane	
	压力量程		n-butane	
流量计算机参数检查内容	温度量程		neo-pentane	
	管道内径		i-pentane	
	最小切除量		n-pentane	
	键盘值压力		C_{6+}	
	键盘值温度		N_2	
	管道内径		CO_2	
	理论声速		合计	
	实际声速		备注	

二、现场管理检查

流量计算机现场管理检查表见表 4-11-2。

表 4-11-2　流量计算机现场管理检查表

检查项目	检查地点	检查标准	检查方法
面板	液晶屏	检查有无红灯报警	目测
上位机	控制室	检查上位机显示是否与 S600 显示数据应一致	目测

三、常见故障及处理

1. 黑屏

检查保险丝是否烧坏。

2. 无面板背后照明

检查位于面板和主板之间的(J2)连接器。

3. 面板上的发光二极管显示不变的橙色

重新启动 FloBoss S600 设备。如果问题仍然存在，则需要联系专业技术人员处理。

4. 数据为死数

检查与 S600 对应的第三方模块是否故障。

第五章　计量交接管理

第一节　油气计量交接管理

一、油气计量交接内容

（1）油品交接数量计量应优先采用流量计动态计量方式，不具备动态计量条件的，可采用金属罐静态计量方式。天然气交接数量计量应采用流量计动态计量方式。油气交接体积量计量的标准参比温度为20℃，标准参比压力为101.325 kPa。

（2）采用动态计量方式的，可选择系数法或基本误差法进行交接。流量计是在线实流检定的，应采用系数法进行数量交接。采用系数法进行交接的，核查后(自检)经相关方一致认可，使用新的流量计系数进行交接计量。采用静态计量方式的，按实际检测数量进行交接。

（3）原油、成品油、天然气交接计量所使用的器具、仪表等必须按国家规定进行周期检定，并具有有效的检定证书。流量计、体积管检定执行国家原油大流量计量站检定计划。流量计必须在检定的流量范围内运行，根据检定曲线的趋势，确定流量计的运行流量(一般应为最大流量的30%~70%)。为保证流量计的计量准确度，要建立流量计监测、自检制度，自检周期根据设备情况而定。

（4）执行新的交接计量标准和更换新的计量器具，须有主管部门(如生产处)通知方可执行。

（5）供方应按照数量计量相关标准录取计量数据、计算交接量、填写油气量计算表、化验单、计量凭证，计量凭证实行三级核算制(计量员、班长、运销员)(人员配备不全的单位可自定复核制)，保证计量数据准确无误。收、销油凭证要按顺序编号，分月装订，留存备查。相关各方应在计量凭证上签字盖章，确认交接量。

（6）每月要分析收油含水和密度以及销油含水和密度变化情况，画出曲线并进行分析。年平均销油含水不得大于收油含水，年平均销油密度不得低于收油密度。如出现相反结果，应进行调查研究分析，写出情况汇报。

二、质量监督

1. 接收上游油气

上游供方应提供油气质检合格报告，合格方可接收；如有不合格油气已经进入管道，应查清进入时间及数量。

2. 向下游交付油气

积极配合相关方进行油气质量检验；如有不合格油气已经交付，应查清交付时间及数量。

3. 油品交接

对有争议或不合格油品交接时，应保留备查样品，备查样经相关方签字后封存，保存期按计量交接协议或争议得到解决。

出现油气质量不合格时，应积极配合相关方进行调查，并做好记录。

三、计量争议处理

产生争议时，应在争议发生 3 日内向上一级计量主管部门提出书面申请。申请书应包括以下主要内容：

（1）申请单位名称、争议相关方单位名称、人员联系方式、争议发生的时间、地点、油气产品名称；

（2）争议原因及过程，包括交接协议约定的数量和质量指标、实际交接的数量和质量指标以及与协议存在的差异；

（3）争议处理建议和意见。

第二节　输差产生及控制方法

一、油品损耗的形式

1. 漏损

造成漏油的原因有：油罐和管道的损坏，或焊缝不严密、阀门填料压得不紧；装油过程中油罐或槽车溢油事故；大罐盘管穿孔漏油或放水时带油；浮顶罐排水叠管密封不严渗进油等。

漏油损失的数量有时也是很大的，不仅在罐或管道破裂时可以漏失大量的油品，即使是点滴的小滴，日积月累，积少成多，所造成的损失也是可观的。例如，每秒钟漏一滴油，每月损失 $0.13m^3$；小油流时断时续，每月损失 $0.2m^3$；直径为 3.2mm 的油流，每月损失 $25m^3$。

然而，只要加强岗位责任制，提高人员的责任心，加强设备维护管理，漏油一般是可以防止的。

2. 混油损失

对成品油来讲，混油不仅造成不同油品的数量损失，而且主要是造成油品的质量损失。混油损失产生的原因主要是倒错流程，不同品种油品相混；管道顺序输送也要产生一部分混油。对原油来讲，长输管道投产和管线封闭都需用冷、热水扫线，造成原油与水相混而产生部分混油头。

3. 蒸发损耗

原油及轻质成品油在输送和储存、计量过程中，因蒸发而损耗相当数量的轻质油馏分，不仅造成经济上的损失，同时损耗的轻质油会对环境造成污染，还可能产生爆炸、火灾和伤害人身健康的事故。

1）蒸发损耗产生的原因

蒸发是表面汽化现象。液体中分子能量的分布是不均匀的，有些分子的能量特别大，是以克服分子间的吸引力而从液体表面逸出，这就是蒸发现象。

油罐内油面以上的空间，称为该油罐的气体空间。贮油时，气体空间充满油品和空气的混合气体。随着气体空间内温度、压力的变化，油气混合气内的浓度也不同。油品浓度增高时，油面蒸发速度加快，更多的轻质馏分分子进入气体空间，又促使油品浓度提高。当气体空间的压力减小时，油面所受的压力也减少，油面蒸发速度加快，气体空间的油品蒸发温度也相应提高，到饱和状态为止。这些含有一定油品蒸气浓度的混合气体，由于各种原因而逸出罐外，就产生了油品储运过程中的蒸发损耗。

2) 大呼吸损耗

当油罐收油时，油面不断上升，罐内气体受到压缩而使压力升高，致使呼吸阀打开。空气和油品蒸气的混合气体将随着液面的不断升高而被排出罐外，造成油品的损耗。这是大呼吸损耗的"呼"出过程。

当向外发油时，油面不断下降，气体空间的容积也逐渐增加。气体压力减小，直到形成负压并超过呼吸阀的真空度时，空气将通过呼吸阀进入罐内，使气体空间的油品蒸气浓度下降，这又将促使油面进一步蒸发。在发油停止后，随着蒸发的进行罐内压力又将回升，不久又将出现向外呼气现象。这种现象称为回逆呼出，它也是大呼吸损耗的一部分。

3) 小呼吸损耗

油品静止储存在油罐中，白天因吸收阳光的热辐射使油品及气体空间的温度升高，形成气体空间的膨胀和油面蒸发的加剧，使罐内的压力增高。当压力达到一定值时，呼吸阀打开，空气和油品蒸气的混合气体逸出罐外，造成损耗。这一过程在整个罐内升温阶段都有发生。从傍晚起，罐内温度不断下降将发生相反的过程；气体收缩，油品蒸气分子凝结而落回液面的过程加剧，这都引起罐内压力下降。当罐内达到一定真空度时，空气将经过真空阀而被吸入罐内。这些吸入罐内的空气到次日又将混合着油品蒸气逸出罐外。这样，昼夜有规则地发生的呼出和吸入过程称为罐的小呼吸，所发生的损耗称为小呼吸损耗。

4) 自然通风损耗

如果罐顶不严密，有孔眼，且孔眼不在一个高度上，因气体相对密度不同将发生流动。新鲜空气从上部孔眼进入罐体，罐内空气与油品蒸气混合气体，将从下部孔眼逸出，造成通风损耗。

产生自然通风损耗的原因还有：罐顶有两个呼吸阀，但没有安装在一个水平线上；油罐破损；冬季怕发生冻结现象而取下呼吸阀的阀盘；液压阀未装油封或油封被吹掉；采光孔打开等。

二、长输油气管道输油损耗

长输管道作为特殊的运输手段是油田和石油化工企业之间的纽带和桥梁。它从油田接收原油，在各个末站又将原油交付给各石化企业。一般来说长输管道进油口少、出油口多，就等于一秤来、百秤走，再加之中间各个环带的影响，势必产生输油差量（简称输差）。因此，加强计量管理、杜绝各种漏洞是降低管输损耗、减少输差，是长输管道系统企业管理的重要内容。

长输油气管道系统运销综合平衡公式是：油气输差＝本期外销＋自用＋期末库存－本期收油－期初库存（＋为盈，－为亏）。

而输差是由三大部分组成，即自用油、损耗和计量误差(图 5-2-1)。

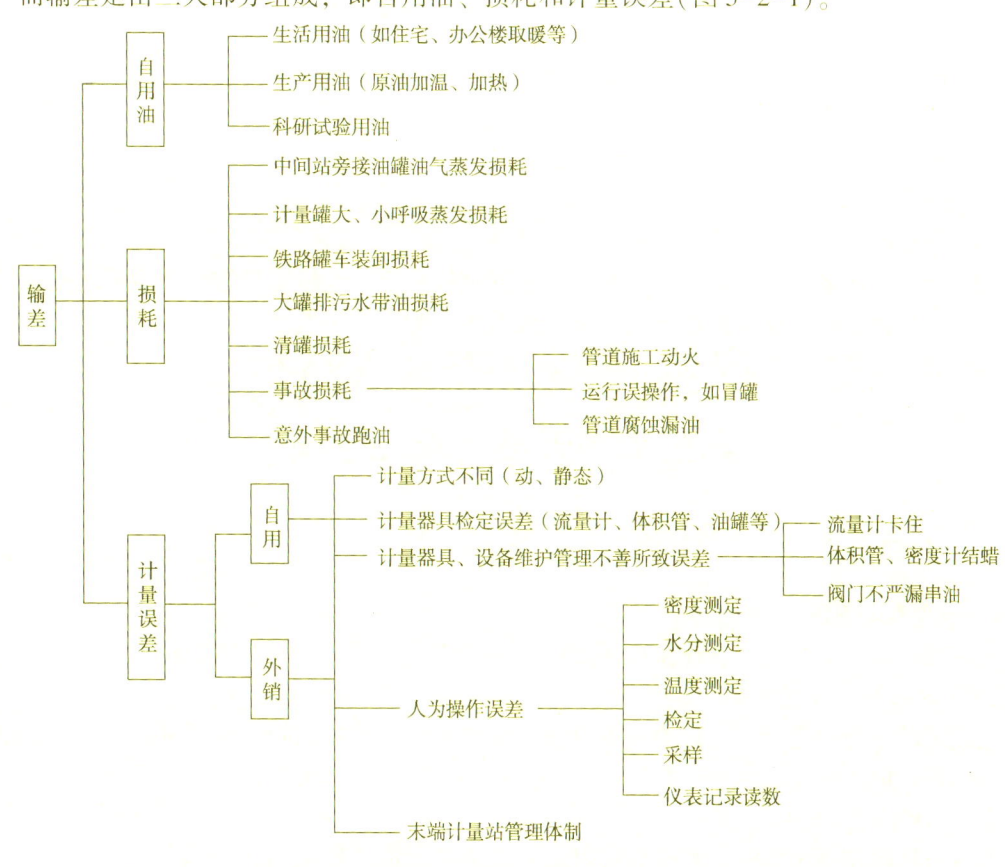

图 5-2-1　输差的构成

三、降低输差的主要途径

从图 5-2-1 可以看出，输差之中可分为合理输差和不合理输差。比如为了保证一定的输油温度，利用加热炉对原油加热所消耗的燃料就是合理的，由此造成的输差就是合理输差。但是，如果由于所使用的加热炉炉型陈旧、落后，热效率低，再加之操作人员技术水平差，无疑将使燃料消耗增大，由此而多耗燃油所产生的输差就是不合理输差。又如清罐"时"底油量越低越好，这也是减少输差的措施之一。

我们的任务是要不断了解、分析造成各种不合理输差的各种原因，采取各种有效措施，全力降低不合理输差。其主要措施如下。

1. 自用油节约办法

（1）对耗油的锅炉、加热炉完善计量手段，尽量采用精度较高、耐用、性能稳定的流量计（目前管道系统的燃料油表精度为 0.5 级或 1.0 级）。

（2）采取各种办法，提高锅炉、加热炉热效率。

（3）原油管输、储存加热温度不能偏高，满足生产需要即可，办公取暖室温要适当。

（4）科研试验用油尽量回收再用。

2. 降低损耗措施

（1）管道运行平稳，尽量减少中间旁接罐液面起伏的幅度，加装呼吸阀挡板等。

(2) 逐步全部实行密闭动态计量方式，取消油罐静态计量方式，以降低油罐蒸发损耗。
(3) 改进罐车装油方法，如采用底部进油或长鹤管装油。
(4) 在含油污水多的站库修建污水处理场，回收污油，减少损失。
(5) 保证管道安全运行，避免各类事故发生。
(6) 尽量回收工程施工动火产生的落地油。

3. 减少计量误差的措施
(1) 采用统一的计量方式进行原油交接计量。
(2) 计量设施要完善、配套，流量计要实现在线检定。计量器具按期周检不超差运行。
(3) 严格执行计量化验操作规程，避免或减少人为操作误差。
(4) 加强计量器具维护管理，避免机械、仪表、电气故障发生。

第三节 天然气损耗管理

一、名词术语

1. 标准参比条件
天然气体积计量的标准参比温度为20℃，标准参比压力为101.325kPa。

2. 气体压缩系数
在规定的压力和温度下，任意质量气体的体积与该气体在相同条件下按理想气体定律计算的气体体积的比值。

3. 天然气输差损耗
在一定统计期内，管输天然气在标准参比条件下的损耗量总和。

4. 天然气相对输差
在标准参比条件下，管输天然气的损耗与输入量和期初管存之和的百分比。

5. 期初管存
计算时间开始时，管道计算段内的储存气量。

6. 期末管存
计算时间终了时，管道计算段内的储存气量。

二、计算公式

1. 天然气输差损耗

$$Q_5 = (Q_1 + V_1) - (Q_2 + Q_3 + Q_4 + V_2) \tag{5-3-1}$$

式中　Q_5——标准参比条件下，管道输差损耗，m^3；
　　　Q_1——标准参比条件下，输入气量总和，m^3；
　　　Q_2——标准参比条件下，输出气量总和，m^3；
　　　Q_3——标准参比条件下，输气单位生产、生活用气量，m^3；
　　　Q_4——标准参比条件下，放空气量，m^3；
　　　V_1——标准参比条件下，管道期初管存量，m^3；
　　　V_2——标准参比条件下，管道期末管存量，m^3。

2. 相对输差

$$\eta = \frac{Q_5}{Q_1+V_1} \times 100\% \qquad (5-3-2)$$

式中　η——相对输差。

3. 管道储气量

$$Q_{储} = \frac{VT_0}{p_0 T}\left(\frac{p_{1m}}{Z_1} - \frac{p_{2m}}{Z_2}\right) \qquad (5-3-3)$$

式中　$Q_{储}$——管道的储气量，m^3；

　　　V——管道的容积，m^3；

　　　T_0——293.15 K；

　　　p_0——0.101325 MPa；

　　　T——气体的平均温度；

　　　p_{1m}——管道计算段内气体的最高平均压力（绝），MPa；

　　　p_{2m}——管道计算段内气体的最低平均压力（绝），MPa；

　　　Z_1，Z_2——对应 p_{1m} 和 p_{2m} 时的气体压缩系数。

三、天然气输差损耗的产生原因

1. 计算管存量产生的误差

从天然气输差损耗的计算公式可以看出，输差损耗是由输入量、输出量和管存量等的变化所产生的。天然气的输入和输出的流量由天然气计量仪表测量而得。从管存量，即管道储气量公式可以看出，管道计算段内气体的最高、最低平均压力的取得是影响管存量的重要因素。所以在保证输入量、输出量计量仪表完好、准确的前提下，确保参与计算管存量的取压仪表的完好性和准确性，也是一项十分重要的工作。

2. 计量仪表的误差

由现场工作可知计量仪表的误差存在于两个方面：计量系统误差和人为误差。计量系统误差包括：

（1）天然气计量仪表损坏；

（2）计量仪表未进行周期性检定；

（3）计量仪表量程、准确度等级与现场生产实际不相符；

（4）停电造成漏计量；

（5）计量仪表出现故障时不能及时维修、解决等原因造成的误差。

人为产生的误差包括：天然气计量仪表输入参数引起的误差以及计量人员交接量填写错误造成的计量误差等。

3. 天然气输送过程中的损失

（1）自用气损耗。此消耗发生在供气单位内部，如增压站的压缩机、输气站场的水套炉自用气、生活用气、发电机用气等。

（2）输气管网泄漏损耗。出站阀门、排污阀和放空阀的内漏以及管道腐蚀泄漏都会造成管线泄漏现象的发生。

(3) 输气管网的凝液排污损耗。天然气气质按 Q/SY 30—2002《天然气长输管道气质要求》中规定,在管道工况条件下,应无液态烃析出;天然气中固体颗粒含量应不影响天然气的输送和利用。因此,应尽量做好天然气进入管网前的工作。此项需在供气协议中提及,尽量减少天然气在管网内的凝析液。冬季时做好管道的保温工作,防止管道内凝液冻堵,造成损失。输气单位应制订详细严格的排污操作规程,在保证管道内凝液排尽的前提下,减少天然气的排放量。

(4) 放空损耗:管线出现憋压事故、管线更新改造,需将管道内天然气放空。

四、控制输差损耗的措施

(1) 设计至少具有双路计量的工艺流程。保证在一路计量设备出现故障时,可切换到备用计量设备,确保准确计量的连续性。

(2) 根据国家计量法律、法规和检验、检定规程,应做好计量仪表的周期检定工作,保证计量仪表的准确性和合法性。配备专业仪表技术人员,做好仪表的维护保养工作,以便能及时发现问题、解决问题。

(3) 选择性能优良可靠的计量仪表,保证计量准确。配备充足的计量仪表易损备件,在发现仪表损坏时可及时更换,尽量减少输气损失。计量仪表应性能稳定、量程适中,避免计量仪表损坏、量程过大或过小造成计量仪表无法准确计量用气量的情况。

(4) 保证计量仪表电源供给的连续性和稳定性,并配置不间断供电电源以应急。

(5) 确保在线组分分析仪的完好性,对天然气组分进行实时监控,并定期对计量系统参数进行合理修改。

(6) 应及时对输配气过程中在用的分离器和计量器具进行排污,防止因计量仪表积液或冻堵造成计量损失。

(7) 做好内部自用气管理,提高压缩机有效利用率,选用热效率高的加热炉。

(8) 对管线泄漏情况应采取措施,认真抓好管理工作,防止"跑、冒、滴、漏"等现象。认真巡检,及时发现泄漏点并上报处理;做好阴极保护工作,延长管道的使用寿命,减少管道腐蚀泄漏的发生;做好各种阀门的维护保养工作,杜绝分输出站阀门、排污阀和放空阀内漏情况发生。

(9) 加强对管线、设备检修的放空气量和分离器、阀门等设备排污气量的管理,努力减少损耗和准确掌握损耗气量。

第六章 计量检定管理

第一节 贸易交接计量器具检定周期

用于油气贸易交接计量的所有计量器具均应按相关检定规程要求进行周期检定，经检定合格后方可进行使用，各计量器具检定周期见表 6-1-1。

表 6-1-1 石油计量器具检定周期

器具名称	检定周期
刮板式流量计	半年
腰轮流量计	1年（贸易结算及优于 0.5 级的为半年）
椭圆齿轮流量计	1年（贸易结算及优于 0.5 级的为半年）
质量流量计	1年
孔板流量计	1年
气体超声流量计	2年
速度式流量计（涡轮流量计、涡街流量计等）	1年（0.5 级及以上）
标准体积管	3年（初检 1 年）
标准金属量器	2年（初检 1 年）
测深钢卷尺（量油尺）	1年
工作用玻璃液体温度计	1年
工作玻璃浮计（密度计）	1年
在线密度计	1年（工作表 2 年）
低含水分析仪（原油）	1年
气相色谱仪	1年
流量计算机	1年
立式金属罐	4年
卧式金属罐	4年
标准压力表	1年

第二节 容积式流量计检定管理

一、容积式流量计检定

（1）流量计进口安装消气器和过滤器，过滤器前后安装 0.4 级压力表。

(2) 流量计出口处安装止回阀(以防止流量计到转)、取样器(或取样口)、温度计插口。

(3) 流量计出口侧阀门严密性要好。

(4) 流量计前后安装0.4级压力表。

(5) 压力表前安装隔离接头。

(6) 流量计出口至标准体积管进口管线上所有的连接阀门严密性要好。

(7) 流量计到标准体积管间的管线要尽量短，并不应有气室。

(8) 整个工艺系统应满足流量计的操作、检定、维修和事故处理等要求。

(9) 一般流量计口径大于等于100 mm，配排污扫线系统。

(10) 整个系统应做保温层。

二、流量计投产使用前的注意事项

(1) 通液前应检查流量计的安装是否符合说明书的要求，液体流向应与流量计表体上箭头所示方向一致，接线正确。

(2) 液体的流量、压力和温度范围应符合流量计铭牌上的规定。

(3) 流量计安装地点应无强振动、强电磁场干扰及热辐射影响，便于流量计的维护、保养、日常输油计量操作。

(4) 检查流量计系统的排污阀、放空阀、扫线阀等阀门是否关严。

(5) 检查表头润滑系统及传动零件，并注足润滑油。对出轴密封、温度补偿器的圆盘摩擦轮机械加注适当的润滑脂。

(6) 新投用和维修后的流量计发信器和流量积算器应检查其能否正常运行。

(7) 检查压力表、温度计是否完好，符合准确度要求，并具有有效的检定证书。

(8) 对新敷设的管线或初次启动的流量计，启动前应先打开旁通阀，用被测液体或其他流体冲出管道中的污物和杂质。如果没有旁通流程，用一根两端带法兰的短管代替流量计，或者也把流量计内的转子卸去，再装好流量计外壳冲洗，目的是不要让杂质、焊渣、管锈等进入流量计从而损坏流量计。

(9) 在任何情况下，应该把流量计和系统里的空气慢慢地排出，打开消气器的排气阀，注意观察当消气器在排出气体后又接着排出原油时，应立即关闭排气阀。停运消气器，并对其浮球连杆机械进行检修。

(10) 记录流量计表头累计计数器和积算器的底数。

(11) 液流通过流量计时，出口阀应处于关闭状态，先慢慢地打入口阀，观察流量计、附属设备及其连接管线有无渗漏，在工作压力下不渗不漏即可。

(12) 缓慢旋松流量计上的放空旋塞排气，待原油从旋塞螺栓间隙排出时，拧紧旋塞。

(13) 接通流量计仪表电源，使仪表投入运行并记录投运时间。

三、流量计在线检定前的准备

(1) 检查体积管及其附属设施(双向体积管的四通阀、过滤器、控制系统或活塞式体积管的液压系统、氮气系统)处于正常工作状态。

(2) 检查检定系统压力仪表、温度仪表等处于正常工作状态，并有有效期内的检定合格证书。

(3) 检查工艺系统的阀门密封状态,保证阀门严密性。

(4) 检查铅封和铭牌。

(5) 流量计进出口装 0.4 级压力表,出口装 0.1 分度标准水银温度计,温度、压力仪表最好不使用下限量程,并有有效的检定证书。

(6) 在检定流量范围内,流量计表头和二次仪表的显示一致。

(7) 体积管应在检定周期内使用。

(8) 体积管基准管段、检测开关经维修后应重新检定。

(9) 铅封破损应重新检定。

(10) 体积管检漏机构应完好。

(11) 体积管进出口装 0.1 分度温度计、0.4 级压力表。

(12) 对体积管进行排气。

(13) 检定与正常计量时介质的温度、压力、黏度应接近。

(14) 体积管的精度应优于被检流量计精度的 1/3。

(15) 操作人员在操作时不得正对体积管的快开盲板。

四、流量计检定

1. 倒换流程

将流量计倒换成检定程序,即打开流量计进口阀,标定阀和标准体积管出口阀,关闭流量计出口阀,构成循环检定系统,然后使该系统运转,以便检定系统各部位温度变化不大于 0.5℃,体积管、流量计均应排气,使残余的气体排除干净,达到检定要求。

2. 投球试验

操作液压控制系统或电动换向系统,投球试验,检查标准体积管系统是否正常。检查体积管入口处的过滤器并保证前后压差,不应超过 0.2MPa。

3. 检定流量点和检定次数的控制

按照检定规程检定流量点均匀分布,每个流量点的检定过程中,要保证流量的稳定。

在检定过程中,每个流量点的每次实际检定流量与设定流量的偏差不超过设定流量的 ±5%。

每个流量点的检定次数不少于 3 次。

4. 检定方法

可采用小流量到大流量或大流量到小流量的单向全程检定。

5. 投球检定操作程序

按选定的流量点和确定的检定方法,对流量计进行检定。检定时应取全取准所需的数据(包括流量计的脉冲数,流量计和标准体积管的温度、压力)。温度值和压力值,一般是在标定球通过第一个检定开关后,在通过第二个检测开关前读数和记录。具体到每个检定点,每个球的检定操作程序如下:

(1) 试运转结束后,调节流量计出口阀门,使流量计达到规定值。

(2) 投球,当球触动第一个检测开关时,自动开始记录流量计发出的脉冲数。

(3) 读取流量计处的温度和压力值,同时也读取体积管进、出口处的温度和压力值。

(4) 当球触动第二个检测开关时,计数器自动停止流量计脉冲计数,然后读取脉冲计数器的示值。

(5) 将体积管测得的体积值修正流量计条件下,然后用公式计算其基本误差和重复性。

6. 流量计系数的调整

按上述步骤对流量计系数进行检定,然后调整流量计精度调整器,使流量计常用流量点流量计系数调整接近于 1.0000。

再按上述步骤对流量计进行检定,计算出新的流量计系数。

7. 退出检定系统

关闭体积管控制系统。

8. 恢复正常流程

打开流量计的出口阀门,关闭标定阀门。

9. 注意事项

(1) 检定流量计期间必须保证分输流量的稳定。

(2) 检定开始和结束或检定过程中,检定人员都要及时通知站值班计量员及时抄表计量流量计的数据。

(3) 通过体积管出口调节阀调节流量时,要防止发生节流过大造成憋压。

(4) 在检定流量计过程中,如果出现过滤器堵塞、流程切换错误造成的憋压,要立即打开流量计出口阀门。

(5) 在检定流量计的最大流量点的示值时,要保证流量计管线的压力小于安全阀设定压力,可适当降低流量计的上限流量,保证检定过程中的安全。

(6) 流程切换过程中,要注意先开后关,防止憋压。

(7) 过滤器压差超过规定值时,要及时拆洗过滤器,清洗过滤网,保证体积管内不进入杂质。

五、数据处理

1. 将标准状态体积管的容积换算到工作状态下的容积

压力修正:

$$C_{ps} = 1 + p_s \frac{D}{Et} \tag{6-2-1}$$

式中 C_{ps}——体积管材料的压力修正系数;

p_s——体积管内液体的表压力,MPa;

D——体积管公称内径,mm;

E——体积管材质的弹性模数,MPa;

t——体积管的壁厚,mm。

温度修正:

$$C_{ts} = 1 + \beta_p (t_s - 20) \tag{6-2-2}$$

式中 C_{ts}——体积管材料温度的修正系数;

β_p——为体积管材质的体膨胀系数,℃$^{-1}$;

t_s——为体积管的壁温,℃。

将工作状态下体积管基准管段盛装的液体体积换算到流量计检定状态下的体积压力修正。

$$C_{pl} = 1 + F_1(p_s - p_m) \tag{6-2-3}$$

式中　C_{pl}——油品的压力修正系数;
　　　F_1——油品的压缩系数;
　　　p_s, p_m——分别为流量计和体积管处液体平均压力,MPa。

温度修正:

$$C_{tl} = 1 + \beta_1(t_m - t_s) \tag{6-2-4}$$

式中　C_{tl}——油品的温度修正系数;
　　　β_1——油品压缩系数,℃$^{-1}$;
　　　t_m, t_s——分别为流量计和体积管处液体平均温度,℃。

2. 流量计系数

$$MF = \frac{V_{20}C_{ps}C_{ts}C_{pl}C_{tl}}{Nk} \tag{6-2-5}$$

式中　MF——流量计系数;
　　　V_{20}——体积管的基准容积值,L;
　　　N——流量计发出的脉冲数;
　　　k——流量计的脉冲当量。

3. 流量计基本误差 E

$$E = \frac{1 - MF}{MF} \times 100\% \tag{6-2-6}$$

4. 流量计重复性计算

检定点流量计重复性:

$$(\delta_r)i = \frac{[(E_m)_i]_{max} - [(E_m)_i]_{min}}{d_n} \tag{6-2-7}$$

式中　$[(E_m)_i]_{max}$, $[(E_m)_i]_{min}$——第 i 检定点的最大误差及最小误差;
　　　d_n——极差系数,可查表6-2-1。

表6-2-1　极差系数

测量次数	2	3	4	5	6	7	8	9
极差系数	1.13	1.69	2.06	2.33	2.53	2.70	2.85	2.97

流量计的重复性:

$$\delta_r = [(\delta_r)_i]_{max} \tag{6-2-8}$$

式中　δ_r——流量计的重复性,%。

第三节　质量流量计检定管理

一、检定条件

1. 流量标准装置的要求

(1) 流量标准装置(以下简称装置)及其配套仪器均应有有效的检定证书或校准证书。

(2) 应优先选用质量法装置，也可选用容积法装置及标准表法装置，但装置应能提供满足不确定度要求的质量流量。

(3) 当检定用液体的蒸气压高于环境大气压力时，装置应是密闭式的。

装置的管道系统和流量计内任一点上的液体静压力应高于其饱和蒸气压。对于易气化的检定用液体，在流量计的下游应有一定的背压。推荐最小背压为最高检定温度下检定用液体饱和蒸气压力的1.25倍与流量计的2倍压力损失之和。

(4) 装置的质量流量扩展不确定度应不大于流量计最大允许误差绝对值的1/3。

(5) 体积管的基准体积段或检测开关经过维修或更换后，体积管必须重新检定。

(6) 检测开关上的铅封应完好无损，否则体积管必须重新检定后方可使用。

2. 检定用流体

(1) 检定用流体应是单相、清洁的，无可见颗粒、纤维等物质。流体应充满管道及流量计。检定流体应与流量计测量流体的密度、黏度等物理参数相接近。

(2) 选用容积法装置时，在每个流量点的每次检定过程中，流体温度变化对质量流量的影响应可忽略。

3. 检定环境条件

(1) 环境温度：一般为 5~45℃；相对湿度：一般为 35%~95%；大气压力：一般为 86~106kPa。

(2) 交流电源电压应为(220 ± 22)V，电源频率应为(50 ± 2.5)Hz，也可根据流量计的要求使用合适的交流或直流电源(如 24 V 直流电源)。

(3) 外界磁场对流量计的影响可忽略。

(4) 机械振动对流量计的影响可忽略。

(5) 检定流体为天然气等可燃性或爆炸性流体时，装置及其辅助设备、检测场地都应满足 GB 50251 的要求，所有设备、环境条件必须符合 GB 3836 的相关安全防爆要求。

(6) 检定时要消除所有与流量计工作频率接近的其他干扰。

二、检定项目

随机文件、标志和铭牌、外观、保护功能、密封性的检查，误差及重复性检定。

三、流量计检定

1. 检定流量计前的准备工作

(1) 检查体积管及其附属设施(双向体积管的四通阀、过滤器、控制系统或活塞式体积管的液压系统、氮气系统)处于正常工作状态。

(2) 检查密度计、标定计算机处于正常工作状态；检查密度计、体积管基本原始参数，保证原始参数正确。

(3) 检查检定系统压力仪表、温度仪表等处于正常工作状态，并有有效期内的检定合格证书。

(4) 检查工艺系统的阀门密封状态，保证阀门的严密性。

(5) 连接好装置、配套仪器及流量计的电路，通电预热 30min，借助适当的工具(按键、手操器、通信软件等)检查流量计参数的设置(流量计 k 系数、最大流量、最大流量对应的频率或电流)。流量计若有多种输出信号,应首先选用脉冲输出进行检定。

2. 流量计检定

(1) 倒通检定流程。选择被标定流量计,缓慢打开被检定流路的标定阀门,使检定介质缓慢流入体积管。

(2) 缓慢打开体积管出口阀门,使流量计的流量为常用流量,然后再关闭体积管的出口阀,检查是否有泄漏现象,打开排气阀排除体积管内的气体。

(3) 打开体积管出口阀门,关闭被标定流路流量计的出口阀门,较大流量通过被检流量计和体积管,及时检查体积管入口处的过滤器并保证前后压差,一般不应超过 0.2MPa。差压变送器的精度较高,允许误差不超过量程的±0.25%。

(4) 流量计在可达到的最大检定流量的 50%以上运行一段时间,一般不少于 10min,然后按使用说明书的要求进行零点调整。

(5) 给密度计泵和密度计充满介质,并排除密度计内的气体,启动密度计泵。

(6) 零点调整前常用流量点示值的检定。

① 将流量计的流量调到常用流量点上,常用流量点为检定周期内分输流量的平均值。

② 至少进行 3 个行程的检定,每个行程至少进行 3~5 次的检定。

(7) 调零调整和小信号切除。

① 零点调整的流程切换,步骤如下:打开备用流量计的进口和出口阀门;关闭标定流路的标定阀门,将被检流量计充满介质;打开压力表一次阀门的排气阀,对被标定流量计排气;排气完成后,关闭标定流量计的进口阀门;检查标定流量计进出口阀之间有无泄漏,无渗漏后可对流量计进行零点调整。

② 零点调整:用手操器进行调零。检查小信号的切除量,切除量一般不超过流量计上限额定流量的 0.5%。零点调整完成后,打开标定流路的标定阀门,关闭备用流路流量计的出口和入口阀门。

③ 调整流量变送器的阻尼系。

(8) 检定流量点和检定次数的控制,即:

① 按照检定规程检定流量点依次为 q_{max}、$0.5q_{max}$、$0.2q_{max}$、q_{min} 和 q_{max}。每个流量点的检定过程中,要保证流量的稳定,流量波动不能大于 5%。

② 在检定过程中,每个流量点的每次实际检定流量与设定流量的偏差不超过设定流量的±5%。每个流量点的检定次数不少于 3 次。型式评价的流量计,每个流量点的检定次数不少于 6 次。

(9) 流量计的示值检定,即:

① 先将流量计的流量调整到正常流量点上,要将该点流量计系数调整接近于 1.0000。

② 分别调整流量计的流量达到设计最大额定流量和设计最小流量的 1.2 倍流量点上。

③ 每个检定点上至少进行 3 个行程的检定,每个行程至少进行 3~5 次的数值检定。

④ 流量计系数的调整。

(10) 退出检定系统,即停密度计泵;关闭体积管电源。

(11) 数据处理,即根据质量流量计检定规程 JJG 1038 进行数据处理。

(12) 恢复正常流程。

① 打开流量计的出口阀门,关闭标定阀门。

② 如使用活塞式体积管，用氮气吹扫体积管和金属软管内的留存介质，将其吹扫到油桶内或污油罐内。

3. 注意事项

（1）检定流量计的全过程，要按照质量流量计检定规程（JJG 1038）进行检定。

（2）检定流量计期间必须保证分输流量的稳定。

（3）检定开始和结束或检定过程中，检定人员都要及时通知站值班计量员及时抄表计量流量计的数据。

（4）通过体积管出口调节阀调节流量时，要使流量计出口背压力大于操作压力，要防止发生节流过大造成憋压。

（5）在检定流量计过程中，如果出现过滤器堵塞、流程切换错误造成的憋压，要立即打开流量计出口阀门，防止憋压。

（6）在检定流量计的最大流量点的示值时，要保证流量计管线的压力小于安全阀设定压力，可适当降低流量计的上限流量，保证检定过程中的安全。

（7）流程切换过程中，要注意先开后关，防止憋压。

（8）每次完成一台流量计的检定后，要及时拆洗过滤器，清洗过滤网，保证体积管内不进入杂质。

四、常用标准量器测得的流体实际质量或体积值计算

1. 用体积管法检定时，液体实际体积 V_s 计算方法

根据质量流量计检定规程，用体积管法检定时，通过的液体实际体积 V_s 按下式计算：

$$V_s = V_1\left(1+\frac{D}{E\delta}p\right)\left[1+\beta(t_p-20)\right] \tag{6-3-1}$$

式中　V_s——经修正后的体积管测得的体积值，也是液体实际体积值，m³；

V_1——检定时标准器读得的体积（体积管检定证书给出的标准容积值，20℃，101.325kPa），m³；

D——体积管测量段的内径（体积管使用说明书中给出），m；

δ——体积管测量段的壁厚（体积管使用说明书中给出），m；

E——体积管材质的弹性模量，Pa；

β——体积管的体膨胀系数，℃⁻¹；

t_p——体积管处的温度，℃；

p——体积管处的表压力，Pa。

需要注意的是：体积管的膨胀系数和弹性模量由体积管说明书中给出，或查金属材料手册、工程材料手册。

（1）用小型标准体积管检定时，通过的液体实际体积 V_s 按下式计算：

$$V_s = V_1\left(1+p_p\frac{D}{E\delta}\right)\left[1+2\alpha_p(t_p-20)+\alpha_\gamma(t_\gamma-20)\right] \tag{6-3-2}$$

$$C_{tsp} = 1+2\alpha_p(t_p-20)+\alpha_\gamma(t_\gamma-20) \tag{6-3-3}$$

$$C_{psp} = 1+p_p\frac{D}{E\delta} \tag{6-3-4}$$

$$V_s = V_1 C_{psp} C_{tsp} \qquad (6\text{-}3\text{-}5)$$

式中 V_s——经修正后的体积管测得的体积值，也是液体实际体积值，m³；

V_1——检定时标准器读得的体积(体积管检定证书给出其标准容积值)，m³；

D——体积管测量段的内径，m；

δ——体积管测量段的壁厚，m；

E——体积管材质的弹性模量，Pa；

α_p——体积管材质的线膨胀系数，℃⁻¹；

$2\alpha_p$——体积管材质的面膨胀系数，℃⁻¹；

α_γ——体积管测量杆材质的线膨胀系数，℃⁻¹；

t_p——体积管处的温度，℃；

t_γ——测量杆的温度(用环境温度代替)，℃；

p_p——体积管处的表压力，Pa；

C_{psp}——体积管处刚性材质压力效应修正系数(体积管标准容积段壳壁压力修正系数)；

C_{tsp}——体积管处刚性材质热膨胀修正系数(体积管标准容积段壳壁温度修正系数)。

(2)用常规体积管检定时，通过的液体实际体积 V_s 按下式计算：

$$V_s = V_1 \left(1 + p_p \frac{D}{E\delta}\right) [1 + 3\alpha_p(t_p - 20)] \qquad (6\text{-}3\text{-}6)$$

$$C_{tsp} = 1 + 3\alpha_p(t_p - 20) \qquad (6\text{-}3\text{-}7)$$

$$C_{psp} = 1 + p_p \frac{D}{E\delta} \qquad (6\text{-}3\text{-}8)$$

$$V_s = V_1 C_{psp} C_{tsp} \qquad (6\text{-}3\text{-}9)$$

式中 $3\alpha_p(\beta)$——体积管材质的体膨胀系数，℃⁻¹。

2. 通过液体的实际质量 M_s 计算

$$M_s = V_s \rho \qquad (6\text{-}3\text{-}10)$$

式中 M_s——通过液体的实际质量，kg；

ρ——测得体积管液体密度值，kg/m³。

3. 流量计 K 系数

根据 GB/T 17286.4《液态烃动态测量 体积计量流量计检定系统 第4部分：体积管操作人员指南》规定，单位液体体积(质量)通过流量计时发出的脉冲数，即：

$$K = \frac{N_{ij}}{M_{ij}} \qquad (6\text{-}3\text{-}11)$$

式中 K——流量计系数，kg⁻¹；

N_{ij}——第 i 检定点第 j 次检定流量计输出的脉冲数；

M_{ij}——第 i 检定点第 j 次检定流量计测量的累积质量流量，kg。

4. 流量计误差计算

1)第 i 检定点第 j 次检定的相对误差

根据 GB/T 31130—2014《科里奥利质量流量计》检定规程规定，流量计为脉冲输出时，单次检定的相对误差按下式计算：

$$E_{ij}=\frac{M_{ij}-(M_s)_{ij}}{(M_s)_{ij}}\times 100\% \qquad (6-3-12)$$

$$M_{ij}=\frac{N_{ij}}{K} \qquad (6-3-13)$$

式中 E_{ij}——第 i 检定点第 j 次检定的相对误差,%;

M_{ij}——第 i 检定点第 j 次检定流量计测量的累积质量,kg;

$(M_s)_{ij}$——第 i 检定点第 j 次检定装置测量的累积质量,kg。

2) 第 i 检定点流量计的误差

第 i 检定点流量计的误差的计算公式为:

$$E_i=\frac{1}{n}\sum_{j=1}^{n}E_{ij} \qquad (6-3-14)$$

式中 E_i——第 i 检定点流量计的相对误差,%;

n——检定次数。

3) 流量计误差

取 3 个检定点最大的误差为流量计误差:

$$E=\pm|E_i|_{max} \qquad (6-3-15)$$

5. 流量计重复性计算

(1) 检定点流量计重复性:

$$(E_r)_i=\sqrt{\frac{\sum_{j=1}^{n}(E_{ij}-E_i)^2}{n-1}} \qquad (6-3-16)$$

式中 $(E_r)_i$——第 i 检定点的重复性,%。

(2) 流量计的重复性:

$$E_r=[(E_r)_i]_{max} \qquad (6-3-17)$$

式中 E_r——流量计的重复性,%。

6. 流量计的误差和重复性符合检定规程的要求。

1) 允许误差

允许误差不超过对应流量计的准确度等级,见表 6-3-1。

表 6-3-1 流量计准确度等级及对应的允许误差表

准确度等级	0.15	0.2	0.25	0.3	0.5	1.0	1.5
允许误差	±0.15	±0.2	±0.25	±0.3	±0.5	±1.0	±1.5

2) 重复性

流量计的重复性不得超过相应准确度等级规定的允许误差绝对值的 1/2。

第四节 一球一阀双向体积管检定管理

一、体积管清洗

体积管清洗流程如图 6-4-1 所示。

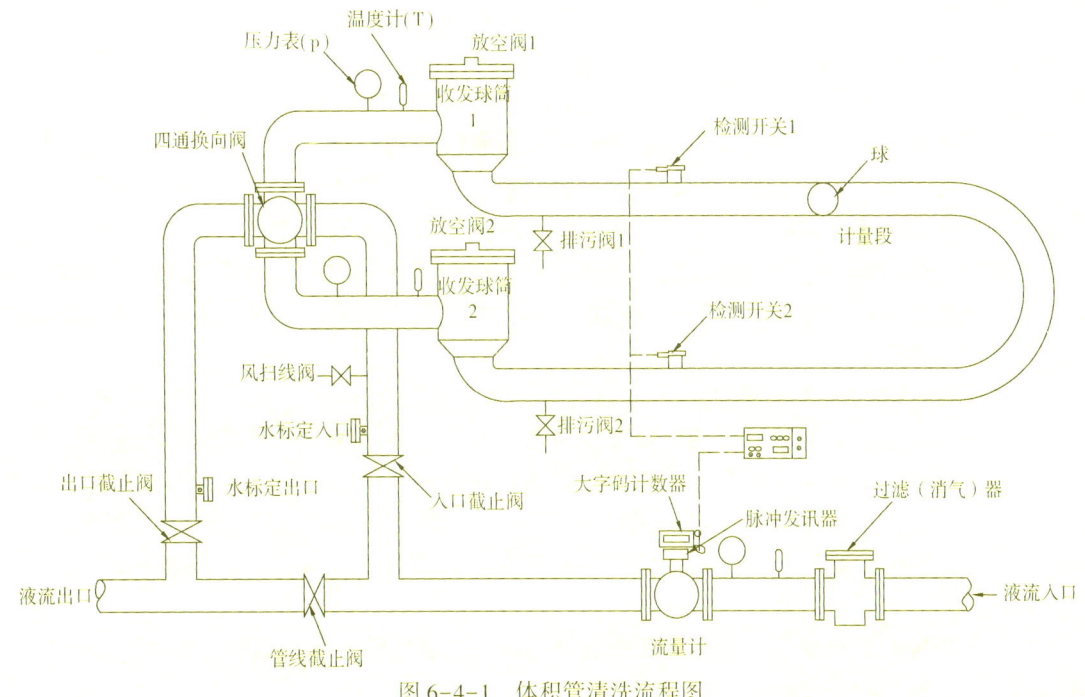

图 6-4-1 体积管清洗流程图

1. 准备工作

(1) 关闭(检查)与体积管相连的扫线阀、排污阀、放空阀、清洗用水管线阀、检定体积管用水管线阀、进标准水罐阀等全部阀门。

(2) 使体积管通油运行,让检定球达到带有快开盲板的收发球筒1,关闭体积管进出口截止阀,使四通换向阀换向(使检定球在收发球筒内处于正程待发状态),关闭体积管控制系统电源,停运体积管。

(3) 将两个收发球筒上的放空阀连接短钢管,之后与胶管连接,胶管下准备接油用的油桶。

(4) 准备污油回收容器。

(5) 准备清洗所用材料(料具),包括破乳剂、体积管收发球筒密封圈(固定盲板的缠绕垫)、棉纱、长把笤帚。

2. 体积管扫线

(1) 给体积管控制系统通电。

(2) 打开体积管收球筒2上的放空阀2,打开收球筒侧的排污阀2,启动扫线风(用氮气),检查扫线风是否已送到,如果已经送到,缓慢打开扫线阀,注意观察放空阀2是否有原油排出,如有则立即关闭放空阀2,让扫线风推动检定球前行,注意监听球在体积管内运行声音,当球经过检测开关1时,检测开关动作,现场能听到触发声音,同时发出信号,控制台处的检测开关1信号灯亮;让球继续在体积管内运行,直至到达检测开关2时,检测开关动作,现场又能听到触发声音,同时发出信号,控制台处的检测开关2信号灯亮,记录球在两个检测开关之间运行的时间,计算球运行的平均速度;根据球在体积管内运行产生的声音及计算的平均运行速度,判断球的位置,当球到达排污阀2时,关闭扫线阀、排污阀2。启动换向系统,使体积管换向。

（3）打开体积管发球筒1上的放空阀1，打开发球筒侧的排污阀1，启动扫线风，检查扫线风是否已送到，如果已经送到，缓慢打开扫线阀，注意观察放空阀1是否有原油排出，如有则立即关闭放空阀1，让扫线风推动检定球前行，注意监听球在体积管内运行声音，当球经过检测开关2时，检测开关动作，现场能听到触发声音，同时发出信号，控制台处的检测开关2信号灯亮；让球继续在体积管内运行，直至到达检测开关1时，检测开关动作，现场又能听到触发声音，同时发出信号，控制台处的检测开关1信号灯亮，记录球在两个检测开关之间运行的时间，计算球运行的平均速度；根据球在体积管内运行产生的声音及计算的平均运行速度，判断球的位置，当球到达排污阀1时，关闭扫线阀、排污阀1。启动换向系统，使体积管换向。

（4）重复上述（2）（3）步骤，直至排污管线无原油排出为止。

（5）扫线完毕，记录球所在的收发球筒位置，关闭扫线风阀，关闭控制系统电源。

需要注意的是：在整个扫线过程中，注意观察体积管上压力表的压力，当压力超过体积管额定工作压力时，应立即关闭扫线阀，并打开泄压阀泄压，并排除产生憋压的原因；在扫线过程中，应派专人观察污油池（或油罐）液位变化，当液位超高时，应采取排油措施。

3. 清洗

（1）接通控制系统电源，根据球所在收发球筒的位置，调整体积管流程方向，使球在收发器筒内处于接收状态。

（2）卸下清洗用水管线上的过滤器滤芯。

（3）将水池加满热水，如现场无热水，也可把水池加满凉水，然后用蒸汽加热。无论采用何种方式均应控制水温不超过体积管厂家规定的最高使用温度，且不应超过70℃。

（4）打开排污阀1和排污阀2，打开放空阀1和放空阀2，打开体积管清洗水管线进口阀，打开水泵出口阀，将池内热水打入体积管中，当池中水少于1/4时，及时给池中补热水。

（5）当放空排污阀处有热水流出时，关闭排污阀，此时在收发球筒上部放空管处排放污油及污水至污油回收容器。

（6）当排放的污水含有原油较少（无块状）时，关闭放空阀，打开体积管清洗水管线出口阀，使水在体积管内循环。控制四通阀换向，发一球，使其在体积管内运行，当回到收球筒处，再换向，反复循环清洗。同时在水池用长把笊篱捞出液面上的污油。当清洗水管线不出现大量的污油时，将水池内及体积管内的污水排出，用纱布擦拭水池壁上的污油。

（7）将水池重新加满热水，向热水中加适量的破乳剂（可参照破乳剂使用说明），启动水泵将池内热水打入体积管中，当池中水少于1/4时，停泵，及时给池中补热水，并加入破乳剂，直至体积管及水池加满水停泵。

（8）启动水泵让水在体积管及水池循环清洗，清洗时可使体积管换向、走球。同时在水池用笊篱捞出污油。视清除的污油情况决定是否换水。

（9）重复上述步骤，反复清洗。最后在回水管出口处用白纱布做滤网检查，直到无油为止，关闭体积管控制系统电源、关闭清洗水管线阀门。

需要注意两点：其一，清洗时人员要加倍注意安全，避免热水（或蒸汽）烫伤及人员落水；其二，污油、污水要回收处理，避免污染环境。

二、水标流程

用标准水罐检定标准体积管的流程如图 6-4-2 所示。

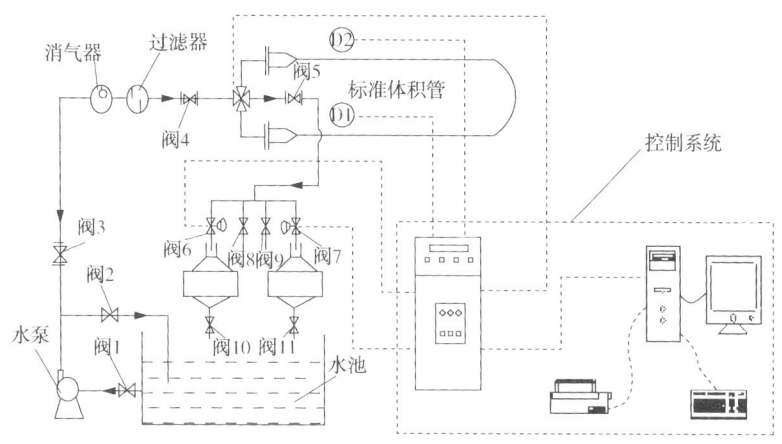

图 6-4-2 体积管水标流程图

体积管检定，就是确定体积管检测开关 D1 和 D2 之间的容积值。用标准水罐计量球在基准容积段内运行时，可置换出来水的容积，此容积经过温度和压力修正后即可得出体积管的基准容积值。检定过程如下：检定前水由换向器（或两个电磁阀）经标准水罐 2 流回水池，标准水罐 1 的出口阀关闭。检定开始，球经检测开关 D1 时，D1 发出信号使换向器换向，水进入标准水罐 1，水位达到适当位置时，人为控制换向器换向，让水进入标准水罐 2，同时读取标准水罐 1 的水位，这样水交替进入水罐 1 和 2，余量由标准水罐 3 计量，直至球到达检测开关 D2 时，D2 发信号最终使换向器再换向，标准水罐 1，2 和 3 计量的水量之和就是球在体积管检测开关 D1 和 D2 之间运行时水的体积值。

针对体积管检定的复杂性及涉及问题的多样性，运用系统工程方法，建立体积管检定系统的模型，如图 6-4-3 所示。

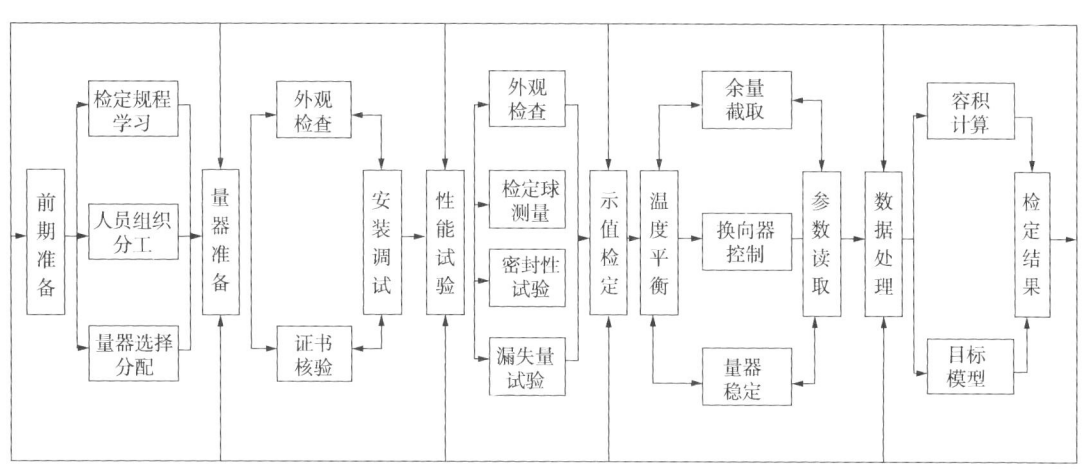

图 6-4-3 体积管检定系统模型图

三、前期准备阶段

体积管检定的前期准备工作有：首先，是对所有参检人员进行技术培训，学习 JJG 209《体积管检定规程》；其次，对所有参检人员进行组织分工，具体岗位有：控制台操作、流程切换、标准水罐操作、换向器操作、参数读取、数据处理等，各岗位人员要各司其职，各负其责，听从统一指挥；最后要对标准水罐进行选择与分配，标准水罐要尽量选择容积值较大的，这样可减少由于倒罐次数增多而造成的误差，如果两个标准水罐分配体积管基准段内的水还有余量，则要根据余量的大小选择合适容积的小标准水罐。

四、标准水罐准备

标准水罐是检定体积管的标准器，其性能好坏直接影响检定的精度，为此，标准水罐的准备尤为重要。首先要对标准水罐进行外观检查，检查标牌是否完整，水准仪是否好用，有无明显变形及磕碰痕迹，罐内是否有异物。上述各项均符合要求后进行检定证书核验，看检定证书是否过期，总不确定度是否达到 0.025%，达不到不能用来检定体积管，达到方可进行安装调试，调试的关键是调解罐下面的 3 个调平螺栓，使标准水罐处于水平，并保证从换向器流出的水不溅到标准水罐外面。

五、性能实验

为了保证体积管检定合格，在正式检定之前必须做如下一些性能实验。

1. 外观检查

体积管应有铭牌，牌上应注明：名称、型号、制造厂名、制造时间、出厂编号、公称内径、公称流量、重复性、防爆等级。基准管段无明显的凸凹变形。

2. 球检查

球表面光滑、无明显的凸凹，球内注满水、乙二醇等液体，且球的直径比体积管内径大 2%~4%，认为合格。

3. 密封性实验

密封性实验是检查密封机构的密封性能，即检查是否有液体不经体积管标准管段计量而直接从密封机构漏入出口处，如 10min 内无泄漏，则密封性合格。密封性实验因体积管型式不同而各异，但对一球一阀双向式体积管应打开阀体，检查密封胶垫是否完整，这是保证检定合格的关键一步。

六、漏失量实验

对于弹性橡胶球，只要球的直径比体积管内径大 2%~4%，且球的表面光滑，无明显可见的凸凹，可以不做漏失量实验，认为漏失量实验合格。

七、示值检定

示值检定是体积管检定的关键阶段，主要由以下几个环节组成。

1. 循环水系统温度平衡

由模型图中可以看出，循环水系统温度平衡是示值检定的前提。为此，在检定之前启动水泵，向体积管内注水并投球运行，一般投 3 次球后，系统的水温趋于一致，可以保证在一次检定中水温变化不超过 1℃，满足要求。

2. 排气

排气的目的是让体积管部内空间全部用水充满，否则将影响检定的重复性。在每次投球运行之前必须排气。

3. 换向器控制

在一次检定开始和结束时，换向器的换向是由体积管上的检测开关发出信号控制的，在检定过程中，可由人为手工搬动换向器或由触点开关控制换向器换向。无论采用哪种方式控制，一定要保证标准水罐的水位在罐的计量径标尺刻度范围内，否则将出现冒罐或看不到液位，导致整个检定过程失败。

4. 余量截取

余量是指体积管基准管段内的水经两个标准水罐分配后剩余的水量，余量是由图 6-4-2 中的阀 8 引到接取余量的小标准水罐中，此工作在球运行在检测开关 D1 和 D2 之间进行。要注意两点：一是保持小标准水罐的水位在罐的计量径标尺刻度范围内；二是保证水不外溅。此工作与换向器控制一样重要，否则同样会导致检定失败。

5. 参数读取

当球在检测开关 D1 和 D2 之间运行时，读取体积管的进口处的温度作为平均温度、读取出口处的压力作为平均压力，读取标准水罐液位高度时要给予适当的时间让罐位稳定，之后方可读取罐位高度。

八、数据处理

1. 容积计算

上述数据取得后，计算体积管的基准容积公式如下：

$$V_{ps} = V_s \left[1 + \beta_s (t_s - 20) + \beta_w (t_p - t_s) p_s - \beta_p (t_p - 20) - p_p \left(\frac{D}{Et} + F_w \right) \right] \quad (6-4-1)$$

式中　V_{ps}——体积管在标准状态下的基本容积，m^3；

　　　V_s——标准水罐计量的水的体积，m^3；

　　　β_s、β_w、β_p——分别为标准水罐材质、水、体积管材质的体膨胀系数，$℃^{-1}$；

　　　t_s、t_p——分别为标准水罐和体积罐的壁温，℃；

　　　p_p——体积管压力，Pa；

　　　D——体积管公称内径，mm；

　　　E——体积管材质的弹性模数，Pa；

　　　t——体积管壁厚，mm；

　　　F_w——水的压缩系数，Pa^{-1}。

2. 目标模型

按上述示值检定的 7 步进行只能完成一次投球检定，得出一个基准容积。JJG 209《体积管检定规程》规定投球检定次数应不小于 3 次，为了保证每次检定所得容积值的有效性，即保证重复性指标，提出如下数学模型。JJG 209 规定：若测得的容积值与平均值的偏差大于标准差与汤姆逊 τ 的乘积，则可以剔除这个测定值；体积管的重复性应优于 0.02%。

这里以检定 3 次为例,根据上述要求有:

$$|V_i-V|\leq 1.4\sigma \tag{6-4-2}$$

$$4.4\sigma/V\leq 0.02\% \tag{6-4-3}$$

解此不等式可得:

$$(1-6.4\times 10^{-5})V\leq V_i\leq (1+6.4\times 10^{-5})V \tag{6-4-4}$$

式中　σ——标准偏差;

　　　V_i——第 i 次测量体积管的容积值;

　　　V——体积管的平均容积值。

需要说明的是,V 是作为平均值参与确定各次测量结果是否符合要求,但在实际应用中可把 V_1 临时看作为 V,把 V_2 和 V_3 与 V_1 进行比较,实践证明,只要 V_2 和 V_3 符合式(6-4-4)的要求,则体积管的重复性符合规程的要求。

3. 检定结果

体积管基准容积值计算出来后,按 JJG 209 的要求,计算几次检定结果的平均值、重复性和准确度,如果符合要求,把体积管加铅封,体积管可以作为计量标准器,用来检定流量计,否则要查找原因,重新检定。

第五节　活塞式体积管检定管理

一、准备工作

水标系统,如图 6-5-1 所示。

(1) 在体积管的入口和出口用截断阀或盲法兰将体积管系统从过程管路中隔离,排空体积管内的介质,水平放置体积管系统和标准水罐。

(2) 按图 6-5-1 将水箱、水泵、体积管、水标控制件和标准水罐等设备进行连接。

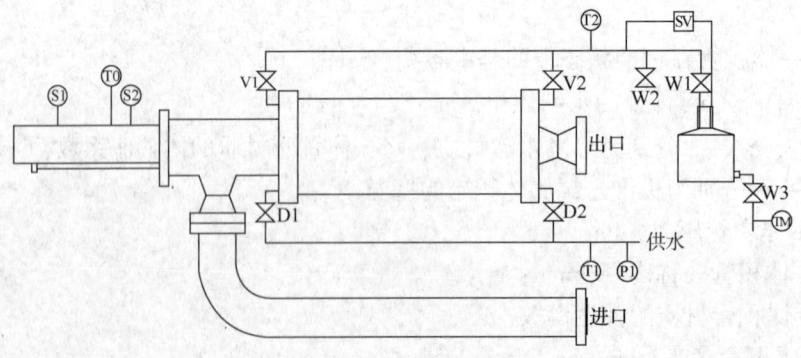

图 6-5-1　水标系统图

(3) 连接水箱上水泵的 380V AC 电源、体积管液压泵的 380V AC 电源、水标控制件中的 220V AC 电源和体积管控制面板中 24V DC 电源。

(4) 打开体积管橇上的控制箱,并将水标控制件中的控制引线插在体积管控制面板上的 J3 插头。

(5) 松开体积管检测开关套管后的螺栓,小心地将体积管检测开关的套管取下,避免触碰光电传感器及组件。

（6）检查氮气罐的压力是否为75psi(表)，若不是则需补充或卸掉氮气，使其压力达到要求，并将氮气罐通往液压系统的球阀打开。

（7）给系统供电。

二、给水箱和体积管注水

（1）给水箱注满洁净的水。

（2）打开阀门V1、V2、D1、D2、W1和W3，启动水箱上的水泵给体积管注水。

（3）必须将体积管内的气体全部排净：当有水从W1处排出时，关掉D1和V2使体积管活塞从下游往上游运动。

（4）从体积管检测开关组件中观察活塞的位置，当活塞到达上游位置后，打开D1和V2，关掉V1和D2，使活塞从上游往下游运动，直到从体积管检测开关组件中观察活塞已走到最下游。

（5）重复上述(3)(4)步，直到体积管内的空气全部排净。

三、试漏

关掉W1、W2和水箱水泵的出口阀，记录压力表P1的示值。检查体积管、水标管路、水标控制件、体积管法兰、盲板等有无渗漏，并注意观察压力表P1的示值，与记录的示值进行比较，有无明显降低。必须确认本密闭系统无渗漏。

四、检定

1. 检定下游体积

（1）查看图6-5-2中的拨位开关S1和S2的位置，将S2拨向上"DOWN"。

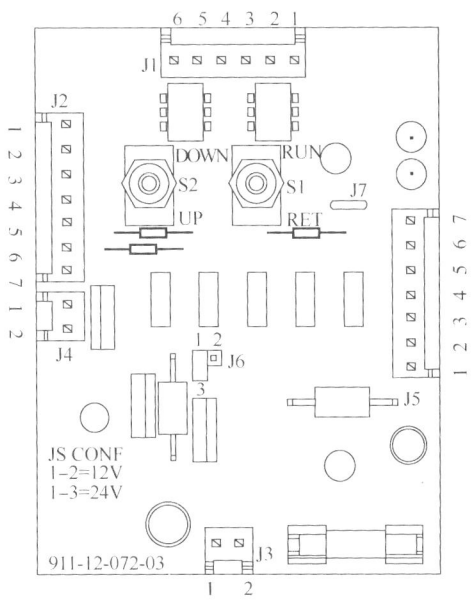

图6-5-2 体积管水标控制面板

(2) 打开水箱水泵的出口阀，关闭 W1 和 W2，打开 D1 和 V2，关掉 V1 和 D2，启动水箱水泵，体积管液压泵，将活塞拉至最上游位置。

(3) 安排一个工作人员站在标准罐旁，以准备打开或关掉 W1 阀。

(4) 将 S1 向"RUN"侧拨动一下，此时 SV 阀应开启，并有水流动，体积管活塞向下游移动。

(5) 为了加速活塞的移动，可以打开 W1 阀。

(6) 待活塞指示片 TD 快接近光电检测开关"S1"位置时，关掉 W1 阀。此时 SV 阀继续开启，并继续有水流动。当活塞指示片 TD 移动到光电检测开关"S1"位置时，SV 阀会自动关闭。

(7) 按体积管检定规程要求清除标准罐内的水，并关闭 W3 阀。

(8) 将 S1 向"RUN"侧拨动一下，此时 SV 阀应开启，并有水流动，体积管活塞向下游移动，打开 W1 阀，体积管活塞较快地向下游移动。

(9) 记录压力表 P1 示值，温度表 T1 和 T2 示值，记录环境温度示值。

(10) 待活塞指示片 TD 快接近光电检测开关"S2"位置时，关掉 W1 阀。此时 SV 阀继续开启，并继续有水流动。当活塞指示片 TD 移动到光电检测开关"S2"位置时，SV 阀会自动关闭。

(11) 准确读取并记录标准罐的示值，记录标准罐内的水温示值。

(12) 待所有数据记录完毕后，打开 W3 阀，排放掉标准罐内的水，测量该水温，并记录下来。

(13) 如有必要，将 S1 向"RET"侧拨动一下，将活塞拉到最上游位置，重复上述。

2. 检定上游体积(Upstream)

(1) 查看图 6-5-2 中的拨位开关 S1 和 S2 的位置，将 S2 拨向上"UP"。

(2) 打开水箱水泵的出口阀，启动水箱水泵、体积管液压泵。

(3) 通过活塞指示片 TD 确认活塞位置是否在最下游位置。如果活塞位置不在最下游位置，需打开 D1 和 V2，关掉 V1 和 D2，使活塞移动到最下游位置。

(4) 关闭 W1 阀和 W2 阀，打开 V1 和 D2，关掉 D1 和 V2。

(5) 安排一个工作人员站在标准罐旁，以准备打开或关掉 W1 阀。

(6) 将 S1 向"RUN"侧拨动一下，此时 SV 阀应开启，并有水流动，体积管活塞向上游移动。

(7) 为了加速活塞的移动，可以打开 W1 阀。

(8) 待活塞指示片 TD 快接近光电检测开关"S2"位置时，关掉 W1 阀。此时 SV 阀继续开启，并继续有水流动。当活塞指示片 TD 移动到光电检测开关"S2"位置时，SV 阀会自动关闭。

(9) 按体积管检定规程要求清除标准罐内的水，并关闭 W3 阀。

(10) 将 S1 向"RUN"侧拨动一下，此时 SV 阀应开启，并有水流动，体积管活塞向上游移动，打开 W1 阀，体积管活塞较快地向上游移动。

(11) 记录压力表 P1 示值，温度表 T1 和 T2 示值，记录环境温度示值。

(12) 待活塞指示片 TD 快接近光电检测开关"S1"位置时，关掉 W1 阀。此时 SV 阀继续开启，并继续有水流动。当活塞指示片 TD 移动到光电检测开关"S1"位置时，SV 阀会自动关闭。

(13) 准确读取并记录标准罐的示值,记录标准罐内的水温示值。

(14) 待所有数据记录完毕后,打开 W3 阀,排放掉标准罐内的水,测量该水温,并记录下来。

如果重复性不满足要求,重复上述(3)至(14)步。

五、结束工作

(1) 整个过程结束后,停止所有泵的运转,将所有电源切断。

(2) 小心地将体积管检测开关的套管装回,请记住:千万别碰着检测开关组件及检测片,紧固体积管检测开关套管后的螺栓。

(3) 将氮气罐通往液压系统的球阀关闭。

(4) 将体积管橇座上的液压泵、密度泵控制箱关闭,锁紧。将体积管橇座上的控制箱内接线恢复原状,并关闭,锁紧。

(5) 打开排空阀,排空体积管及前后管段内的积水,并用氮气吹扫,直到体积管内的水汽风干。并向体积管内充入高于大气压的氮气,关闭所有阀门,使体积管及前后管段内保持微正压氮气。

六、注意事项

(1) 每个水标循环必须连续做完,中途不能停顿和间断。

(2) 每个水标循环最好使用两种流量(25%和50%),这可以利用 W1 阀来实现。

(3) 在环境光照良好的情况下,当活塞指示片 TD 快接近光电检测开关时,最好将体积管检测开关的套管小心装回,以挡住外界照向光电开关的光线,以免影响光电开关的准确信号。

第七章　站场运销管理

油气管道站场运销管理工作主要有油气收、储、运、销计划的管理，运销数据统计管理，油品的盘点管理，客户信息管理，清罐油落地油处置的参与和配合等。完善的站场运销管理是保证管道与上、下游用户平稳、有序油气交接的前提。保证运销计划的完成、销售结算数据的准确，是运销管理的重点。

第一节　计划管理

油、气运销计划由管道公司生产处(销售处)下达和调整。为维护运销计划的严肃性，各单位必须严格执行运销计划，不得随意变更。站场计量工程师负责本站油、气运销计划的执行。

一、年度运销计划

原油站场计量工程师通过 PPS 系统查询或咨询分公司运销科了解本站场全年管输任务。成品油站场只需执行北调分输调度令、天然气站场执行日指定供气计划，均无须掌握年度运销计划。

二、月度运销计划

(1) 原油站计量工程师每月末从 PPS 系统中查询获得下一月度本站场运销计划，并与本站相应客户计量人员核对月度供油计划。发现不一致，要及时向分公司运销科汇报(东北站场汇报沈阳调度中心运销科)。成品油站场执行北调分输调度令、天然气站场执行日指定供气计划，无须掌握月度运销计划。

(2) 分输不同品种原油的站场，在向用户开具计量交接凭证时，严格按月度运销计划中该用户的分品种原油计划量开票。

(3) 原油站场每日查看 PPS 系统待办信息，当有生产处下发的《调运计划调整通知单》时，及时在 PPS 系统中确认接收，并与客户方计量人员进行沟通确认，确认无误后，严格按调整后的最新分品种原油计划进行开票。

(4) 当得知因本站设备故障等原因或用户方相关原因，不能按月度运销计划完成分输时，须及时将掌握的相关信息向上一级运销主管部门汇报。

(5) 在每月度下旬，发现当前分输量可能偏离月度计划完成时，要及时向上级运销部门汇报并询问了解原因，确保月度运销计划执行的完成率。

三、天然气日指定计划

(1) 输气站每日 18:00 后通过 PPS 系统查看销售处、调度和用户共同确认的第二天日指定供气量。

(2) 输气站计量工程师负责组织本站严格按照日指定量均衡向用户供气。

(3) 当用户向站场值班人员提出有日指定量变更时，输气站计量工程师负责组织本站在 PPS 系统中确认供气量变更情况，并严格按照日指定变更量均衡向用户供气。

四、成品油分输调度令

(1) 成品油站计量工程师负责组织本站严格按照上级调度通过 PPS 系统下发的分输调度令内容向用户分输。

(2) 分输不同牌号成品油的站场，在向用户开具计量交接凭证时，计量工程师监督值班人员严格按调度令及实际分输油品牌号开具计量交接凭证。

(3) 当得知因本站设备故障等原因或用户方相关原因，不能按分输调度令指示完成分输计划时，须及时将掌握的相关信息向调度和分公司运销科汇报。

第二节 运销数据统计管理

一、计量凭证管理

(1) 油品计量交接，用流量计交接时填写流量计计量凭证、用罐交接时填写金属罐计量凭证、成品油混油交接时填写混油计量凭证。天然气计量凭证通常为公司统一的模板。

(2) 站场计量工程师负责每日 8：30—9：00 前审核站综合计量岗在 PPS 系统填写的电子计量交接凭证或人工开具的纸制计量交接凭证，审核时要对所填写凭证的项目和数据进行一次复核和计算，确保数据齐全、完整、准确无误。

(3) 通过 PPS 系统填写计量凭证的，计量工程师在 PPS 系统中审核无问题，在系统中确认并提交凭证。将系统自动生成的计量凭证打印出来在复核人处签字。并监督双方计量人员签字，盖计量交接专用章进行交接。

(4) 在 PPS 系统外手工开具计量凭证时，计量凭证中文字要使用正楷填写，文字清晰。计量凭证不得随意勾抹和涂改，勾抹涂改视为无效。计量凭证不得随意撕毁，各联保持齐全。

(5) 计量工程师负责本站场计量凭证按客户、按日期进行装订归档。每个用户每月度凭证装订成册，定期上报给分公司运销科存档，依据公司档案管理规定，计量凭证存档时限为 15 年。

二、运销日报管理

(1) 站场计量工程师负责配合上级运销主管人员在 PPS 系统中对涉及本站运销数据的建立和维护，确保运销数据的齐全、完整以及数据链接的准确。

(2) 计量工程师负责审核站综合计量岗每日填报的运销日报数据准确性和完整性，确保每日 10：00 前，在 PPS 系统提交本站场运销数据。提交后，PPS 系统会生成运销日报，运销日报数据要准确，不得错报、漏报、不得报假数据。

(3) 因特殊原因人工开具计量交接凭证或由上游单位开具计量交接凭证的站场，站综合计量岗将用户签字后的计量交接数据录入PPS系统运销日报中，站场计量工程师在审核运销日报数据时，要重点审核运销日报中数据与人工开具计量交接凭证数据是否一致。

（4）每月末和每年末，要与上、下游客户核对当月或当年累计交接油气数量。如核对不一致，及时查找原因并整改数据，确保月末和年末提交日报数据的准确性，以便上级运销部门运销月报的编制。

三、计量争议的数据处理

（1）当在计量交接过程中与用户发生争议时，计量工程师负责与用户进行协调，与用户就争议点进行协商，如双方不能达成一致，依据计量交接协议与用户协商，首先要确保正常的计量交接不受影响，在计量凭证中注明争议原因、争议量。待双方协商达成一致后进行多退少补。

（2）如计量争议不能协商一致，各自向上级运销主管部门汇报。

（3）如因油品质量问题发生争议，计量工程师负责与用户共同取样进行封存，以备日后作为仲裁证据。

（4）计量争议不应影响计量凭证的开具，不应影响运销日报数据的上报，确保PPS系统中运销计划完成进度的数据真实准确。

四、运销数据的分析

（1）在具备充足运销数据，能够进行输差分析的输油站场，站计量工程师须在每日和每月计算站场的输差损耗。当月度输差损耗超过考核指标时，须进行分析，查找原因，并做文字分析材料，制订降低站场输差的整改方案。

$$站场损耗=销油量（或输油量）+自用量+期末库存-收油量-期初库存$$
$$站损耗率=站损耗量/（收油量+期初库存）\times 100\%$$

（2）油库的对外收、发油站场，站计量工程师须做好上游流量计交接量与本站金属罐计量数据的对比分析，以便于全线输差损耗的分析。天然气站场可利用客户流量计计量数据与本站流量计计量数据进行对比，发现异常应及时查找原因。

（3）若站场输差较大，在原因不清或本站解决不了的情况下，要及时向分公司运销科汇报，请求给予技术支持。

（4）站场输差损耗较大的原因通常可以通过以下几方面来判断：

① 计量交接数据填报是否有误。发生输差较大情况时，首先排除数据填报是否有误。认真核对输差超标时间段内的计量交接数据是否正确，核对PPS系统中对外交接量与纸制计量凭证数据是否一致。

② PPS系统数据链接是否错误。由于PPS系统的不稳定或系统维护人员操作失误等原因，有可能造成PPS系统数据统计过程中数据链接发生错误。

③ 库存数据是否正确。核查期末库存计算和汇总统计过程中是否有误，成品油罐检尺取样是否具有代表性。必要时对油罐进行重新检尺、取样。

④ 计量化验是否规范。原油站场计量工程师核实化验人员取样化验过程是否规范、计算是否准确。

⑤ 流量计系数是否超差。检查流量计运行是否正常，对流量计进行自检，如判断流量

计系数超差,需马上切换备用流量计,并立即汇报分公司运销科。

⑥ 天然气组分是否及时更新,流量计算机是否故障。天然气站场计量工程师检查天然气组分数据是否及时更新,更新数据是否准确,分析流量计算机或计量系统相关仪表是否故障。

第三节　油品盘点管理

油品库存涉及油库安全,运行方案的编制,也是计算输差损耗的依据,要按时进行原油、成品油库存盘点,确保油品盘点的准确性,并且要按有关标准和要求进行盘库。

一、盘库操作相关技术要求

1. 检尺技术要求

(1) 执行 GB/T 13894《石油和液体石油产品液位测量法(手工法)》。

(2) 对于成品油,应检实尺,液面稳定时间不少于 15min。

(3) 对于原油,应检空尺,液面稳定时间不少于 30min。

(4) 下尺时,尺砣不应前后摆动,并在其重力下引尺带下伸。尺砣接触油面时应缓慢,以免引起油面大的波动。估计尺砣将近罐底时,应放慢速度。当尺砣轻轻地触及罐底之前,应有一个液面扰动的平息时间,用左手拇指压紧尺架的尺带,慢慢降低手腕高度,手感尺砣触及罐底或基准点后,迅速提尺读数;对于原油罐检尺,应检空高,当尺砣进入液面后,停止降落,保持液面平静时,再继续缓慢地降落(只允许尺砣上带刻度部分浸入油中),直到量油尺上最近的一个厘米或分米刻线与参照点正确处在一条水平线上。停止降落。

(5) 对于测量黏性油品,应保持尺砣与容器底板接触 3~5s,以使得量油尺周围的油品表面达到正确的水平位置再提尺读数,避免读数偏低。

(6) 读数时,应先读小数,后读大数,尺带不应平放或倒放,以免液面上升;对于测量挥发性油品,读数应该准确迅速。

(7) 检尺时,需连续两次测量值相差不大于 2mm 时为止。如果第二次与第一次误差不大于 1mm,取第一次测量值;如果第二次与第一次误差大于 1mm,取两次测量值的平均值。

(8) 检水尺时,尺带必须拉紧,以保证水尺垂直,尺砣到罐底后要保持足够长的时间让水改变示水膏的颜色。如不能得到清晰的水层读数,必须去除示水膏,将尺擦干,重新涂水膏再行测量。

2. 油品取样技术要求

(1) 立式油罐取样应按等比例混合上部样、中部样和下部样。

① 上部样,液位深度的 1/6 处所采取的试样;

② 中部样,液位深度的 1/2 处所采取的试样;

③ 下部样,液位深度的 5/6 处所采取的试样。

(2) 取样时,为防止打火花,在整个取样过程中应保持取样导线牢固地接地,接地方法一是直接接地,二是与取样口保持牢固的接触。

(3) 在大气电干扰或冰雹暴风雨期间不得进行取样。

3. 油品测温技术要求

(1) 测温盒及温度计应符合标准要求。选用温度计为 0.1 级，单项读数准确至 0.05℃。

(2) 提拉测温盒要用不产生火花的材料制成的绳(防静电绳)或链，也可在量油尺下部用量油尺代替提拉绳。

(3) 测温装置沿测量口放到规定的液面高度。同时要有足够的感温时间。到达规定的浸没时间后，将其提出，提出快慢要适中，且要稳；提出液面时，使温度计的感温泡始终浸没在盒内油液中，并迅速读取温度值。

(4) 读数时，测温盒内油品应充满，否则温度值无效，且视线与温度示值呈水平。

(5) 测温时温度计的感温泡不得与容器壁接触，并应保持一定距离。

二、盘点管理要求

(1) 按规定的时间组织月盘库存(每月最后一天早 8：00)，盘库必须严格按计量规程进行(包括沿线中间站)。

① 早 8：00 准时读取流量计计数和油罐检尺。

② 量油用具必须是检定合格的量油尺，不准用其他物品代替。

③ 成品油检实尺、水尺；原油检空尺。

(2) 储油罐较多的站，可提前一天对静态罐进行盘库检尺。在月末提前两小时进行倒罐停运，保留 1~2 个运行罐准时检尺，必须同时上罐，避免造成由于盘库时间不同步，使盘库数据不准。盘库的同时要对大罐液位计与人工检尺数据进行比对，发现有偏差应及时对液位计进行调整。特殊天气情况下，可使用大罐液位计数据。

(3) 每次盘库须填写《盘库记录表》，内容包括：检尺时间、罐号、状态(运行或静止)、所存油品、油高、油量、水量、参加人等。负责对《盘库记录表》存档。

(4) 监督站综合计量岗将盘点后的油品数据填报到 PPS 运销日报中，并审核填报数据是否准确，齐全，PPS 系统中数据应能按油品的品种分类进行数据汇总，确认无误后提交运销日报。

第四节 其 他

一、与分输用户的联系和互动

(1) 收集与客户交接过程中顾客反馈的信息，及时传递到上级运销部门。

(2) 如收到客户满意或不满意以及意见的信息，及时传递到上级运销部门。

二、配合分公司运销科进行清罐油落地油的处置

(1) 当站场有清罐油落地油销售处置时，协助配合分公司运销科进行油品的装车与计量。

(2) 配合分公司运销科做好清罐油落地油销售处置过程的记录。

第八章 生产管理系统

第一节 ERP系统(计量管理模块)应用管理

进入 ERP 系统中通过图示事务码进入操作界面(图 8-1-1)。

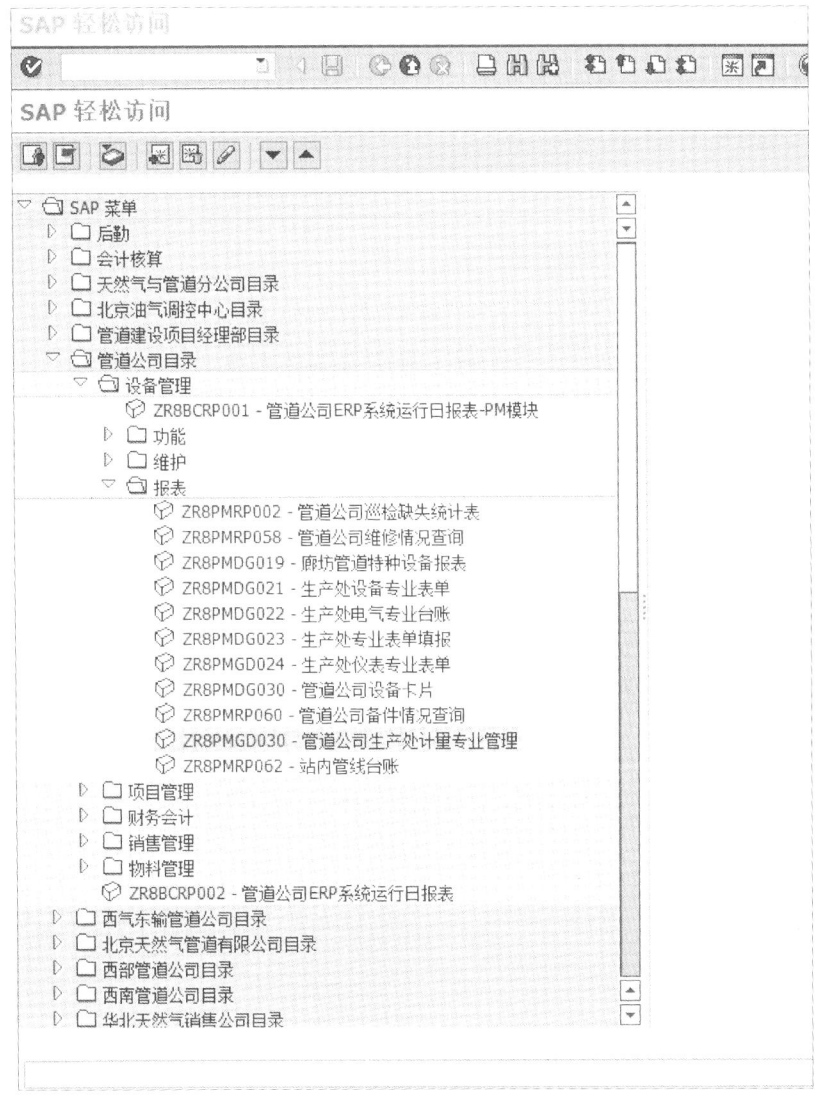

图 8-1-1 ERP 系统

界面如图 8-1-2 所示。

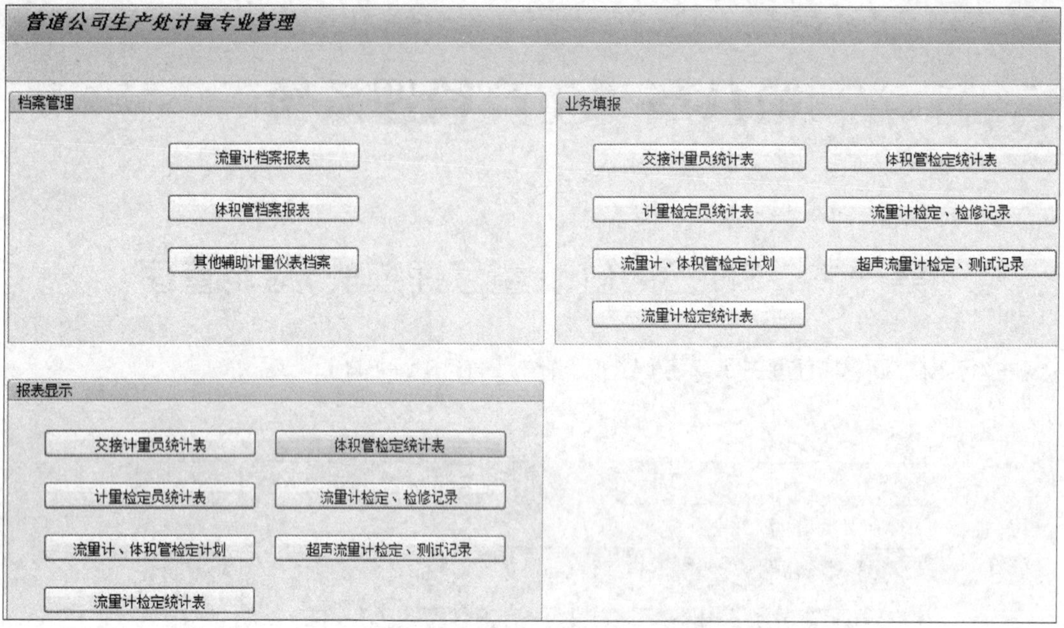

图 8-1-2 操作界面

一、业务填报

交接计量员统计表(计量检定员统计表与其操作相同)(图 8-1-3)。

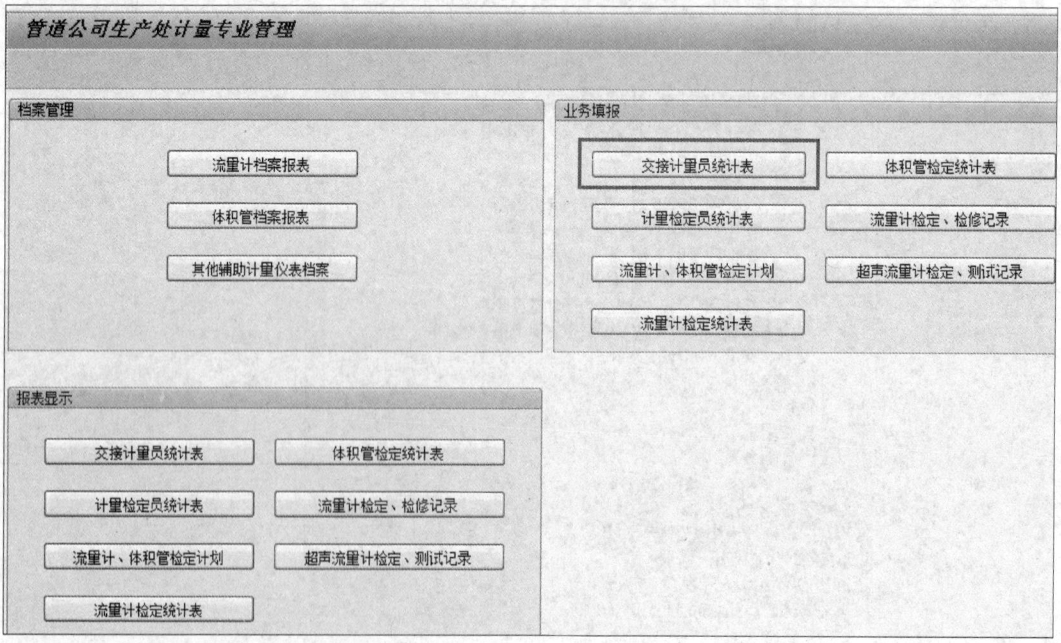

图 8-1-3 业务填报

进入如图 8-1-4 所示界面。

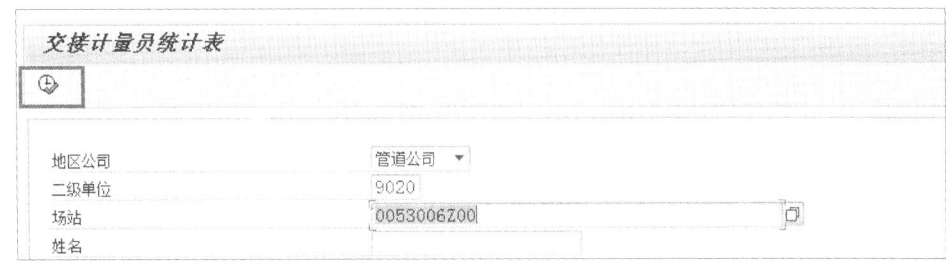

图 8-1-4

地区公司默认为管道公司，二级单位和场站由用户根据具体情况来逐级选择，点击执行按钮⊕后进入新增界面(图 8-1-5)；

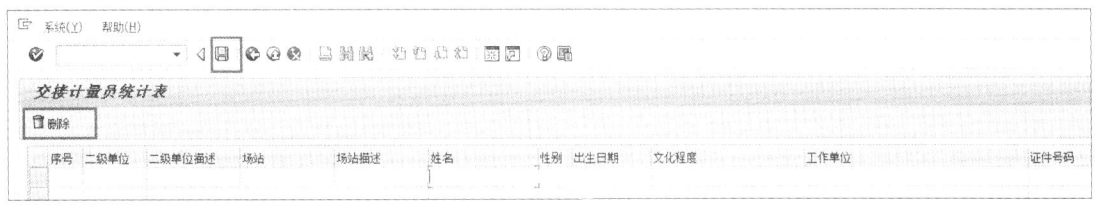

图 8-1-5

填写计量员相关信息点击保存按钮即可。

如果要删除某个计量员信息，选中该行，点击左上角的删除按钮，然后保存即可。

二、流量计、体积管统计表及检定计划

通过对应的按钮进入操作界面(图 8-1-6)。

图 8-1-6

操作界面如图 8-1-7 所示。

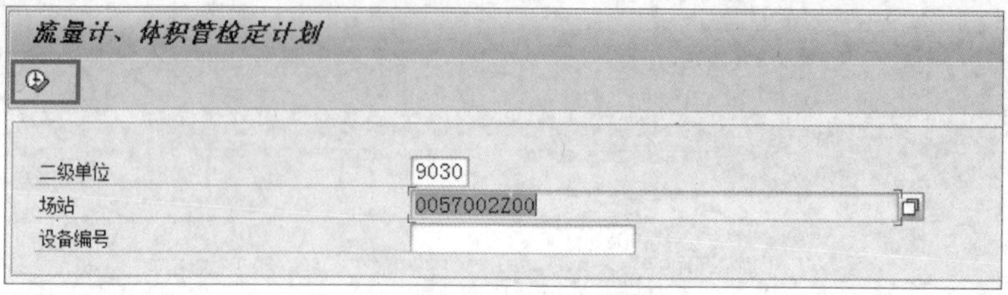

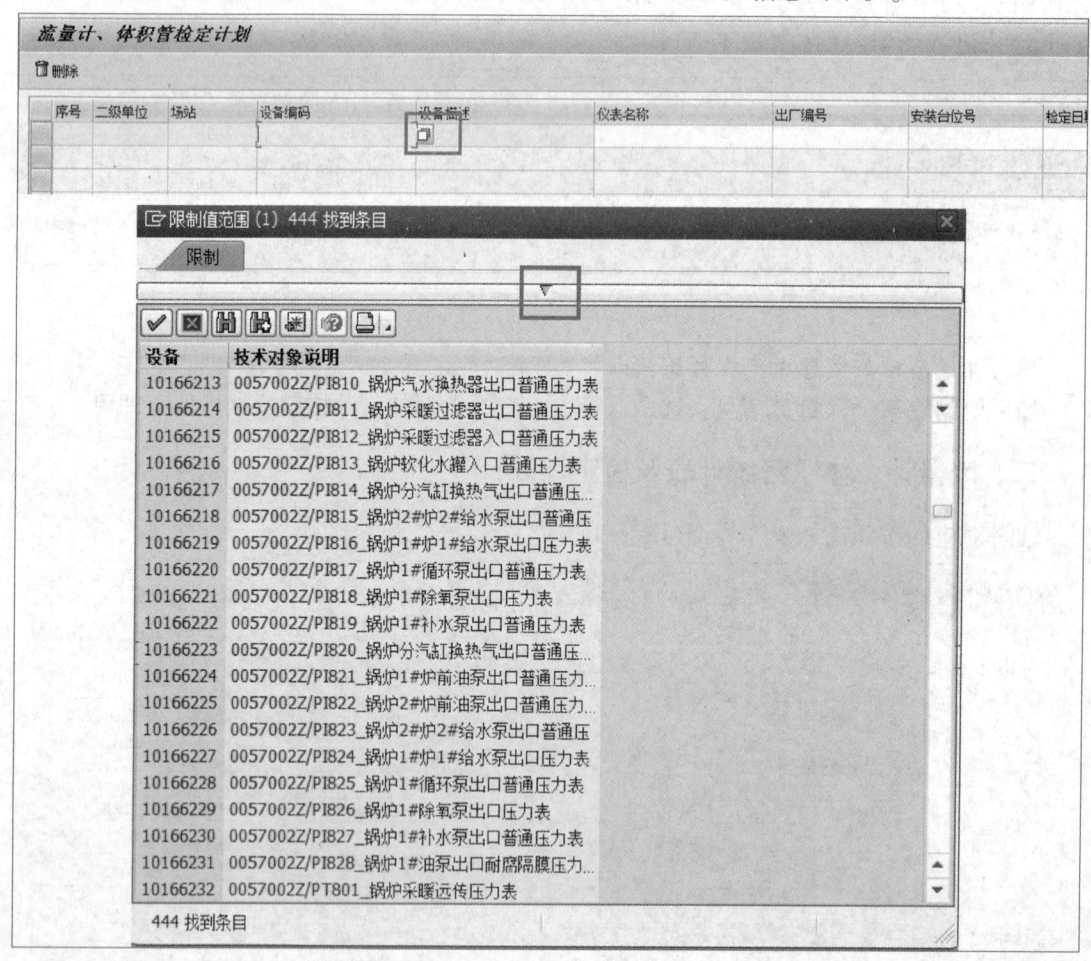

图 8-1-7

地区公司默认为管道公司，二级单位和场站必填，选好条件后点击左上角的执行按钮进入下一界面，界面如图 8-1-8 所示：在图中可以进入一些相关信息的维护。

图 8-1-8

点击图 8-1-9 中设备编码后的红框，选择设备信息；如设备较多，可点击三角符号，通过设备描述进行查找，输入设备关键字前后加＊，填写后回车，显示设备清单后，点击即可带入表内(图 8-1-10)。

填写完成后保存即可，如若要做删除操作，选中该条记录，点击左上角的删除按钮，然后保存即可。

图 8-1-9

图 8-1-10

三、流量计检定、检修记录(超声流量计检定、测试记录)

通过对应的按钮进入操作界面(图 8-1-11)。

图 8-1-11

操作界面如图 8-1-12 所示。

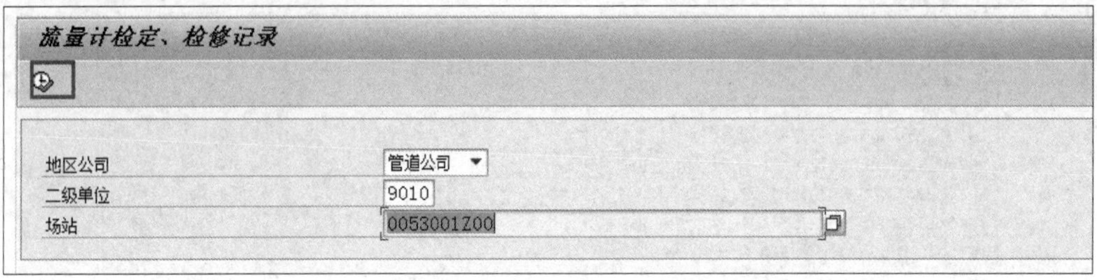

图 8-1-12

二级单位和场站选好条件后点击左上角的执行按钮进入下一界面（图 8-1-13）；如已有维护的内容，则显示清单界面，可点击修改填写后的内容；如新加则点击图中红框内的左侧 图标，如删除则点击图中红框内的右侧 图标；

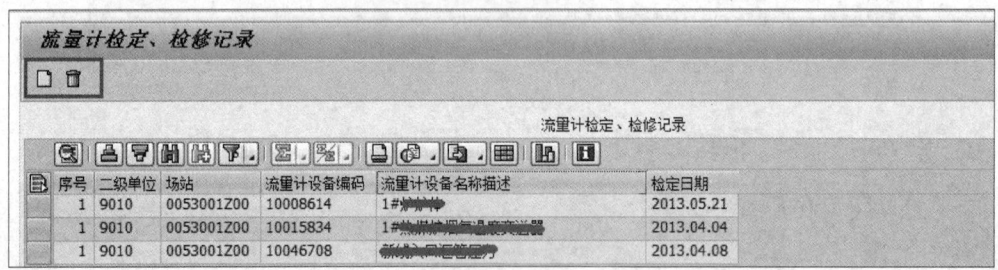

图 8-1-13

点击新建图标后，显示界面如图 8-1-14~图 8-1-17 所示。

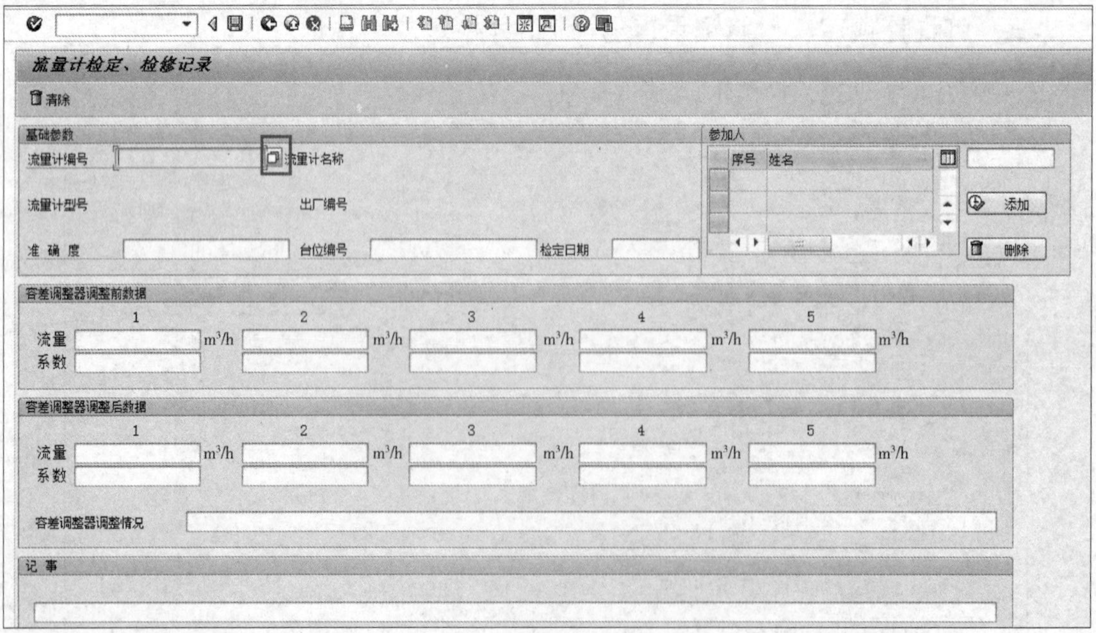

图 8-1-14

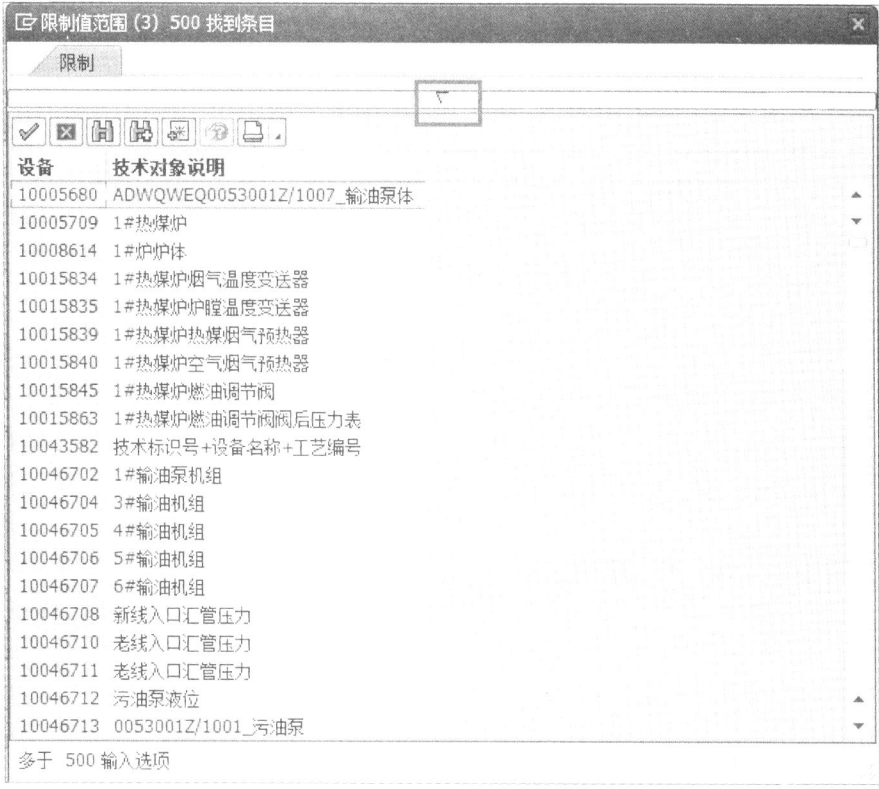

图 8-1-15

图 8-1-16

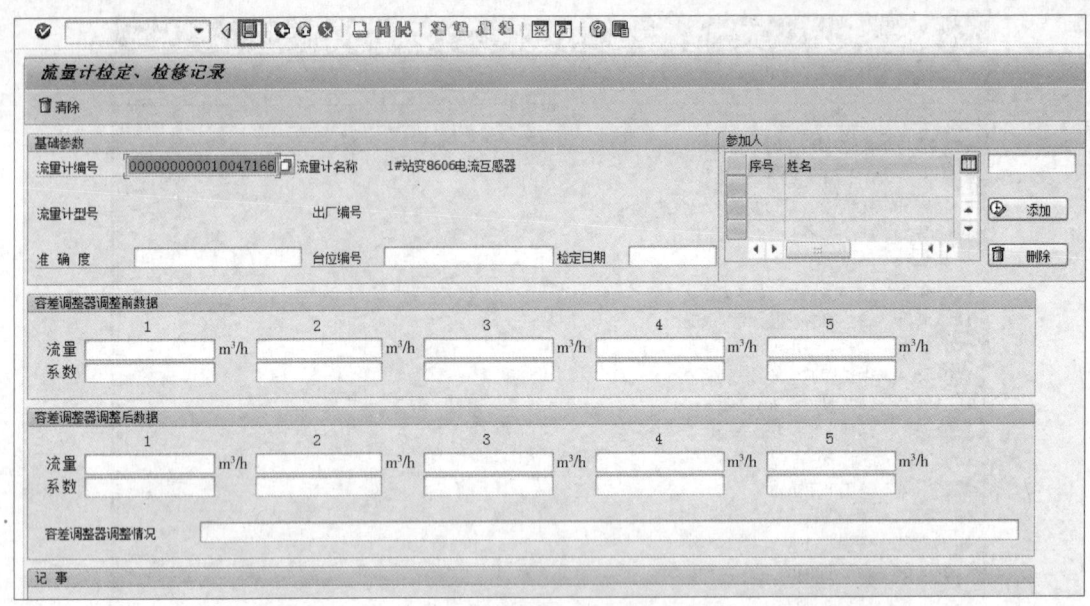

图 8-1-17

在左上角输入流量计编码,点击图中设备编码后的红框,选择设备信息;如设备较多,可点击三角符号,通过设备描述进行查找,输入设备关键字前后加＊,填写后回车,显示设备清单后,点击即可带入表内。

选择后,填写其他相关数据维护信息,填写后点击保存按钮 就可以形成相关记录。

四、档案管理及报表展示

选择需要查看的报表展示按钮(图 8-1-18)。

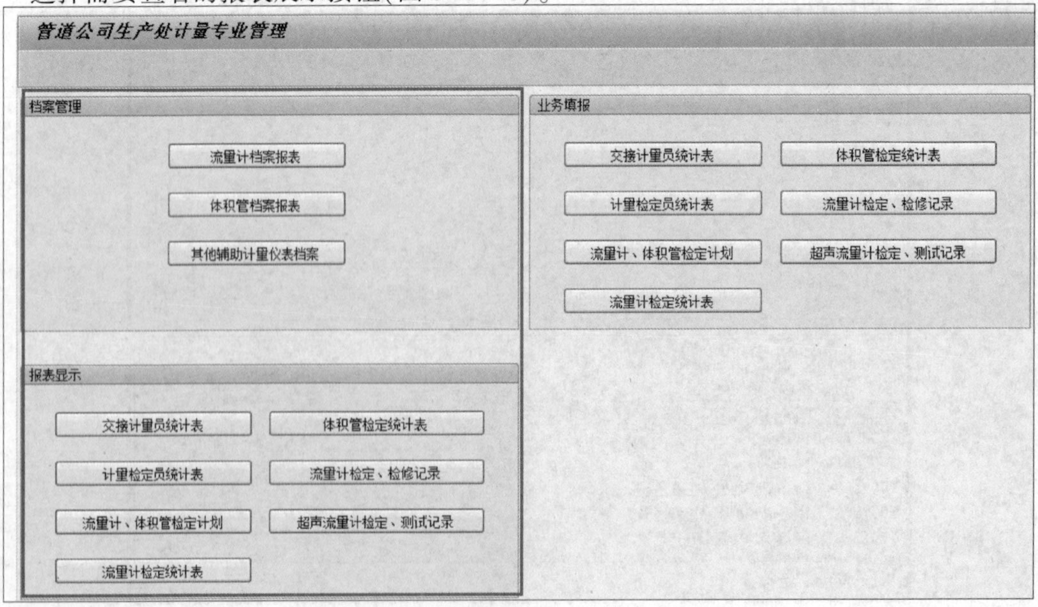

图 8-1-18

进入下一界面后输出相对应的查询条件,点击左上角的执行按钮就能显示出想要查看的内容(图8-1-19)。

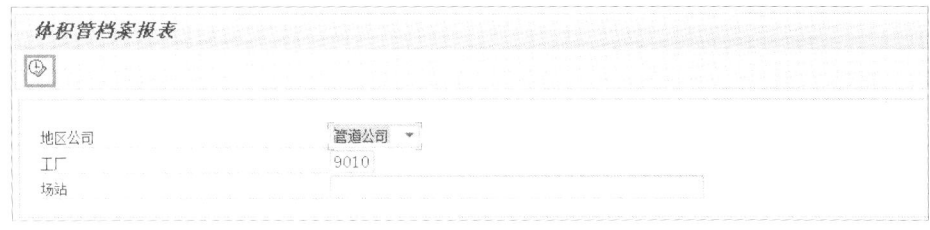

图 8-1-19

第二节　PPS 系统应用管理

一、天然气业务

1. 月度分日计划

1) 天然气客户月度分日计划填报流程

天然气客户用外网登录系统后,点击"天然气—计划管理—月度计划管理—月度分日计划",如图8-2-1所示。

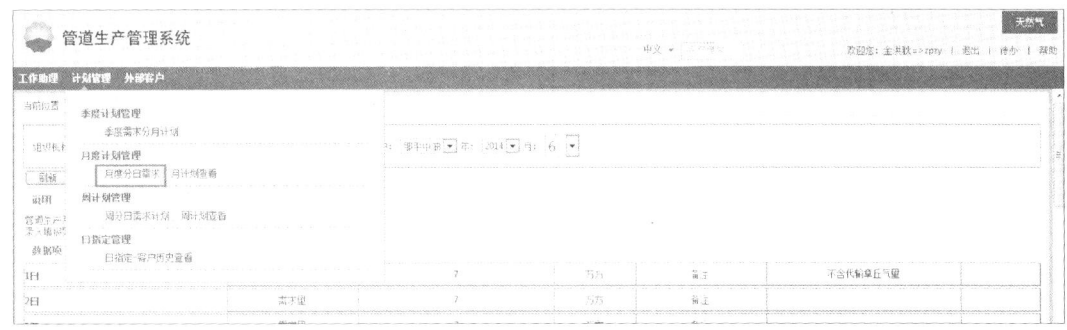

图 8-2-1　天然气客户月度计划编制界面

2) 销售公司编制流程

管道公司销售处登录系统,点击"天然气—计划管理—月度计划管理—月度建议计划",如图8-2-2所示。选择日期后,点击刷新按钮,编辑数据,送北调审批。

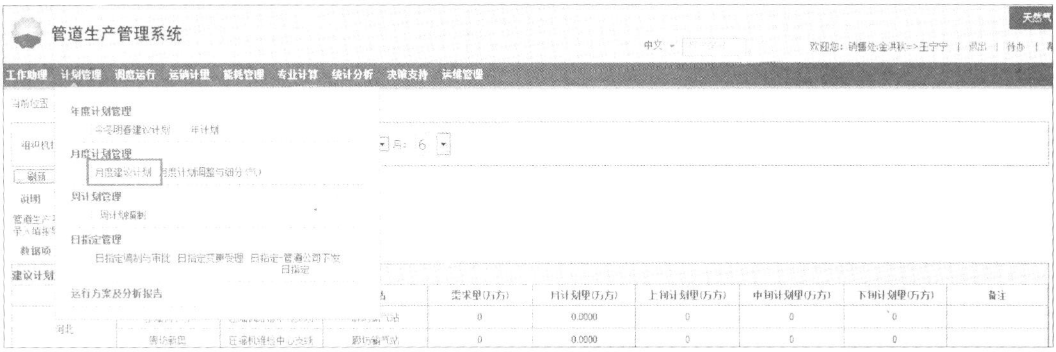

图 8-2-2　月度建议计划编制界面

3) 天然气月计划查看

月度计划经过管道公司销售处及管道板块销售处及油气调运处审批后，客户可点击"天然气—计划管理—月度计划管理—月计划查看"，如图8-2-3所示。

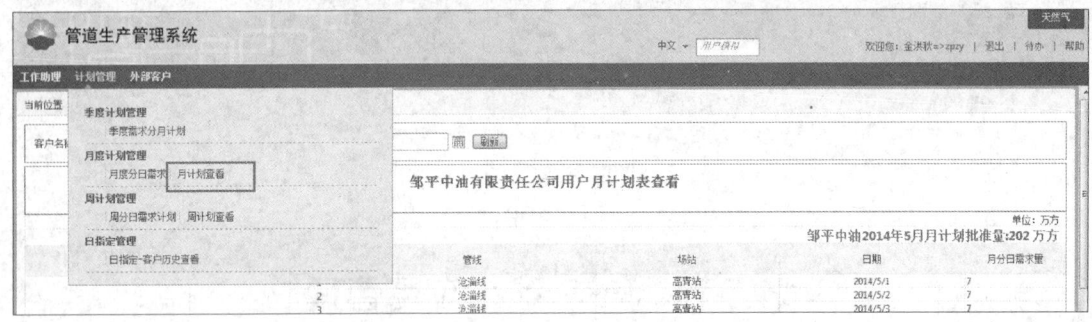

图8-2-3 天然气客户月度计划查看界面

2. 周分日需求计划

1) 天然气客户填报流程

天然气客户用外网登录系统后，点击"天然气—计划管理—周计划管理—周分日需求计划"，如图8-2-4所示。

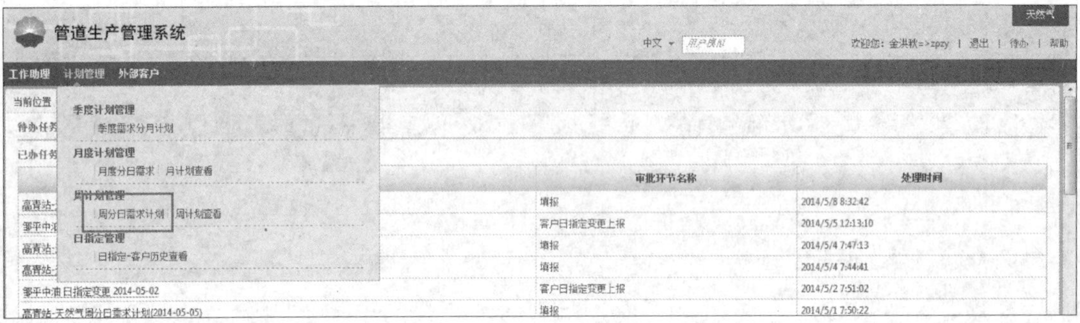

图8-2-4 周分日需求计划菜单

进入菜单后，填写未来一周用气量，报所属销售公司及调度部门审批（图8-2-5）。

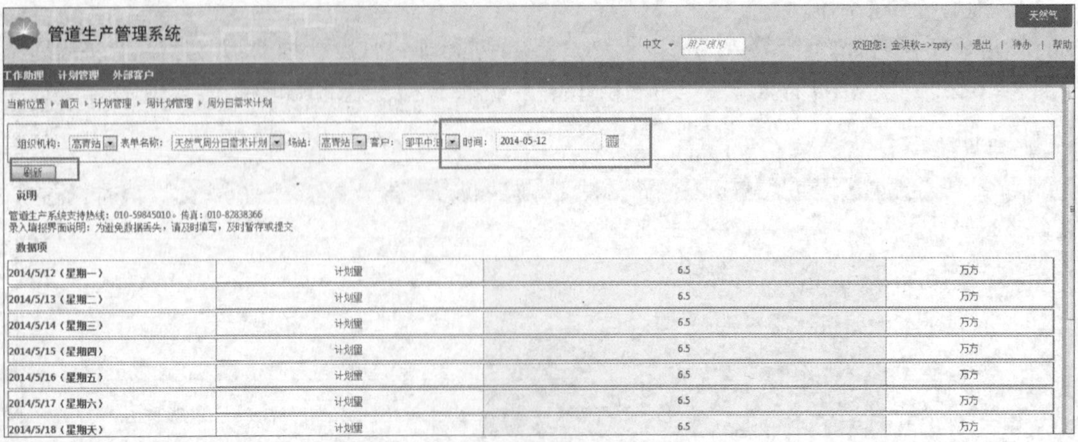

图8-2-5 周分日需求计划填报界面

2）销售公司审批流程

管道公司销售处登录系统，点击"天然气—计划管理—周计划管理—周计划编制"，如图8-2-6所示。选择日期后，点击刷新按钮，编辑数据，送北调审批。

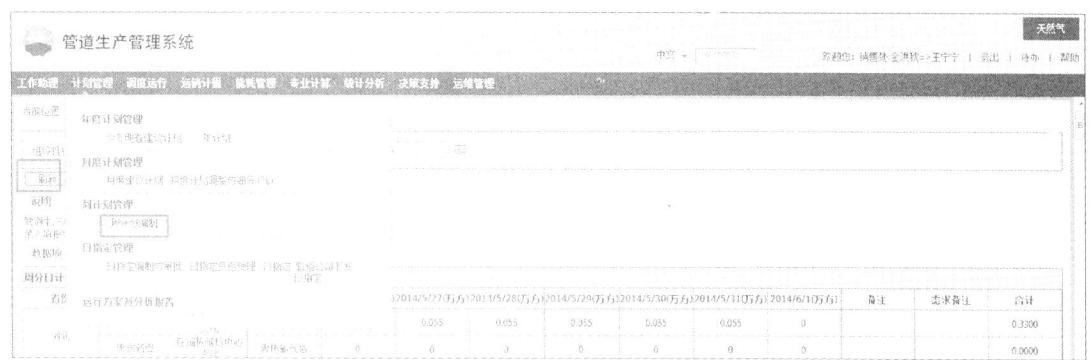

图8-2-6　销售公司周计划编制界面

3）周计划查看

周计划经过管道公司销售处及北京油气调控中心审批后，客户可点击"天然气—计划管理—周计划管理—周分日需求计划"，如图8-2-7所示。

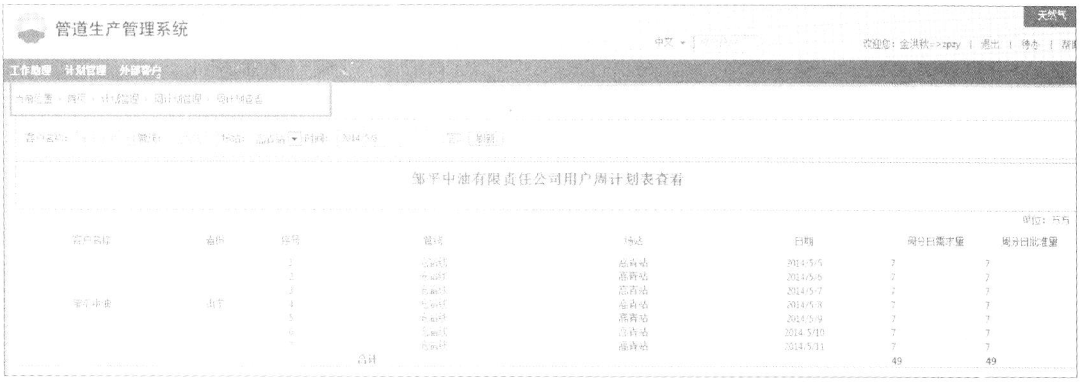

图8-2-7　天然气客户周计划查看界面

3. 日指定功能

1）功能描述

日指定功能是实现天然气用户与运销部门、调度部门协调工作以满足用户需气量的过程的模块。过程包括次日用气量填报、日指定编制、日指定审批、日指定发布、日指定查看和日指定变更。这6个功能协调运行，实现复杂的日指定上报审批下发流程，大大提高业务效率。

日指定功能中涉及4个量：次日用气量、日指定量、批准量、批准变更量。在下面的介绍中会谈到这几个量的关系。

2）日指定工作流

日指定工作流一共包括两个流程，一是日指定编制流程，二是日指定变更流程。大致过程如图8-2-8所示。日指定工作流程为客户上报次日用气量—销售编制日指定计划—调控中心审批日指定—场站执行。

日指定变更由客户发起,销售部门首先受理日指定变更申请,然后上报调控中心审批,调控中心审批发布后由场站执行。

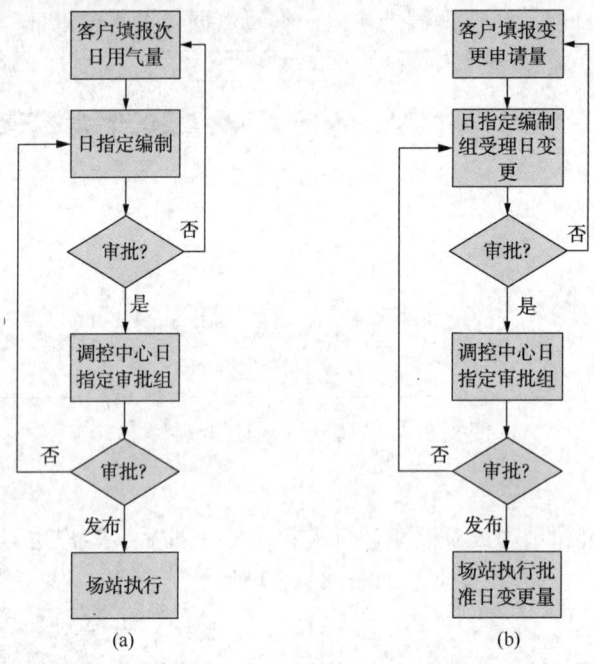

图 8-2-8 日指定编制工作流(a)和日指定变更工作流(b)

3) 次日用气量填报

日指定工作流程的开始源于天然气用户的次日用气量填报(图 8-2-9)。在每天 10:00 之前,天然气客户打开 PPS 系统,点击次日用气量填报,在这里填写次日所需天然气量。如有备注,可以写在备注中。填完后点击提交,用户就完成了次日用气量的填报工作。

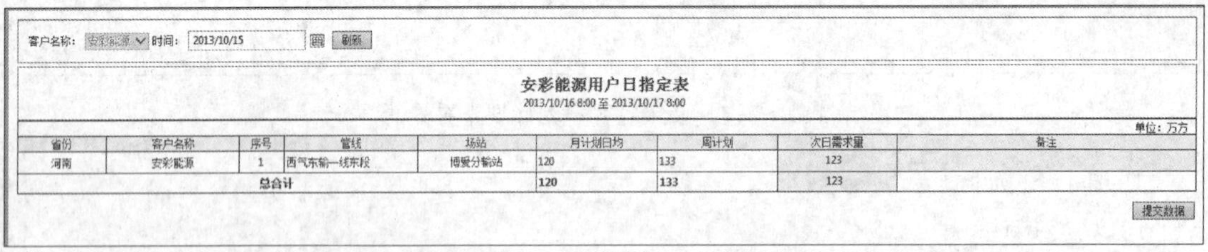

图 8-2-9 次日用气量填报界面

4) 日指定编制

当用户填报完次日用气量后,天然气销售部门的人员登录 PPS 系统,在计划统计—日指定编制界面(图 8-2-10),选择客户所属分公司,然后选择时间,点击刷新后就能看到该分公司的客户日指定编制界面,用户填报的次日用气量在这里叫做指定量。一般地,销售部门人员会在 10:00 到 14:00 这段时间进行日指定编制,也就是编制批准量。系统会将用日指定量作为批准量的默认值,销售部门人员可以根据日指定量编制批准量。

日指定编制完成后,在界面的下方选择提交给审核人,也就是北京油气调控中心日指定审批组。点击提交,完成日指定编制。

图 8-2-10　日指定编制界面

提交完成后在工作流对话框中会出现此次日指定编制的工作流。

(1) 日指定审核。当销售部门编制好日指定计划后,将此计划提交到调控中心的日指定审批组,该组的人员都会接到此通知,当他们登录 PPS 系统后在个人工作提示中就会看到这个工作流(图 8-2-11)。

图 8-2-11　日指定审批—待办工作界面

该工作组中任何一个人点击此工作后都会进入日指定审批界面(图 8-2-12)。

图 8-2-12　日指定审批—查看界面

如果日指定计划通过审批,那么调控中心的人会在下面的工作流中选择发布,这次日指定就生效了(图 8-2-13)。

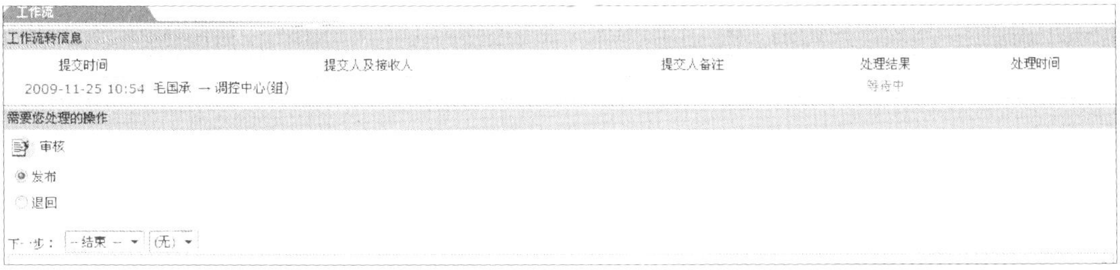

图 8-2-13　日制定审批—发布界面

选择发布，点击提交。一般地，调控中心会在14:00之后进行日指定审批工作(图8-2-14)。

图 8-2-14 日制定审批—完成界面

(2) 日指定查看。日指定发布后，生产部门、销售部门、场站、客户都会看到日指定。场站接到日指定后会按照批准量向相应天然气用户输气。

这里以场站为例做说明，南部站人员登录系统后，在计划管理—日指定管理—场站日指定查看，选择相应日期即可查看本站客户的日指定(图8-2-15)。

图 8-2-15 日制定查看界面

场站人员就可以按照此批准量对该客户进行输气作业。

(3) 日指定变更。当日指定下发后，用户可以查看到自己的批准量。可是某些情况下(例如突然降温)导致计划需气量突然变化，或者批准量不能满足需气量，那么用户就可以进行日指定变更申请(图8-2-16)。用户登录PPS系统，点击外部客户—日指定管理—日指定变更申请，选择日期后可查看到批准量。

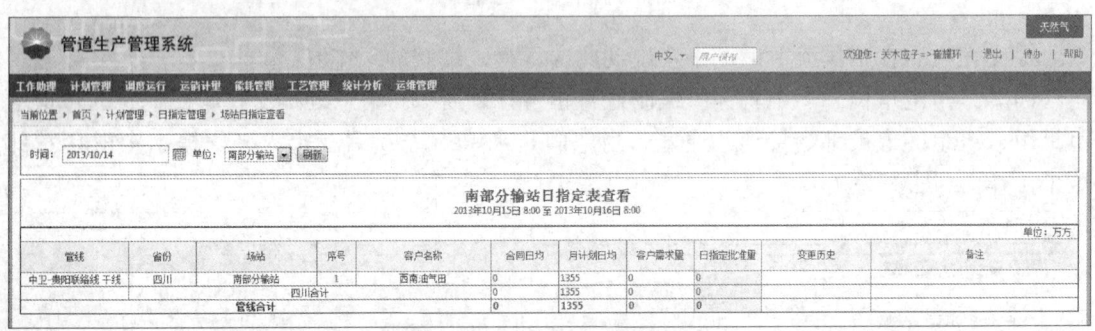

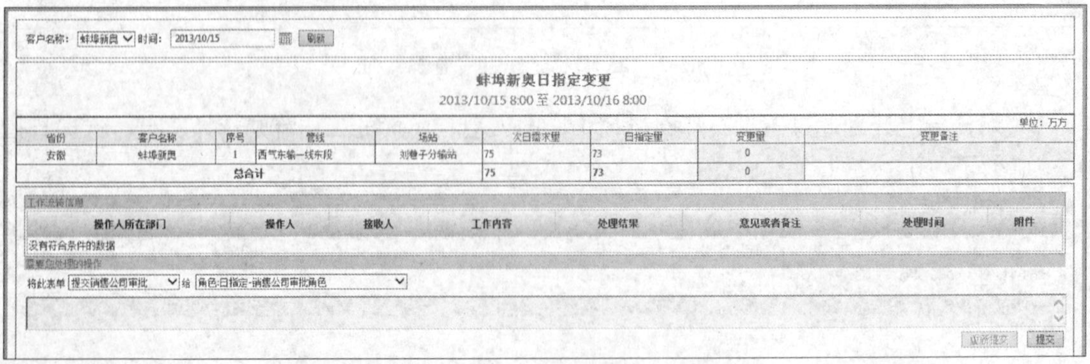

图 8-2-16 日指定变更申请界面

在这里填写要申请变更的数据和备注然后提交。

用户日指定变更申请提交后，在销售部门相关人员处会获取到变更申请。

4. 天然气外部客户计量交接凭证查看

1) 功能描述

管道生产管理系统对外部天然气客户开放计量交接凭证查看功能，外部天然气客户登录系统后可以按照时间查询与场站每日交接凭证。该来源场站计量交接凭证填报，是结算唯一数据源。

2) 系统操作

菜单工具栏→运销计量→客户计量交接凭证查看→查询(图 8-2-17)。

图 8-2-17　计量交接凭证查看界面

5. 客户气质分析报告查看

管道生产管理系统对外部天然气客户开放气质分析报告查看功能，外部天然气客户登录系统后可以按照时间查询场站每日气质分析报告(图 8-2-18)。

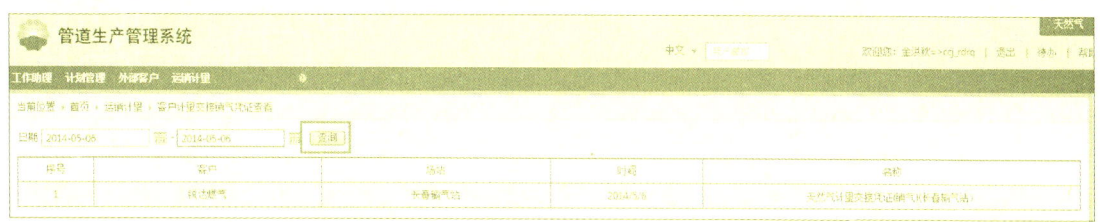

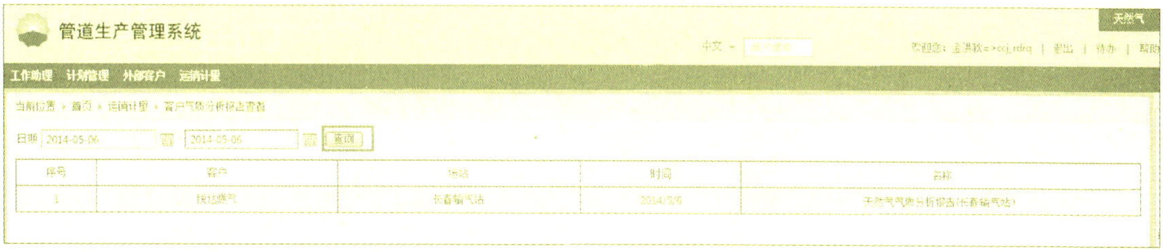

图 8-2-18　气质分析报告查看界面

6. 计量交接凭证

1) 计量交接凭证提交

用场站的账号进入 PPS 系统，点击"运销计量—计量交接凭证"—"天然气计量交接凭证"，就使用计量交接凭证功能，可以填写每天的计量交接凭证，如图 8-2-19 所示为长春输气站的填报界面，界面中的数据包括计量日期、流量计号、供气压力、日供气量、日供气量(大写)和放空等。

需要注意的是，由于涉及向 EPR 系统传数和结算，用户填报计量交接凭证有一定的要求，可以多次暂存数据，但只能提交一次，提交完毕后不能重新填写，且需要在每天早上 8:25 以前完成提交。如果万一当日的气量填错，则需将差额补充到次日的计量交接凭证中，并将说明写在备注中。

如果有多个客户也可以上侧的下拉框中选择，如图 8-2-20 所示，也可以选择日期，点击"刷新"按钮，查看历史的计量交接凭证记录。

2) 计量交接凭证进展

用分公司的账号进入 PPS 系统，点击"工作助理—填报进展"—"天然气计量交接凭证

(销气)"，就可以查看分公司下的场站填报计量交接凭证的情况。如图 8-2-21 所示为中石油吉林天然气管道有限公司的凭证填报进展界面，可以从图中看到最近一周来分公司下所有场站中填报的计量交接凭证填报进展（包括一个站对应多个客户的）。通过选择对应的日期，然后刷新，可以调整查看的日期范围，也可以点击"上周"和"下周"进行日期的调整。

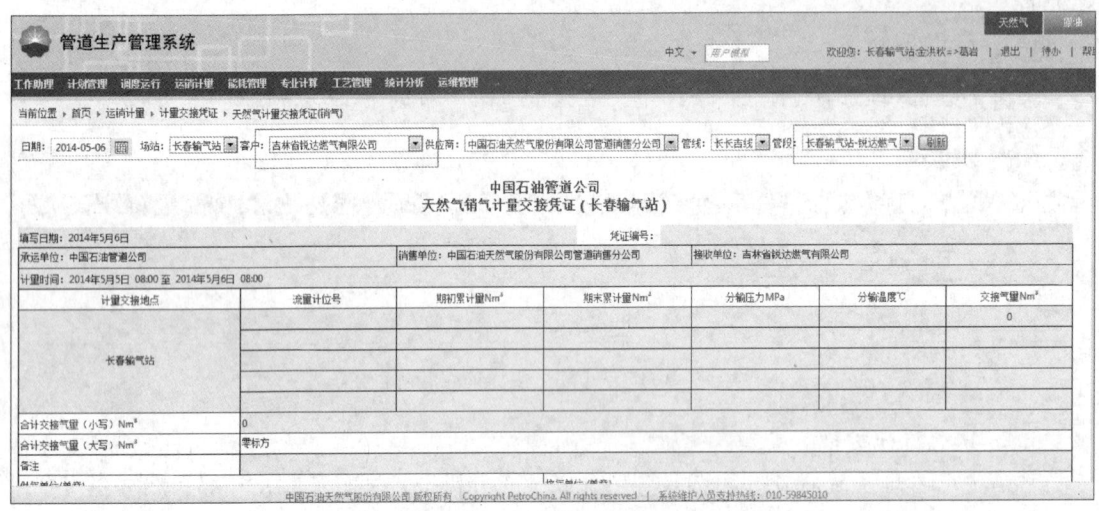

图 8-2-19　计量交接凭证填报界面

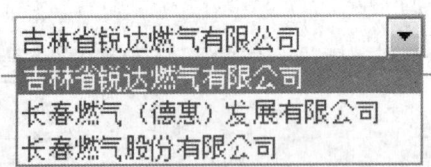

图 8-2-20　多客户选择

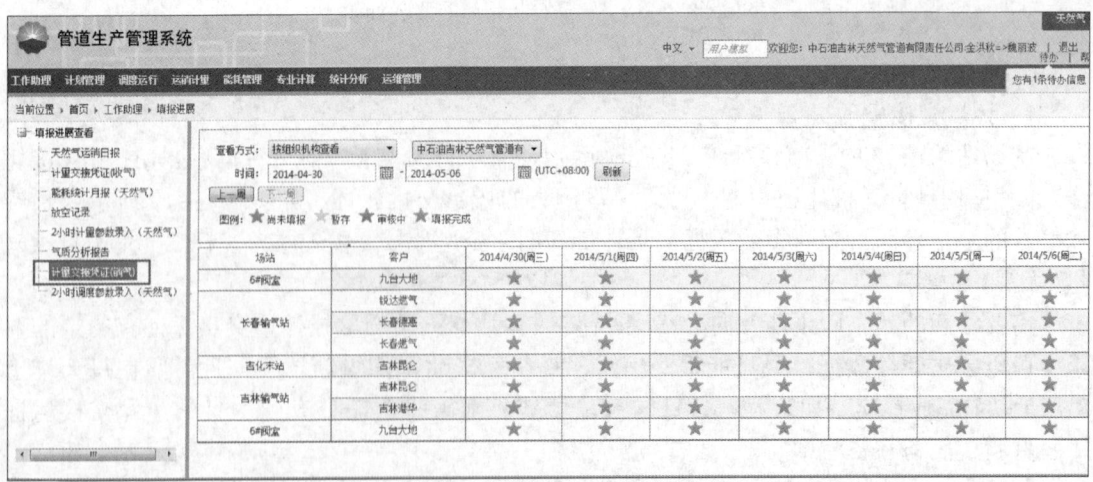

图 8-2-21　计量交接凭证进展界面

其中小绿星图片代表对应的场站在对应的日期已完成凭证的填报，小黄星图片代表数据暂存，小红星图片代表正在审核过程中，如图 8-2-22 所示。

图例: ★尚未填报　★暂存　★审核中　★填报完成

图 8-2-22　各种填报标志的意义

如果要查看已填好的凭证，直接点击小红旗，即可进入场站的计量交接凭证界面。

7. 气质分析报告

用场站的账号进入 PPS 系统，"运销计量—计量交接凭证"—"气质分析报告录入"，即可进入气质分析报告填报。如图所示为南部站的气质分析报告填报界面，从中可以看出场站每日填报的气质分析参数有：CH_4、C_2H_6、C_3H_8、$i-C_4H_{10}$、$n-C_4H_{10}$、$i-C_5H_{12}$、C_{6+}、N_2、CO_2、H_2S 和硫含量以及水露点、Rhon、高位发热量等。填写完毕后点击"保存"按钮可以实现暂存，以后数据如有修改还可以改动。

图 8-2-23　气质分析报告填报界面

8. 天然气运销日报

1) 场站运销日报

用德州末站填报人进入 PPS 系统，点击"运销计量—天然气运销日报"，如图 8-2-24 所示，看到如下填报界面，其中包括场站运行参数、自耗和生产动态等。此参数每日填报一次，选择上侧的日期，点击"刷新"按钮，即可填写或查看。如果需要修改数据需要点击重新提交按钮，重新提交需要上级审批。

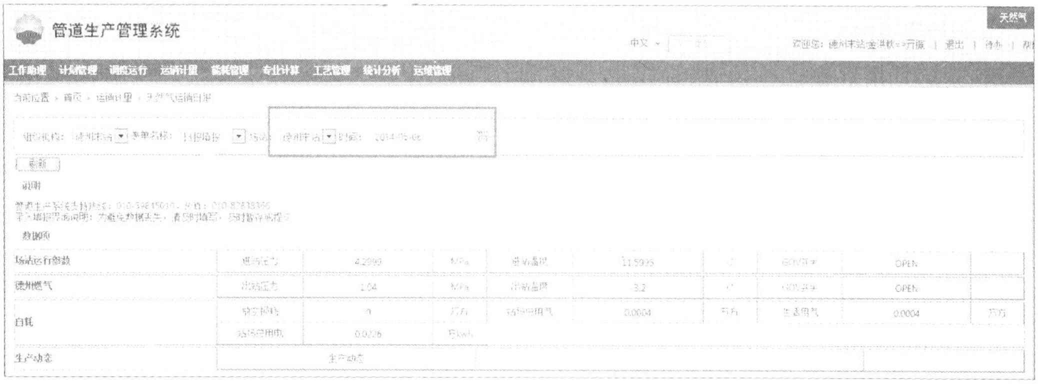

图 8-2-24　场站运销日报填报界面

2) 分公司运销日报

用中原输气公司填报人进入 PPS 系统,点击"运销计量—天然气运销日报",如图 8-2-25 所示。如果需要修改数据需要点击重新提交按钮,重新提交需要上级审批。

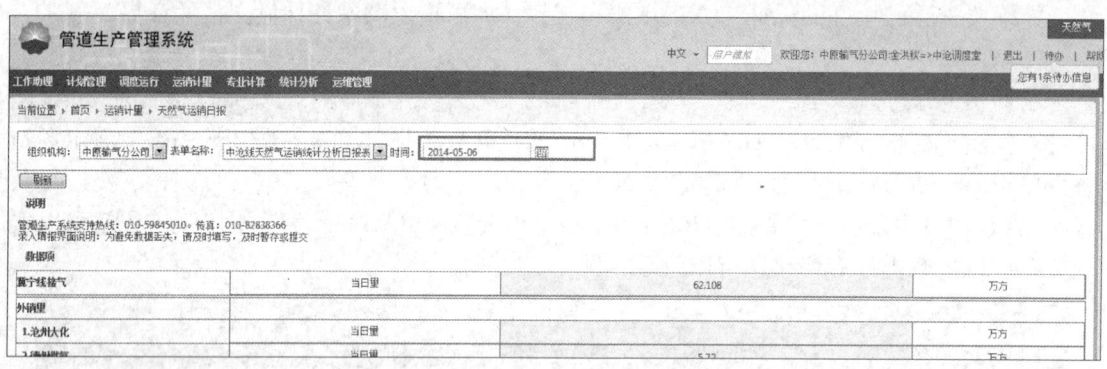

图 8-2-25 分公司运销日报界面

3) 日报填报进展

用中原输气公司填报人进入 PPS 系统,点击"工作助理—填报进展",如图 8-2-26 所示。

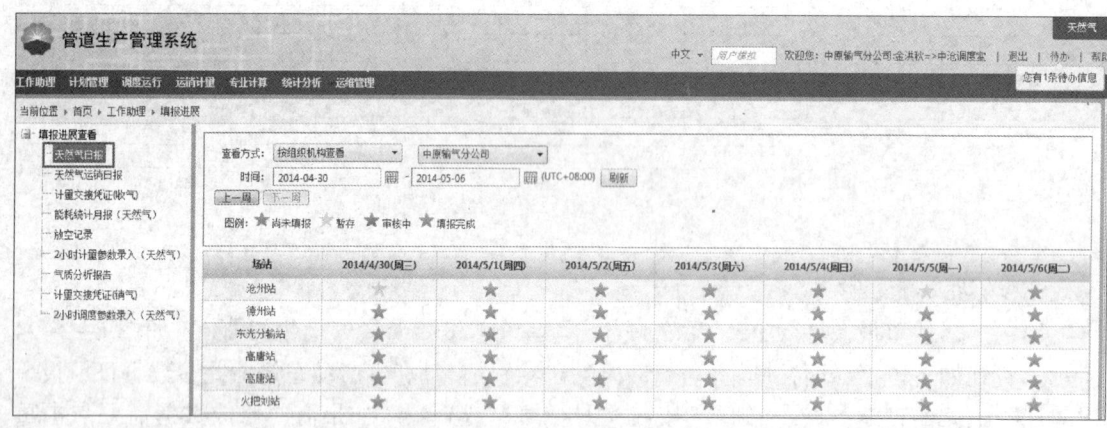

图 8-2-26 日报填报进展界面

9. 天然气运销月报

1) 运销月报提交

用中原输气公司填报人进入 PPS 系统,点击"运销计量—天然气运销月报",如图 8-2-27 所示。进入选择填报月份,并点击刷新按钮,填报的同时点击暂存按钮;填报完成点击提交按钮,需要提交到审核人审批,提交时可以提交到一个组或一个具体人,如果是一个组的话,该组下所有人都有审批权限;如果是提交到具体的一个人的话,只能由该人审批。审批工作在待办工作中处理(图 8-2-28)。

2) 运销月报进展

用管道公司填报人进入 PPS 系统,点击"工作助理—填报进展",如图 8-2-29 所示。

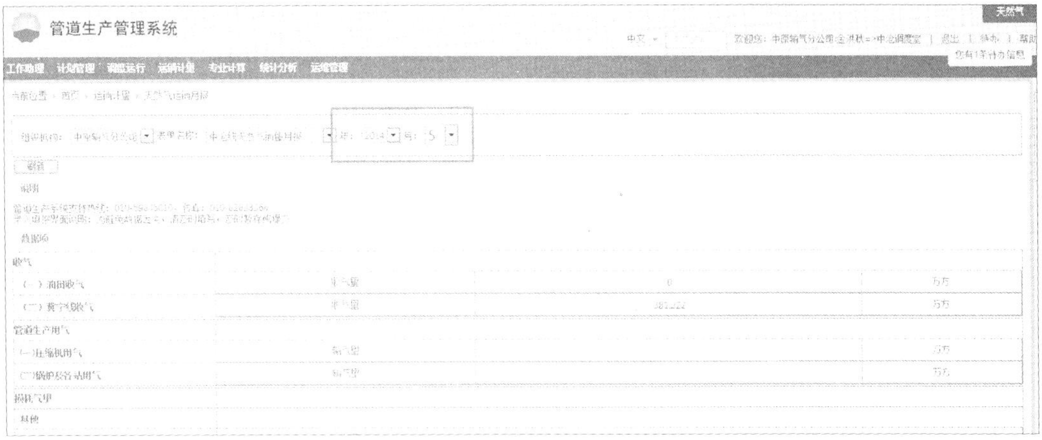

图 8-2-27　运销月报填报界面

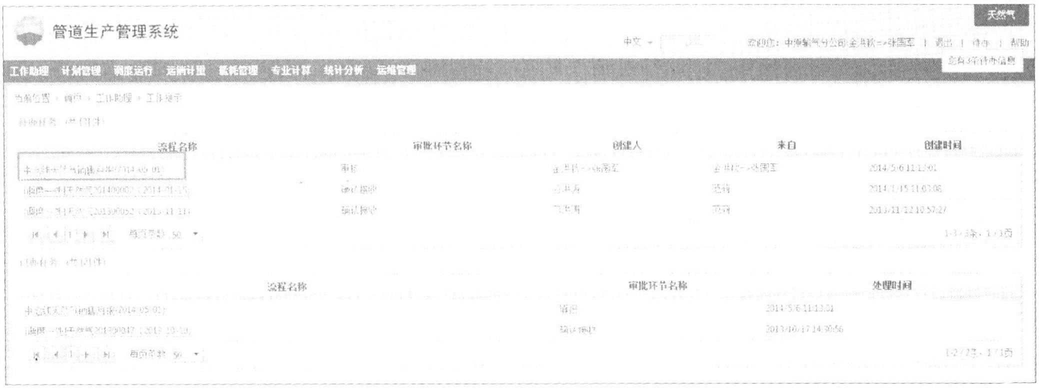

图 8-2-28　运销月报审批界面

图 8-2-29　运销月报填报进展界面

10. ERP 接口管理

用管道公司账号进入 PPS 系统，点击"运销计量—ERP 接口管理"，如图 8-2-30 所示。类型包括：天然气销售接口、天然气自用气接口、天然气损耗接口、天然气放空量接口、天然气管输接口、LNG 串供销售接口。核对产生的数据，如果没有问题提交，出现问题联系项目组。

图 8-2-30　天然气 ERP 接口管理界面

11. 统计分析

点击统计分析—固定报表栏，在这里可以找到各种报表。可以按照组织机构查询拥有的报表(图 8-2-31)。可以查看报表的前提条件是拥有某张报表的查看权限。报表打开后，可以打印及下载。 代表下载， 代表打印。

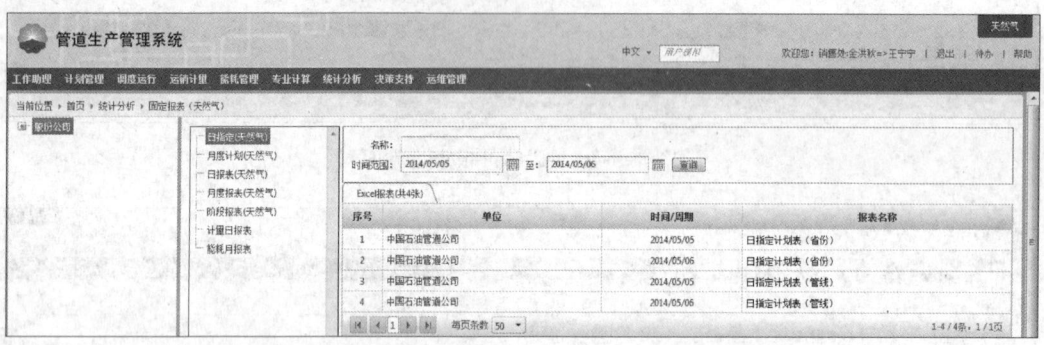

图 8-2-31　天然气固定报表查看界面

二、原油业务

1. 原油月度计划调整与细分

1) 功能描述

用管道公司原油填报人进入 PPS 系统，点击"原油—月度计划管理—原油月度计划调整与细分"，如图 8-2-32 所示，选择填报月份，点击提交，在编辑时要点暂存按钮，防止数据丢失，计划调整需要领导审批。

2) 提交审核

图 8-2-33 所示为原油月度调整计划提交界面。

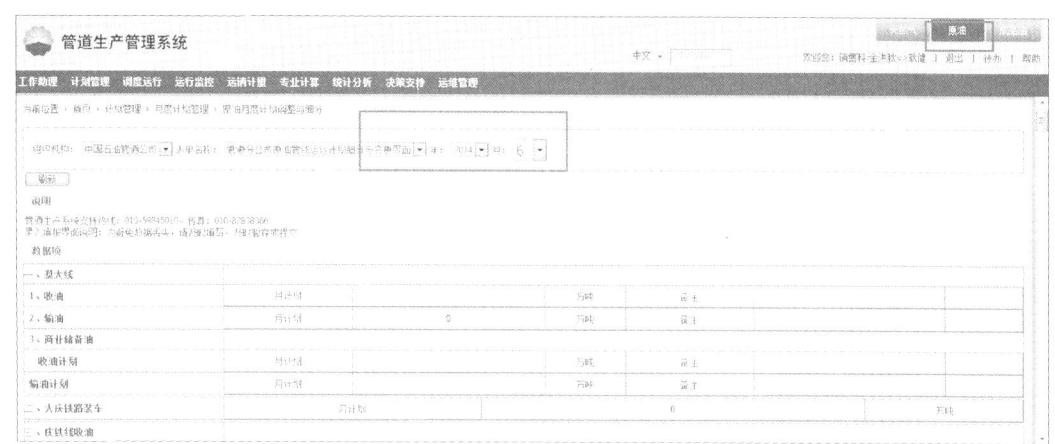

图 8-2-32　原油月度调整计划界面

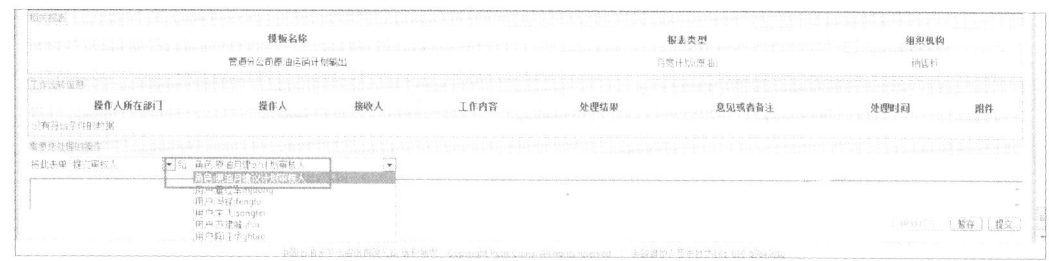

图 8-2-33　原油月度调整计划提交界面

3）审核人通过待办工作审批

图 8-2-34 所示为原油月度调整计划审核界面。

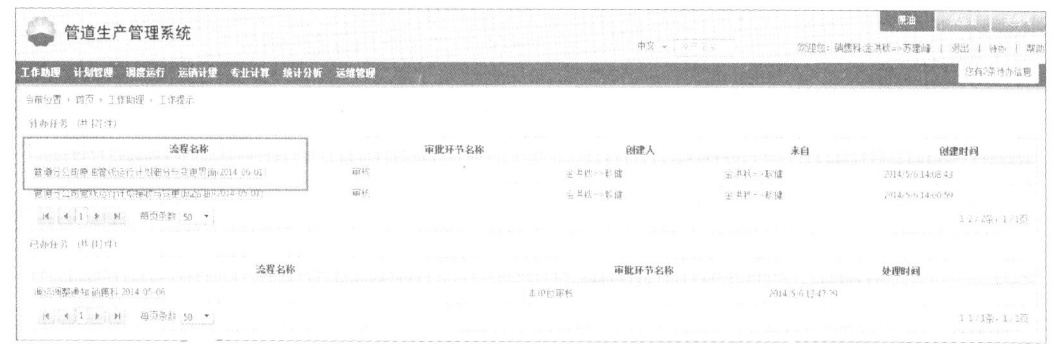

图 8-2-34　原油月度调整计划审核界面

2. 调运调整通知(原油)

1）功能描述

调运调整通知，是原油月计划下达后，还需要对客户的运量进行调整而发起的通知。一般发起单位为管道公司生产处，接收单位为各二级单位运销及场站运销人员。

2）用户操作

用管道公司原油填报人进入 PPS 系统，点击"原油—计划管理—调运调整通知(原油)"，如图 8-2-35 所示，点击"添加"按钮，即可填写(图 8-2-36)。调运调整通知需要领导审核(图 8-2-37)，才能下发。接收人在待办工作中查看。

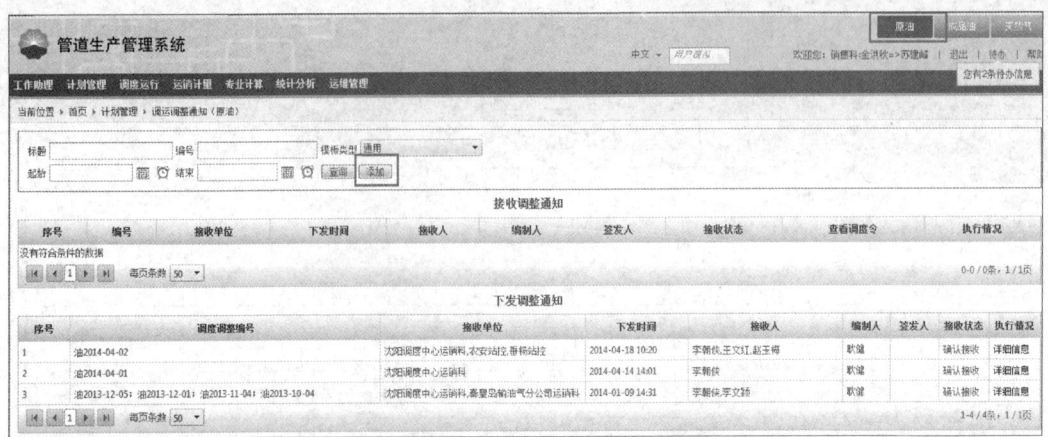

图 8-2-35 调运调整通知界面

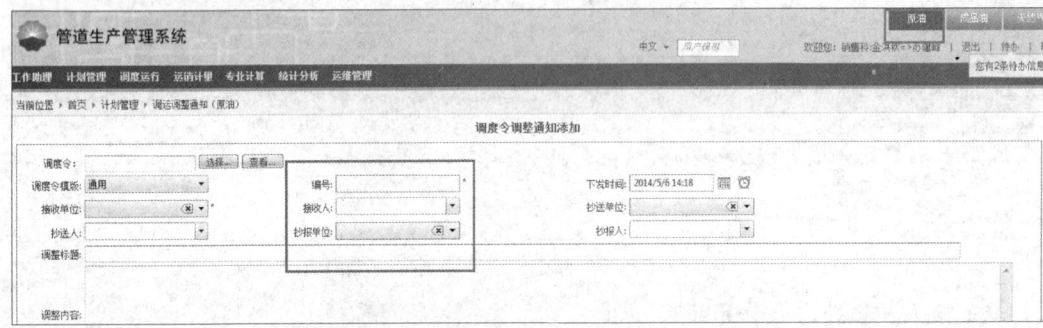

图 8-2-36 调运调整通知填报界面

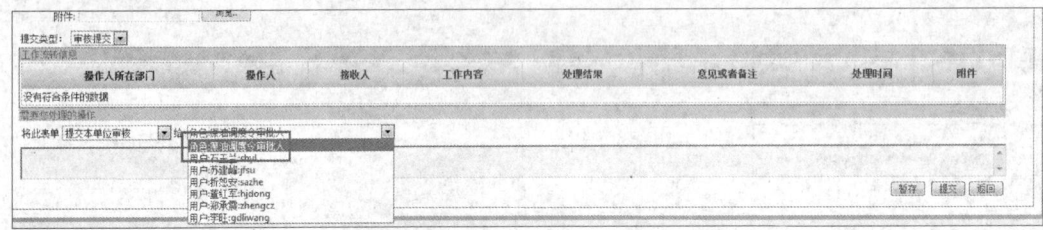

图 8-2-37 调运调整通知提交流程

审核人在待办工作中进行审批(图 8-2-38)。

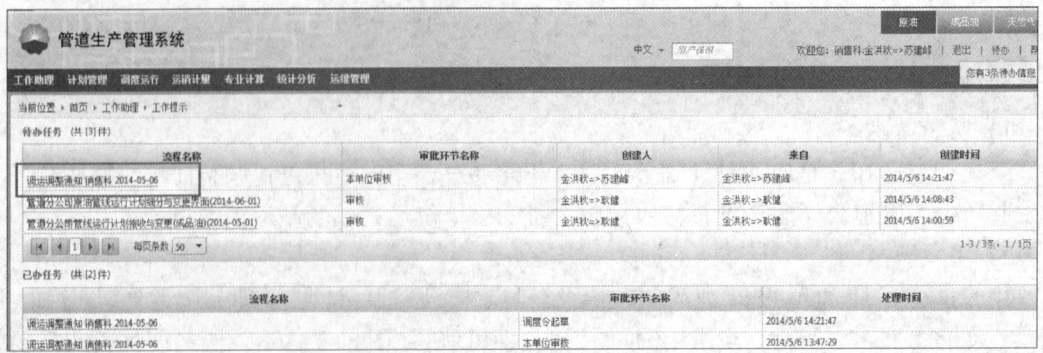

图 8-2-38 调运调整通知单审核界面

接收人在待办工作中查看(图 8-2-39)。

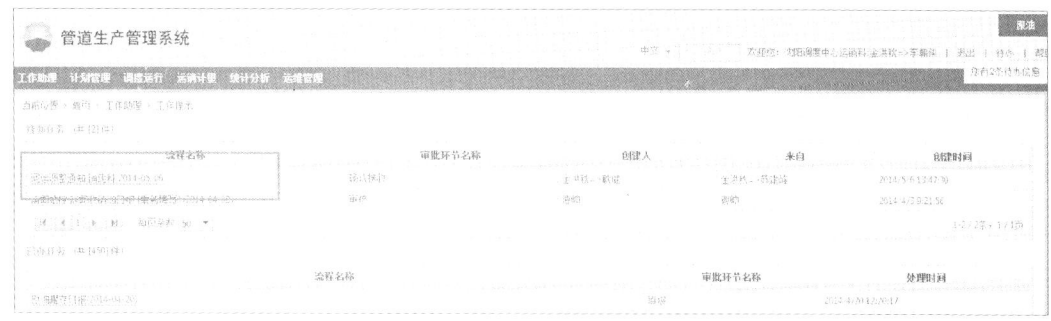

图 8-2-39　调运调整通知单接收界面

3. 两小时计量参数(原油)

1) 功能描述

两小时计量参数由场站运销人员填报,包括计量参数和化验参数,计量参数为凭证提供基础数据。

2) 用户操作

用管道公司成品油填报人进入 PPS 系统,点击"原油—运销计量—两小时计量参数(原油)",如图 8-2-40 所示,其中包括压力、温度、密度等参数,2 小时或 4 小时提交一次。用户在时间点处选择时间。

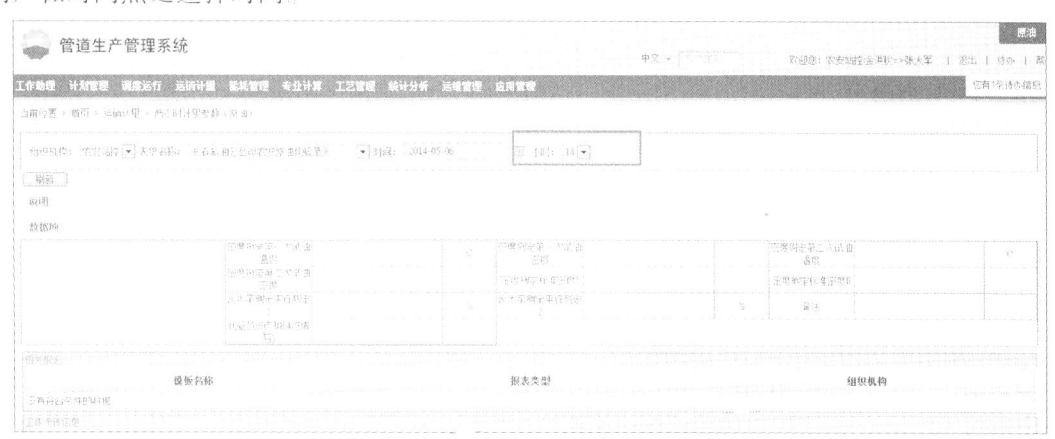

图 8-2-40　两小时计量参数(原油)填报界面

4. 计量交接凭证

1) 功能描述

原油凭证是场站和炼厂,或是油田和场站交接的凭证,包括密度、温度和体积等参数。凭证数据为日报、ERP 接口、月报提供基础数据源。种类包括:原油流量计计量交接凭证三班(收油)、原油金属罐计量交接凭证(销油)、原油金属罐计量交接凭证(收油)、铁路销油计量交接凭证(含装车明细)、铁路销油计量交接凭证、原油流量计计量交接凭证全天—东北(销油)、原油流量计计量交接凭证两班(销油)、原油流量计计量交接凭证三班—管道公司(销油)、原油流量计计量交接凭证全天—秦皇岛(销油)、原油金属罐计量交接凭证—新港(收油)、原油流量计计量交接凭证全天—新木(销油)、原油流量计计量交接凭证全天—新木(收油)、垂杨管输原油交接凭证。

2）用户操作

用管道公司成品油填报人进入 PPS 系统，点击"原油—运销计量—计量交接凭证"，如图 8-2-41 所示，选择上侧的日期，点击"刷新"按钮，即可填写或查看。如果需要修改数据需要点击重新提交按钮，重新提交需要上级审批。

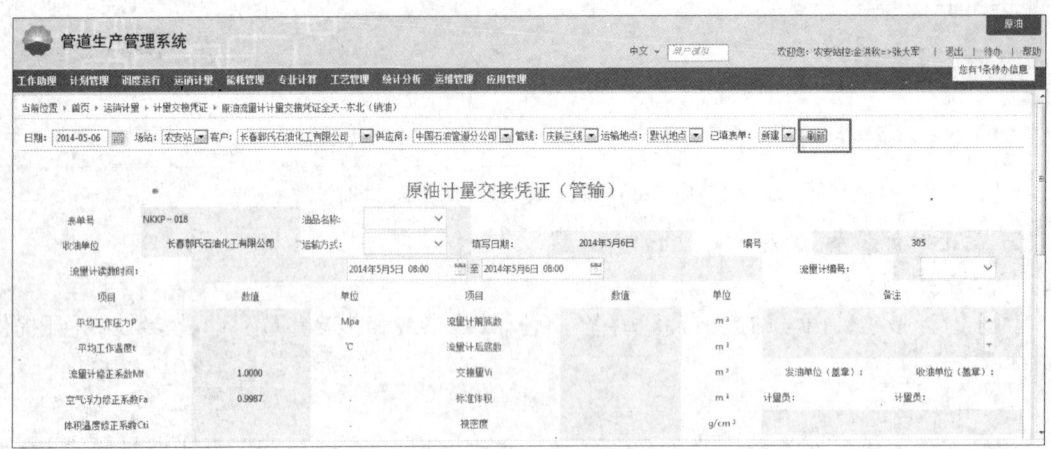

图 8-2-41　流量计计量交接凭证填报界面

审核人在待办工作中审批（图 8-2-42）。

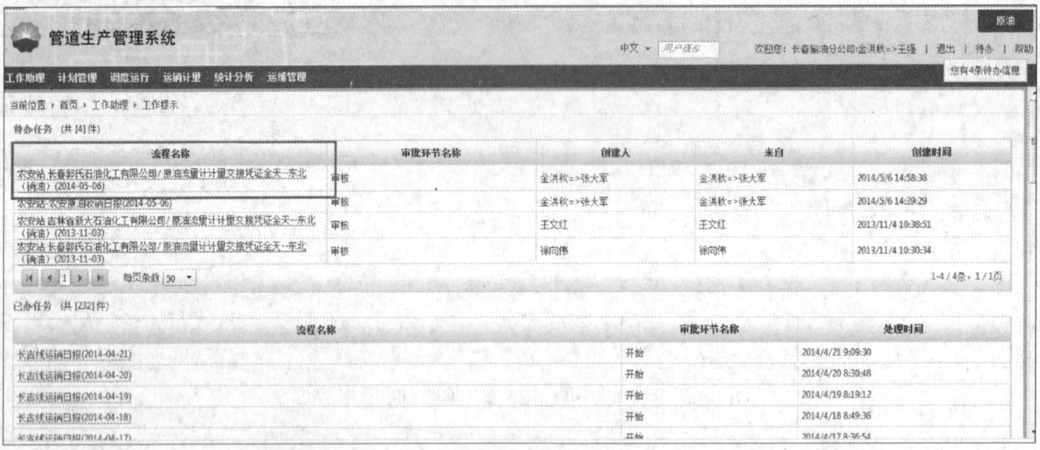

图 8-2-42　流量计计量交接凭证审核界面

5. 原油运销日报

用管道公司原油填报人进入 PPS 系统，点击"原油—运销计量—原油运销日报"，如图 8-2-43 所示，看到如下填报界面，其中包括收油、输油、销油等。日报每日填报一次，选择上侧的日期，点击"刷新"按钮，即可填写或查看。如果需要修改数据需要点击重新提交按钮，重新提交需要上级审批。

场站日报需要提交审核人进行审核，二级公司为直接提交（图 8-2-44）。

审核人需要登录系统在待办工作处审核日报（图 8-2-45）。

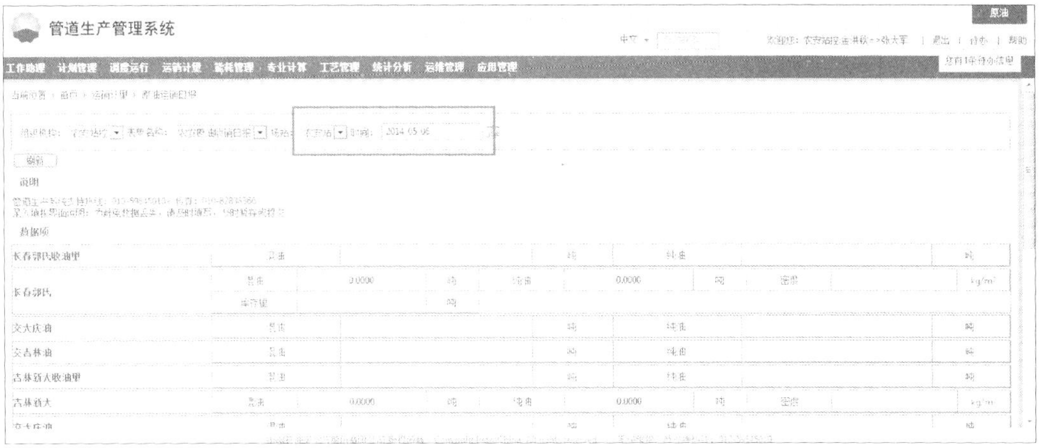

图 8-2-43 原油运销日报填报界面

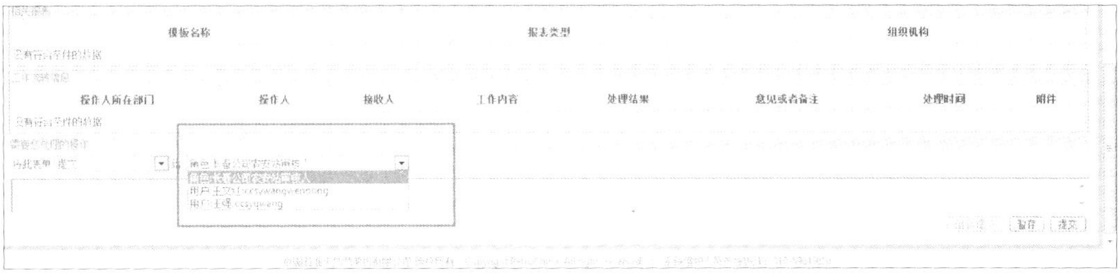

图 8-2-44 原油运销日报提交审批界面

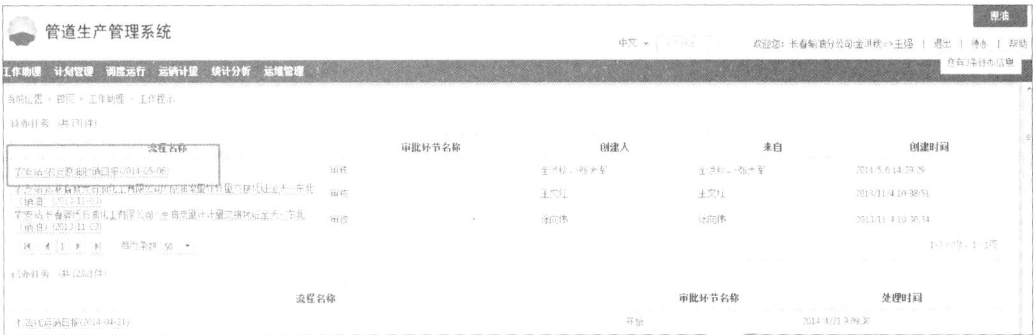

图 8-2-45 审核人审核界面

6. 原油运销月报

用管道公司原油填报人进入 PPS 系统，点击"原油—运销计量—原油运销月报"，如图 8-2-46 所示。进入选择填报月份，并点击刷新按钮，填报的同时点击暂存按钮，填报完成点击提交按钮，需要提交到审核人审批，提交时可以提交到一个组或一个具体人，如果是一个组的话，该组下所有人都有审批权限，如果是提交到具体的一个人的话，只能由该人审批，审批工作在待办工作中处理。

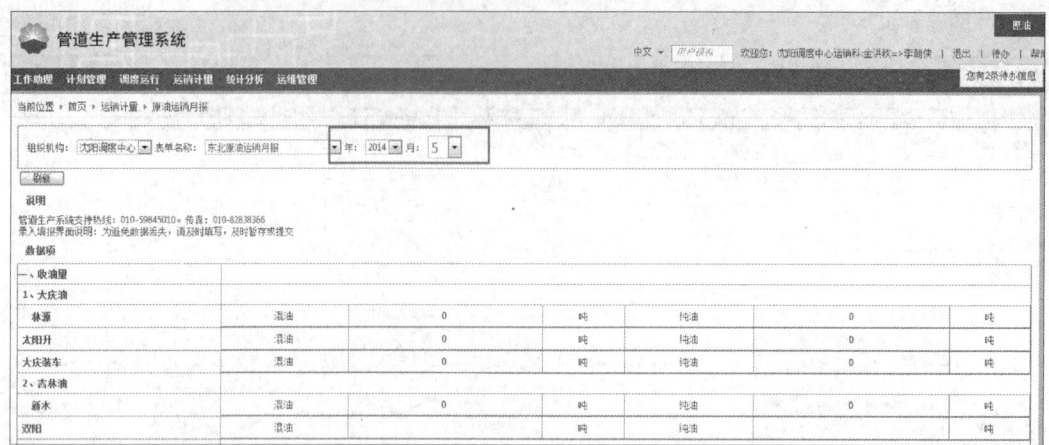

图 8-2-46　原油运销月报提交界面

图 8-2-47 为提交界面。

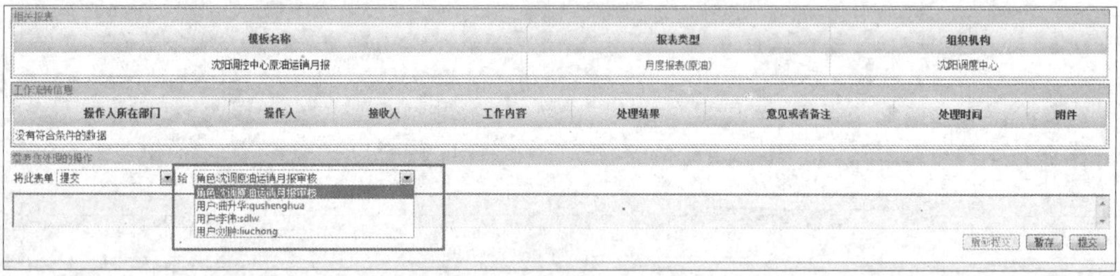

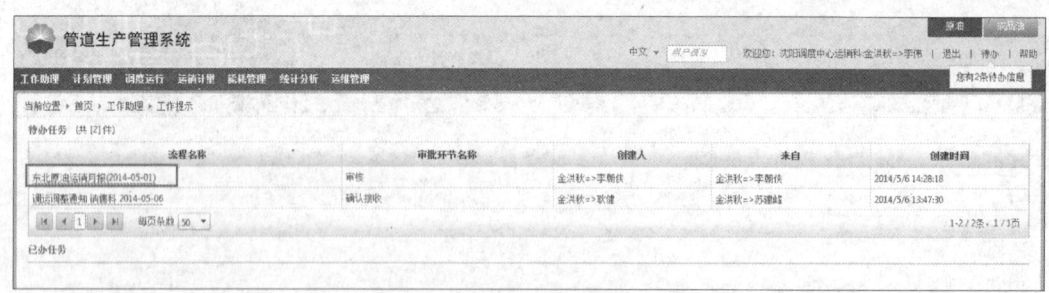

图 8-2-47　原油运销月报提交界面

审核人通过代办工作进入审批，可以通过或退回(图 8-2-48)。

图 8-2-48　原油运销月报审核人界面

7. ERP 接口管理

用管道公司账号进入 PPS 系统，点击"原油—运销计量—ERP 接口管理"，如图 8-2-49 所示。类型包括：采购 ERP 接口、销售 ERP 接口、销售自用 ERP 接口、销售放空 ERP 接口、销售损耗 ERP 接口。核对产生的数据，如果没有问题提交，出现问题联系项目组。

8. 统计分析

点击统计分析—固定报表栏，在这里可以找到各种报表。可以按照组织机构查询拥有的报表(图 8-2-50)。可以查看报表的前提条件是拥有某张报表的查看权限。报表打开后，可以打印及下载。 　代表下载， 　代表打印。

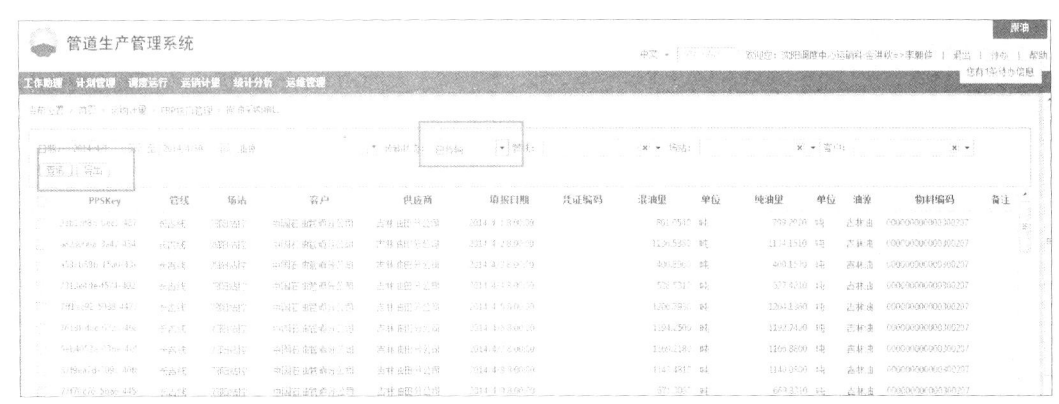

图 8-2-49　原油运销计划 ERP 接口界面

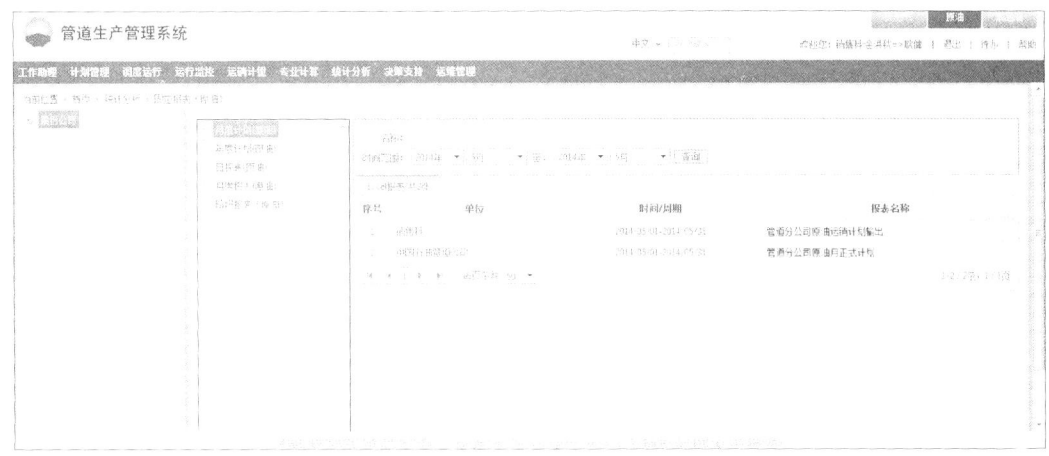

图 8-2-50　原油运销计划固定报表查看界面

三、成品油业务

1. 月度调整计划（成品油）

1）功能描述

成品油月度调整是管道公司在成品油月度正式计划基础上进行了的调整，细分各油品的输量，该数据只应用在管道公司成品油日报、月报及其他功能上。

2）用户操作

用管道公司成品油填报人进入 PPS 系统，点击"成品油—月度计划管理—月度调整计划（成品油）"，如图 8-2-51 所示，选择填报月份，点击提交，在编辑时要点暂存按钮，防止数据丢失，计划调整需要领导审批。

需要提交给领导审批，或者直接提交，由用户决定提交（图 8-2-52）。

审核人进入待办工作审批。

2. 调运调整通知（成品油）

1）功能描述

调运调整通知，是成品油月计划下达后，还需要对客户的运量进行调整而发起的通知。

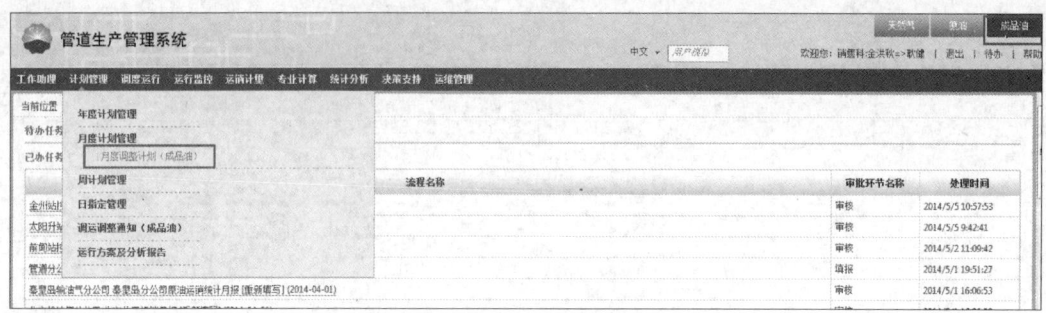

图 8-2-51　成品油月度调整计划界面

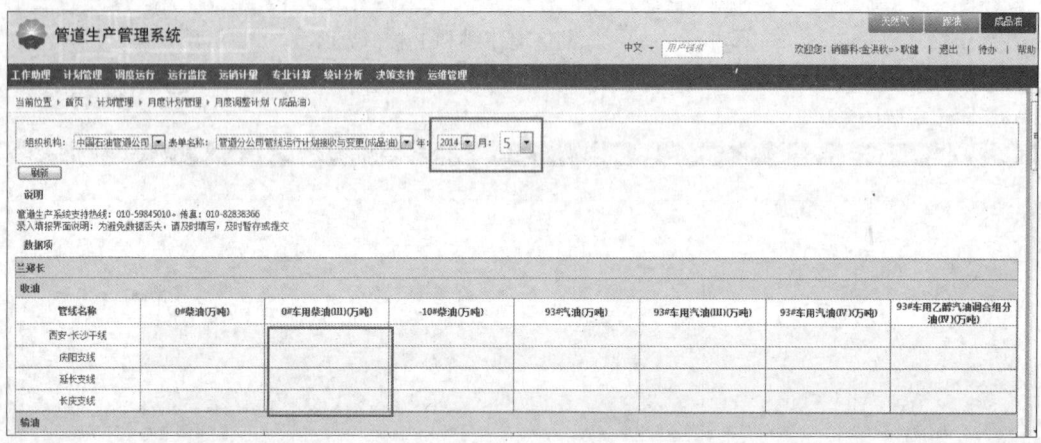

图 8-2-52　成品油月度调整计划填报界面

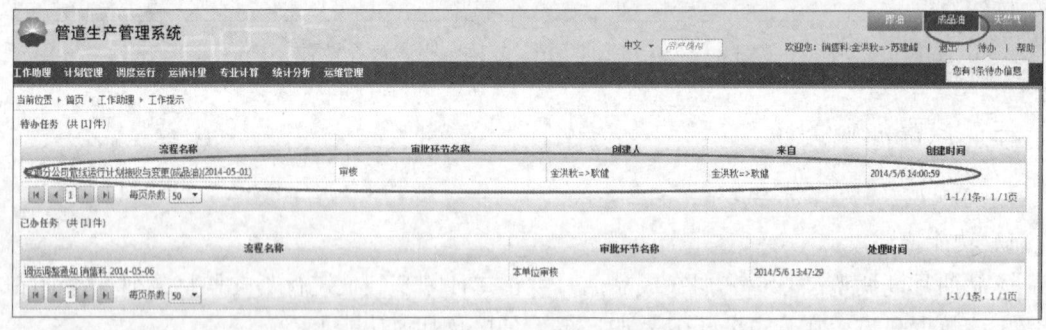

图 8-2-53　成品油月度调整计划审核界面

一般发起单位为管道公司生产处，接收单位为各二级单位运销及场站运销人员。

2）用户操作

用管道公司成品油填报人进入 PPS 系统，点击"成品油—计划管理—调运调整通知（成品油）"，如图 8-2-54 所示，点击"添加"按钮，即可填写。调运调整通知需要领导审核，才能下发。接收人在待办工作中查看（图 8-2-55）。

审核人在待办工作中进行审批（图 8-2-56）。

接收人在待办工作中查看（图 8-2-57）。

图 8-2-54　成品油调运调整通知界面

图 8-2-55　成品油调运调整通知填报界面

图 8-2-56　成品油调运调整通知单审核界面

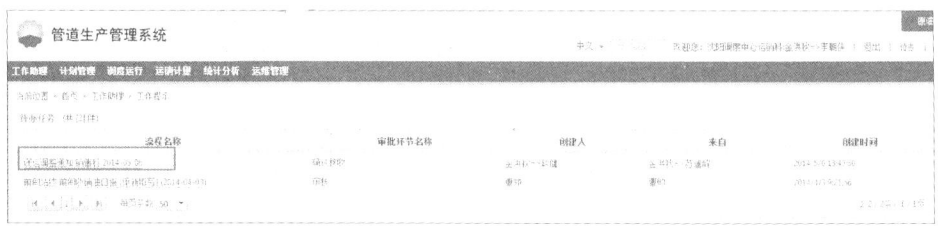

图 8-2-57　成品油调运调整通知单接收界面

3. 成品油运销日报

用管道公司成品油填报人进入 PPS 系统,点击"成品油—运销计量—成品油运销日报",如图 8-2-58 所示,看到如下填报界面,其中包括收油、输油、销油等。日报每日填报一次,选择上侧的日期,点击"刷新"按钮,即可填写或查看。如果需要修改数据需要点击重新提交按钮,重新提交需要上级审批。

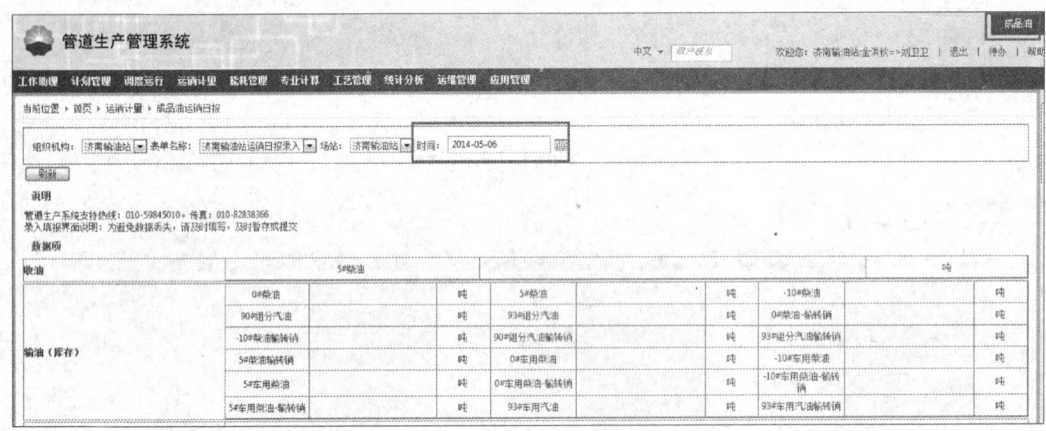

图 8-2-58 成品油运销日报填报界面

场站日报需要提交审核人进行审核(图 8-2-59),二级公司为直接提交。

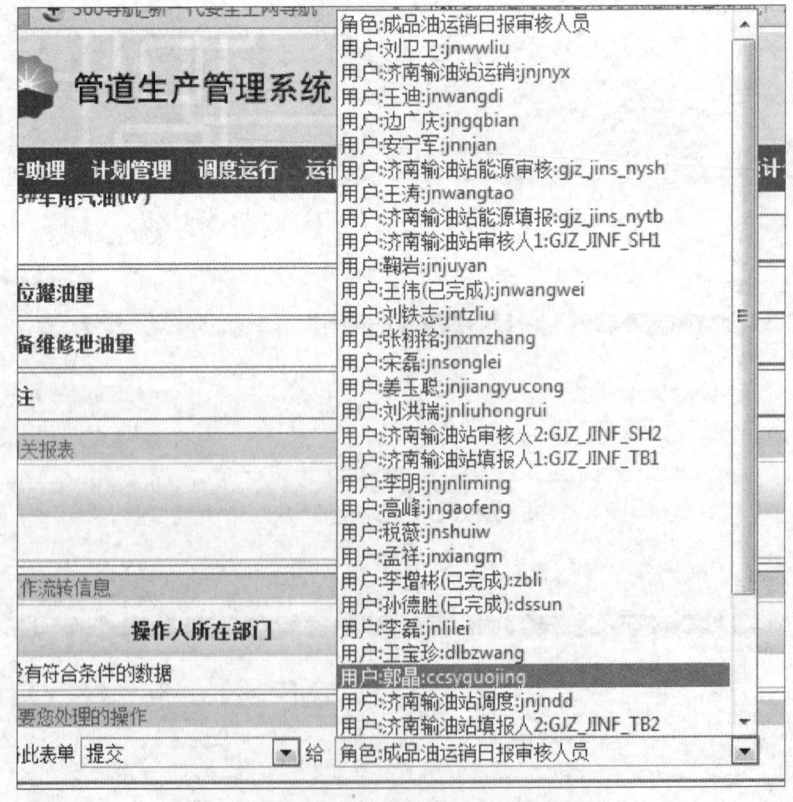

图 8-2-59 成品油运销日报提交审批界面

审核人需要登录系统在待办工作处审核日报(图8-2-60)。

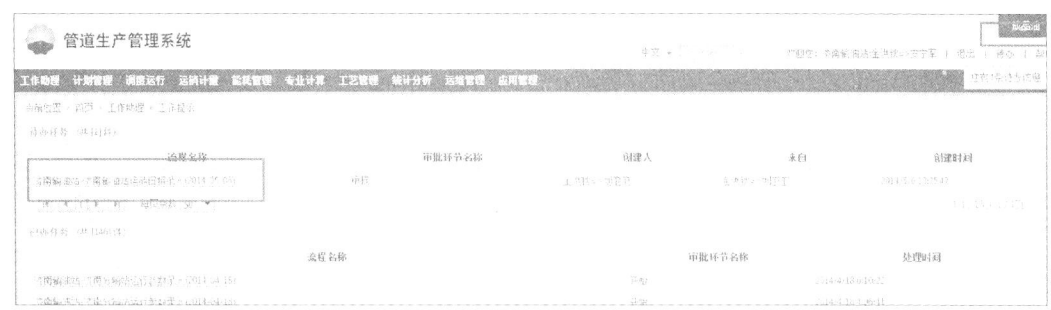

图 8-2-60 成品油运销日报审核人界面

4. 计量交接凭证

1) 功能描述

成品油凭证是场站和销售公司，或是炼厂和场站交接的凭证，包括批次、单位、高度、体积等参数。凭证数据为日报、ERP接口、月报提供基础数据源。种类包括：成品油金属罐计量交接凭证(销油)、成品油金属罐计量交接凭证(收油)、成品油混油计量交接凭证、成品油流量计计量交接凭证—管道公司(销油)、成品油流量计计量交接凭证—管道公司(收油)等。

2) 用户操作

用管道公司成品油填报人进入PPS系统，点击"成品油—运销计量—计量交接凭证"，如图8-2-61至图8-2-63所示，选择上侧的日期，点击"刷新"按钮，即可填写或查看。如果需要修改数据需要点击重新提交按钮，重新提交需要上级审批。

5. 成品油运销月报

用管道公司填报人进入PPS系统，点击"成品油—运销计量—成品油运销月报"，如图8-2-64所示。进入选择填报月份，并点击刷新按钮，填报的同时点击暂存按钮，填报完成点击提交按钮，需要提交到审核人审批，提交时可以提交到一个组或一个具体人，如果是一个组的话，该组下所有人都有审批权限，如果是提交到具体的一个人的话，只能由该人审批，审批工作在待办工作中处理。

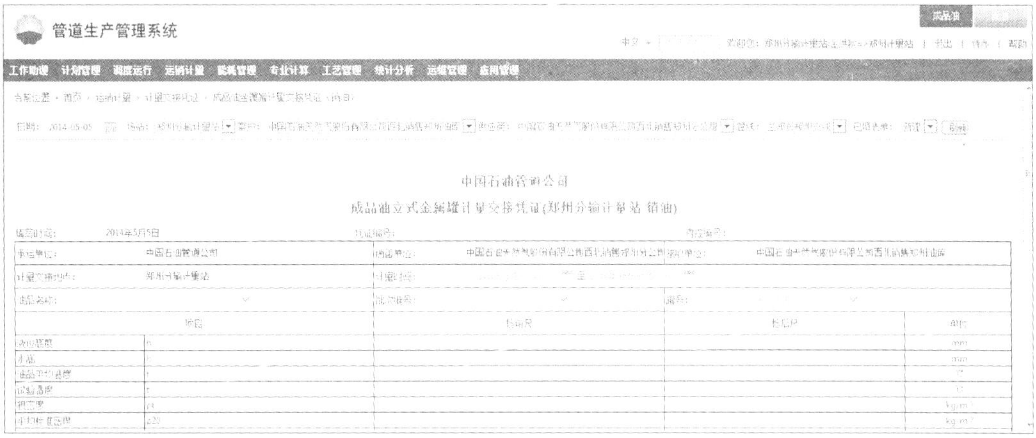

图 8-2-61 金属罐计量交接凭证填报界面

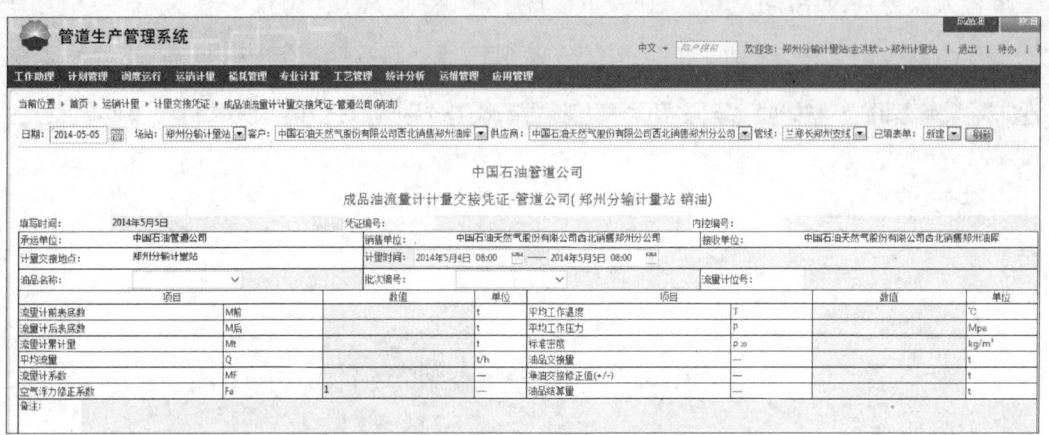

图 8-2-62　流量计计量交接凭证填报界面

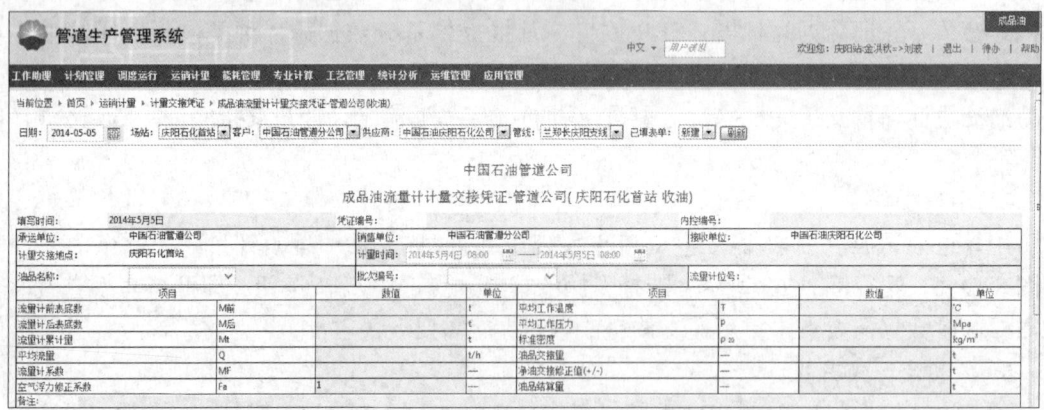

图 8-2-63　流量计计量交接凭证收油凭证界面

图 8-2-64　成品油运销月报提交界面

图 8-2-65 为提交界面。

审核人通过代办工作进入审批，可以通过或退回(图 8-2-66)。

图 8-2-65　成品油运销月报提交界面

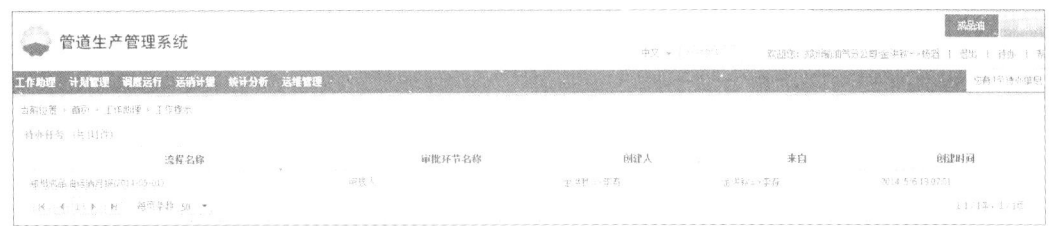

图 8-2-66　成品油运销月报审核人界面

6. ERP 接口管理

用管道公司账号进入 PPS 系统,点击"运销计量—ERP 接口管理",如图 8-2-67 所示。类型包括:天然气销售接口、天然气自用气接口、天然气损耗接口、天然气放空量接口、天然气管输接口、LNG 串供销售接口。核对产生的数据,如果没有问题提交,出现问题联系项目组。

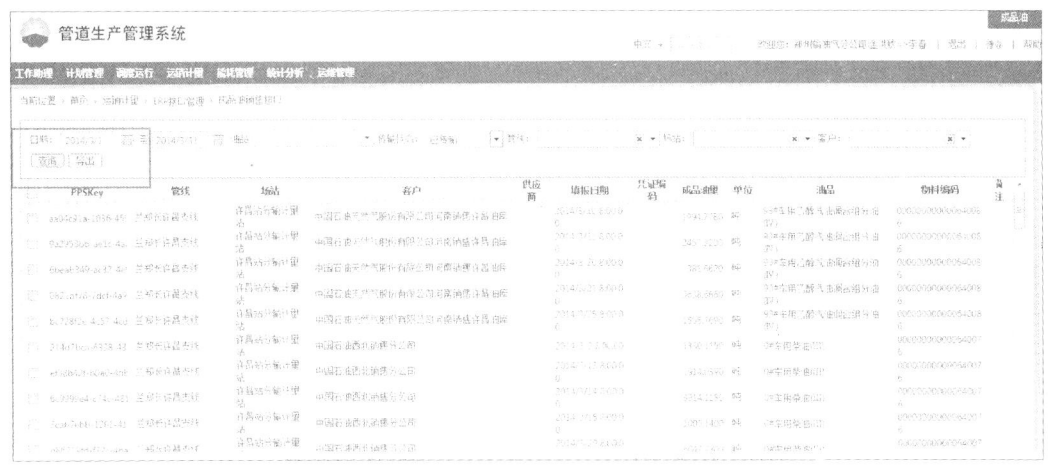

图 8-2-67　成品油 ERP 接口管理界面

7. 统计分析

点击统计分析—固定报表栏,在这里可以找到各种报表。可以按照组织机构查询拥有的报表图 8-2-68。可以查看报表的前提条件是拥有某张报表的查看权限。报表打开后,可以打印及下载。 代表下载, 代表打印。

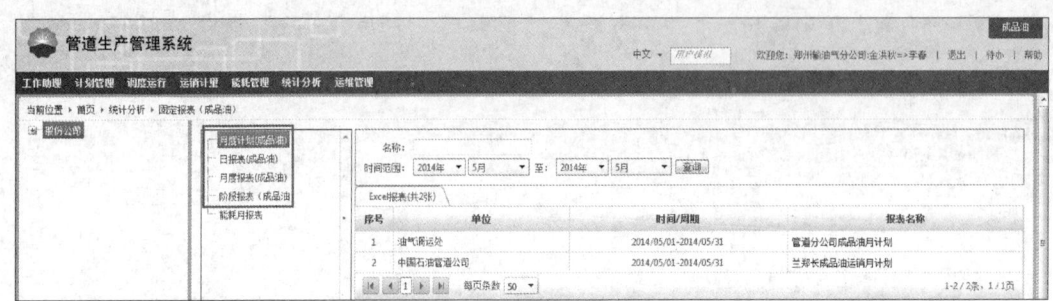

图 8-2-68　成品油固定报表查看界面

四、在线运维管理

按照管道生产管理系统运维管理办法要求，用户在提交工单时，根据类型需要在系统中实现。

1. 新增客户申请

1）功能描述

系统新增天然气、原油客户时，需要发起申请单。填报时需要将标注 * 号的必填项填报完整，否则将无法提交。

2）用户操作

在线运维—新增客户申请—添加客户信息—提交—审批（图 8-2-69 和图 8-2-70）。

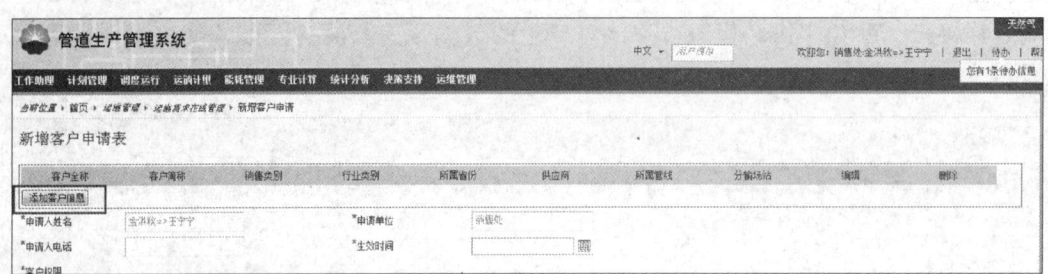

图 8-2-69　新增客户填报界面

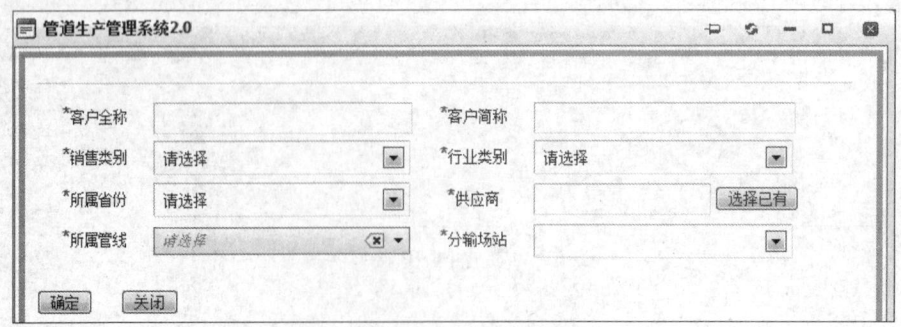

图 8-2-70　客户详细信息界面

2. 调整功能申请

用户对系统中现有功能调整，该功能影响较小，若需要填写该单，需要各级审批。点击"运维管理—调整功能申请"，如图 8-2-71 所示。

图 8-2-71　调整功能填报界面

3. 数据修改申请

系统用户需要修改系统中日报、月报和计划等数据时，需要填写该单，申请单是多级审批。点击"运维管理—数据修改申请"，如图 8-2-72 所示。

图 8-2-72　数据修改填报界面

4. 新增账号申请

系统用户需要新增账号时，需要填写该单，需要各级审批。点击"运维管理—新增账号申请"，如图 8-2-73 和图 8-2-74 所示。

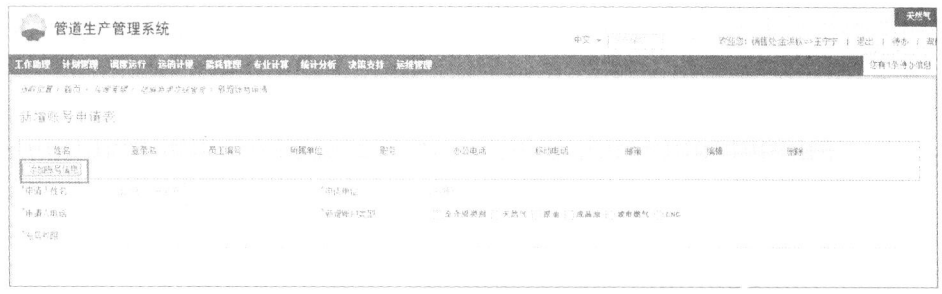

图 8-2-73　新增账号填报界面

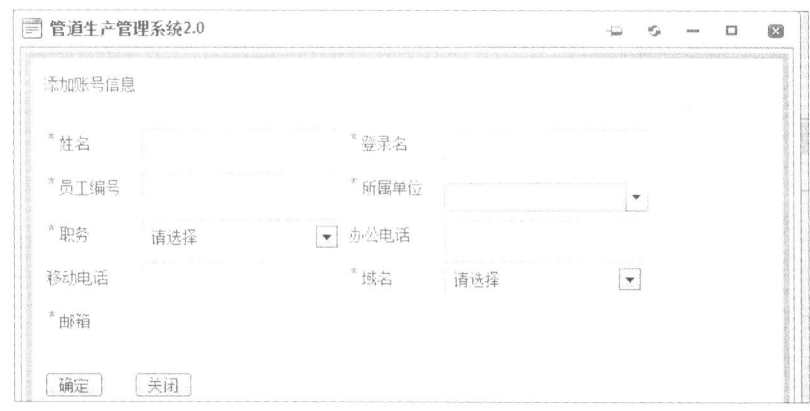

图 8-2-74　员工详细信息

5. 新增报表/修改申请

系统新增报表或修改报表时，需要提交该申请单，提交后需要各级审批。点击"运维管理—新增报表/报表申请"，如图8-2-75所示。

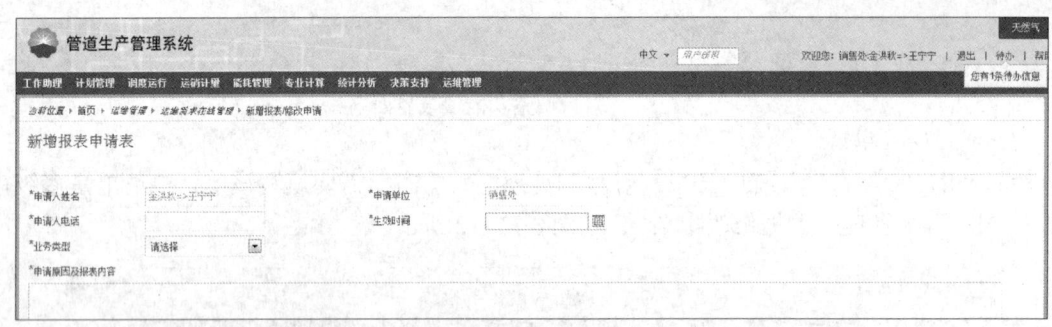

图 8-2-75　新增调整报表填报界面

6. 数据导出申请

用户需要从系统中导出数据时，需要填报该申请单。点击"运维管理—数据导出申请"，如图8-2-76所示。

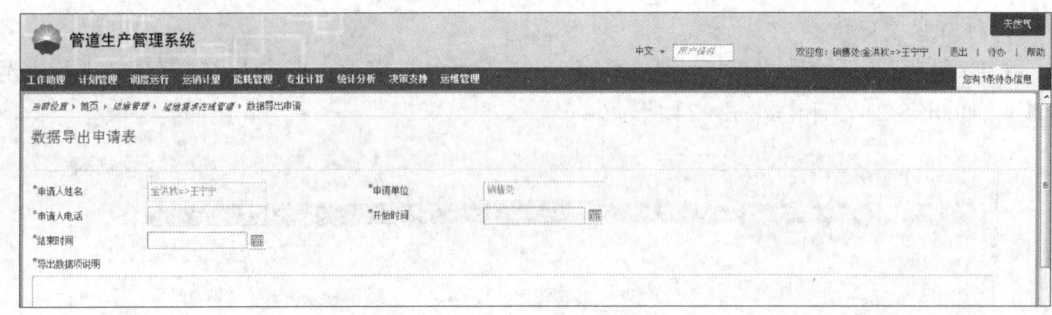

图 8-2-76　数据导出申请界面

7. 新增 SCADA 数据采集申请

系统新增 SCADA 参数配置，需要填写表格。点击"运维管理—新增 SCASA 数据采集申请"，如图8-2-77所示。

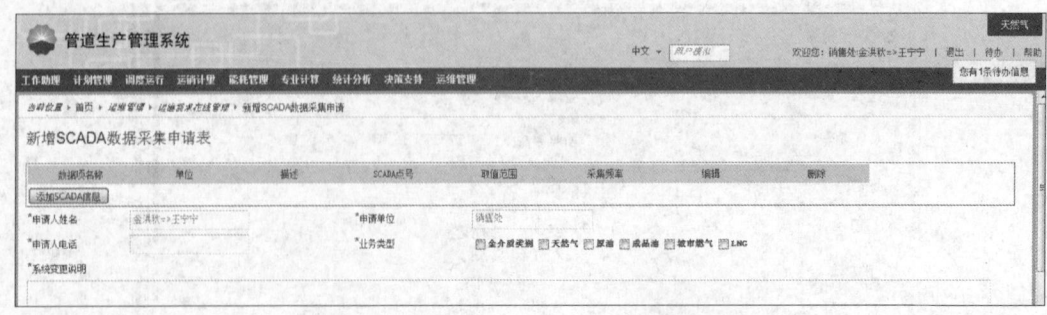

图 8-2-77　新增 SCADA 填报界面

第三节 QMS系统应用管理

一、概述

1. 系统目标

QMS系统即中国石油质量计量标准化管理信息系统,该系统目标为:

(1)建立由下至上的质量、计量、标准化管理信息沟通网络,实现信息的有效传递和及时共享;

(2)使中国石油天然气集团公司用户快速、全面地了解其业务范围内所有企业和机构的质量、计量、标准化综合业务管理信息,为管理决策提供及时的信息依据;

(3)形成高效的质量、计量、标准化工作情况统计上报和汇总模式,帮助提升集团公司基础管理的信息处理效率、有效支持质量决策。

2. 目的

本手册对中国石油质量计量标准化管理信息系统的基础管理、质量、计量、标准化业务、通用查询和报表等功能的操作方法进行了规范性说明,系统用户及相关人员可参照此手册进行操作。

3. 对象

系统对象包括:质量与标准管理部领导及各处室人员、中国石油勘探开发研究院标准化质量室和质量认证办公室业务员人员、各地区公司领导和质量计量标准化部门负责人及业务人员、质检机构人员、康布尔公司业务人员。

4. 范围

适用于QMS系统使用及运营支持。

二、客户端软、硬件环境及配置

1. 硬件环境及配置

对客户端计算机硬件没有特定的要求,以下只给出建议硬件配置,见表8-3-1。

表8-3-1 客户端硬件配置建议表

客户机	CPU	内存(M)	硬盘(G)	网卡
最低配置	P3/1G	512	>40	10/100M
建议配置	P4/2G	1G	>60	10/100M

2. 软件环境及配置

对客户端计算机的软件要求是使用微软的操作系统,浏览器版本在6.0以上,并安装Office办公软件(建议Office 2007)(表8-3-2)。

表8-3-2 客户端软件配置建议表

序号	软件	备注
1	WinXP/Win2003/Win7中文版	建议安装相应系统的补丁

续表

序号	软　件	备　注
2	Internet Explorer 6.0 以上版本	建议安装 IE6 SP1 及相应补丁
3	Office 2003/Office2007	建议安装 Office 补丁

三、功能概述

1. 概述

质量计量标准化管理信息系统主要包括【我的工作】、【机构人员】、【质量管理】、【计量管理】、【标准化管理】和【查询统计】6 大功能。

其中【质量管理】包括【质量体系】、【产品质量监督抽查】、【产品质量认可申请】、【驻厂监造项目】、【服务质量】、【质量事故】、【质量培训情况】7 个子功能；【计量管理】包括【测量体系】、【在用工作计量器具】、【新增/更新工作计量器具】、【计量标准装置】、【新增/更新计量标准装置】、【计量纠纷管理】、【计量培训情况】7 个子功能；【标准化管理】包括【标准使用情况】、【标准实施监督】、【国际标准化管理】、【国家和行业标准化管理】、【标准化培训】5 个子功能。

2. 用户登录

QMS 系统对中国石油天然气集团公司质量与标准管理部、地区公司质量、计量、标准化业务人员及质检机构、计量机构、驻厂单位的所有员工开放。用户登录质量计量标准化管理信息系统后，选择相应功能菜单进行相应操作，就能进行质量计量标准化管理的相关工作了。以下方式可访问到质量计量标准化管理信息系统：在浏览器地址栏中直接输入：http：//qms.cnpc 访问质量计量标准化管理信息系统。

系统的登录账户采用域验证方式，使用统一授权的中油邮箱账户（即 xxx@petrochina.com.cn 或 xxx@cnpc.com.cn 中@前的字符）。账户格式为：ptr/xxx 或 cnpc/xxx，密码为中油邮箱密码。

注：只有本系统的授权用户才能登录本系统。

注意：目前该地址为测试地址，待系统上线后，有正式地址会另行更改。如果您没有授权账号或者忘记密码等相关问题，请及时与本公司相关部门联系。

登录界面如图 8-3-1 所示。

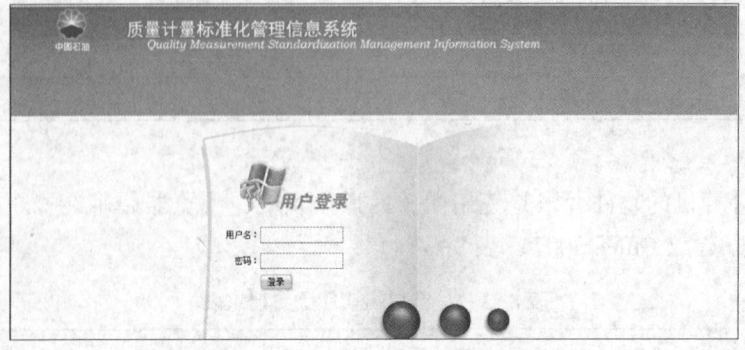

图 8-3-1　QMS 系统登录界面

登录成功以后，系统会根据该用户在系统中相应的权限，自动生成功能菜单。不同用户会有不同的功能菜单。

普通用户界面如图 8-3-2 所示。

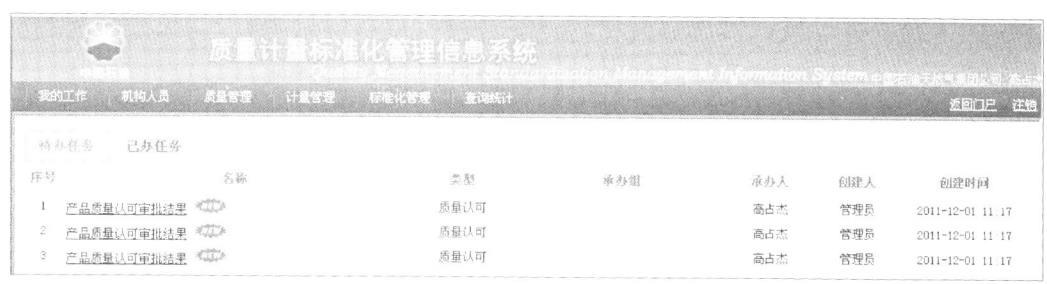

图 8-3-2　QMS 系统普通用户界面

右上角文字显示的是当前用户的单位和登录名称，主体页面【待办任务】显示的是当前用户需要进行处理的工作任务。

3. 操作约定

关键数据约定：

所有操作界面中，以红色的【*】标识的数据项为必填项。

对于选择录入的关键数据，系统提供检索提示，用户选择下拉列表中对应的数据即可。

文本输入将光标置于相应的文本框，打开相应的输入法，依次录入数据。

4. 时间输入

时间输入可以使用两种方式：

（1）从时间的文本框中直接输入，时间输入必须按照规定的格式，年-月-日，如：2011-12-07。

（2）利用日历控件输入，时间的格式为系统自动给出的，只要点击时间录入快捷按钮，选择时间即可，如图 8-3-3 所示。

图 8-3-3　QMS 系统利用日历控件输入时间界面

点击【7】，时间【2011-12-07】将自动输入时间框。

5. 下拉列表框

下拉列表框的操作有两种：

（1）通过鼠标点击选择。

（2）将光标置于相应的下拉列表，通过上下箭头来选择，如图 8-3-4 所示。

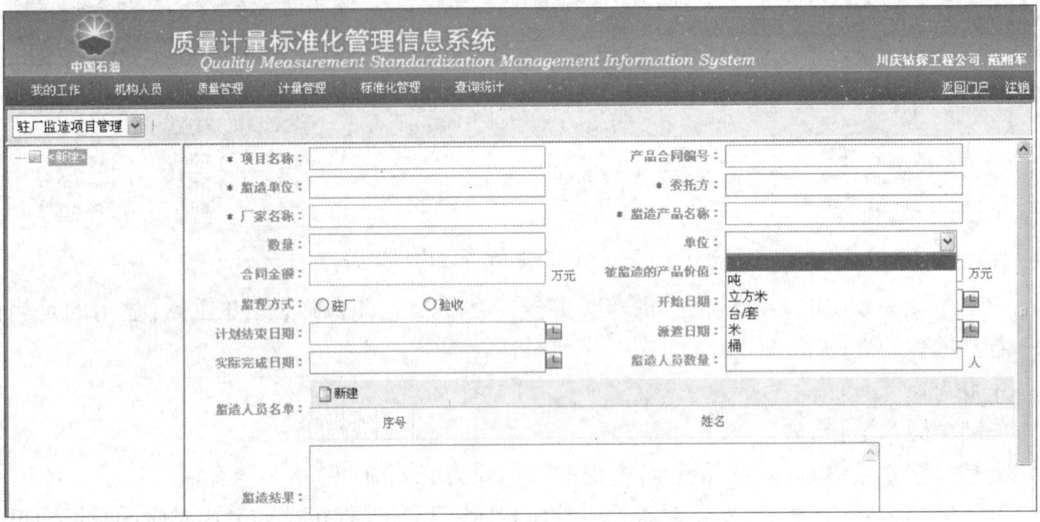

图 8-3-4　QMS 系统下拉列表框界面示例

点击【吨】，单位【吨】将自动输入单位框。

6. 审核审批流程

当用户登录系统后，如果有涉及流程的业务流转到当前登录用户，则在登录后的待办任务栏中出现该待办任务。

进入待办任务后，点击界面左侧导航栏的【阶段流程】，可查看任务流转审批情况。

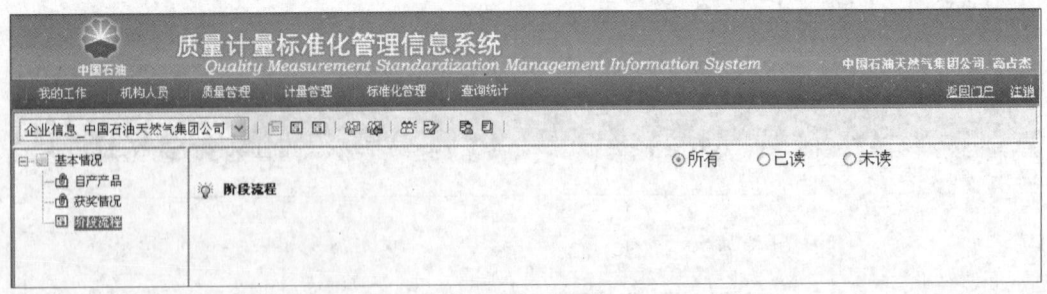

图 8-3-5　QMS 系统待办任务界面

7. 注意事项

系统中部分功能需要在新页面中打开来进行下一步操作，如果新页面无法正常打开时，请检查您的浏览器设置是否正确，操作如下：

点击浏览器上方的菜单【工具】，选择【Internet 选项】，在弹出的窗口中选择选择【隐私】，首先把【Internet 区域设置】的滑块移到【中】，然后把下方【阻止弹出窗口】前面的勾去掉，然后点击确认，如图 8-3-6 和图 8-3-7 所示。

 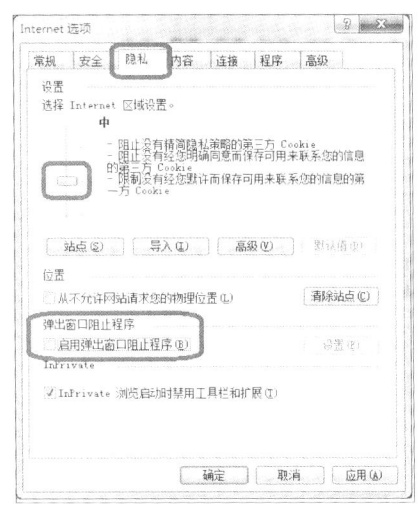

图 8-3-6　浏览器【工具】菜单　　　　图 8-3-7　浏览器【Internet 选项】菜单

四、基础管理

1. 企业信息

用户成功登录系统后，系统默认显示【我的工作】页面，该页面显示了该登录用户的待办任务已办任务。

用户点击菜单项【机构人员】/【企业信息】，页面显示该用户所在企业的信息，如图 8-3-8 所示。

图 8-3-8　某用户所在企业的信息界面

用户点击企业信息下的名称，显示企业的基本情况，包括自产产品、获奖情况附加表信息，分别如图 8-3-9 和图 8-3-10 所示。

用户对于企业信息可以进行新建、删除、修改操作，点击新建，出现新建页面如图 8-3-11 所示。填写相应的信息，然后点击保存，则新建的企业信息自动在所示的页面中显示。

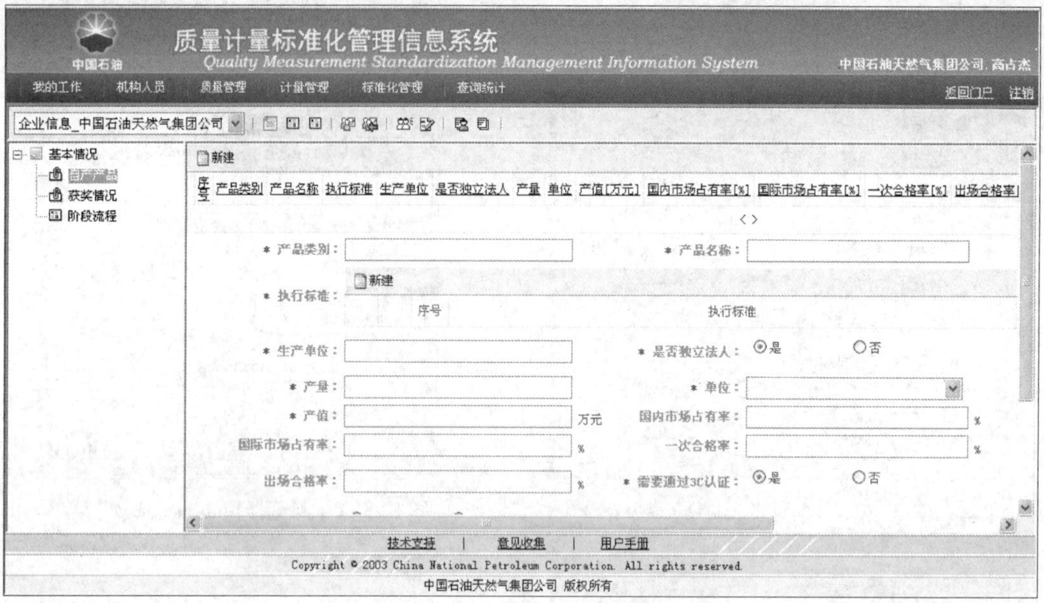

图 8-3-9　自产产品附加表信息界面

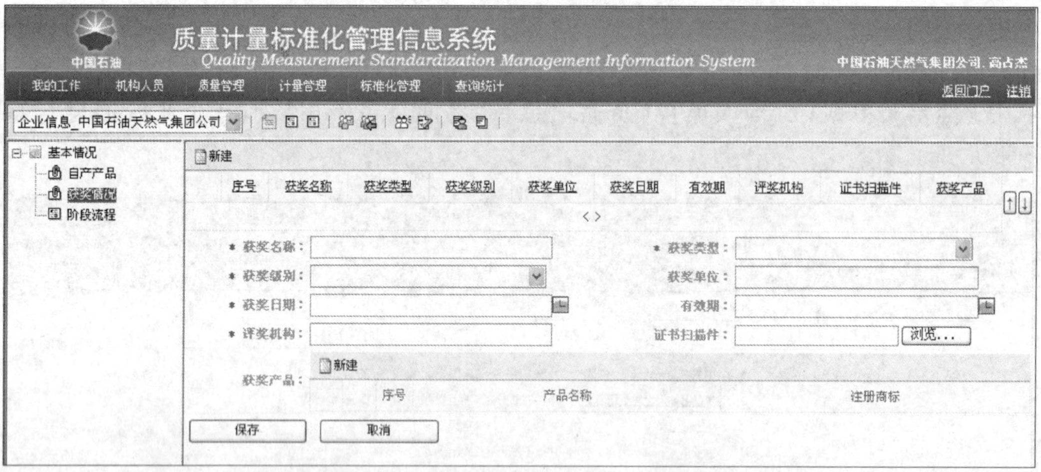

图 8-3-10　获奖情况附加表信息界面

图 8-3-11　用户企业信息新建界面

2. 管理机构

用户登录系统后，点击菜单项【机构人员】/【管理机构】，页面会显示企业管理机构的相关信息如图 8-3-12 所示。

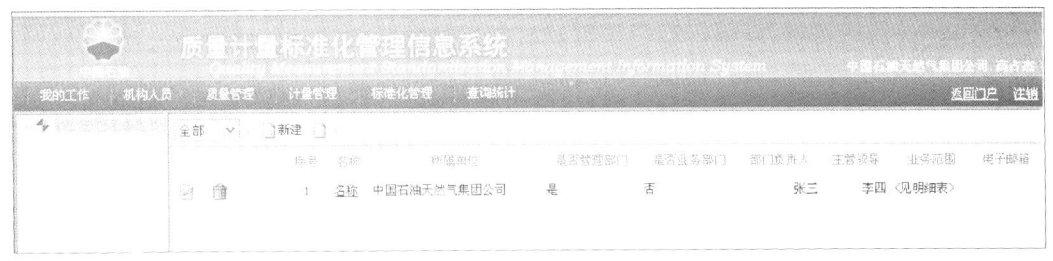

图 8-3-12　企业管理机构相关信息界面

用户点击管理机构下的名称，显示管理机构的基本情况，包括管理机构人员附加表信息，如图 8-3-13 所示。

图 8-3-13　管理机构人员附加信息界面

用户可以进行新建、删除、修改操作，点击新建，出现新建页面如图 8-3-14 所示。用户填写相应的信息，然后点击保存，则新建的管理机构信息自动在页面中显示。

图 8-3-14　管理机构新建界面

3. 人员管理

用户登录系统后，点击菜单项【机构人员】/【人员管理】，页面会显示企业工作人员的相关信息。用户对企业工作人员的信息可以进行新增、修改和删除操作，其中新增页面如图 8-3-15 所示。用户填写完相应的信息并检查无误后点击保存。

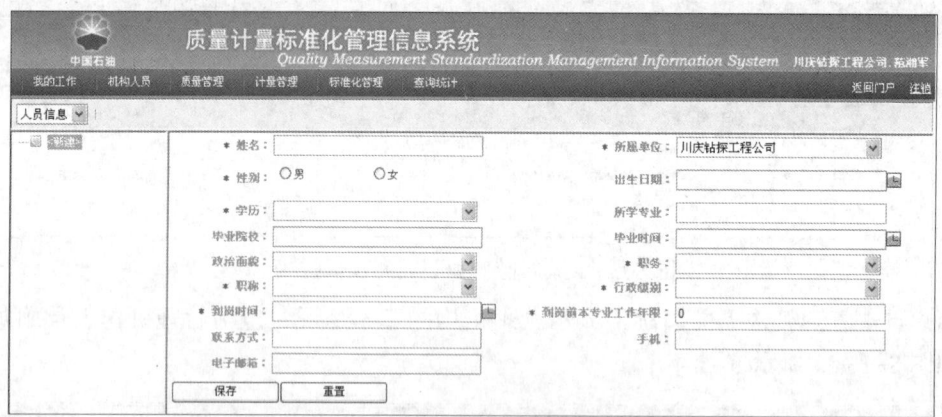

图 8-3-15 企业工作人员新增界面

用户点击人员信息下的姓名，显示人员信息的基本情况，包括人员资质、人员培训附加表信息，如图 8-3-16 和图 8-3-17 所示。

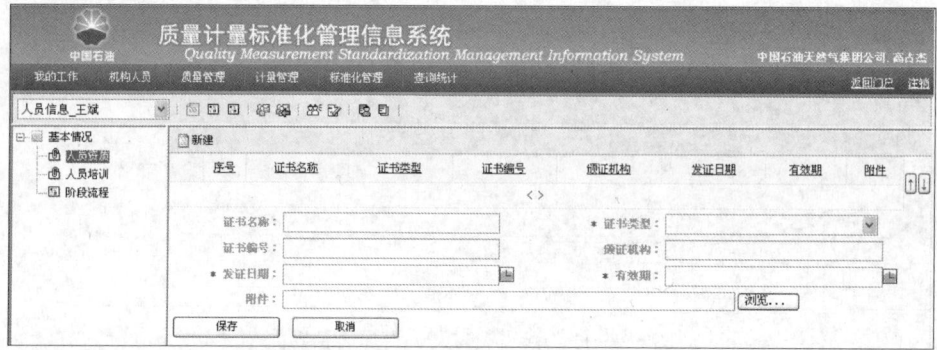

图 8-3-16 人员资质附加表界面

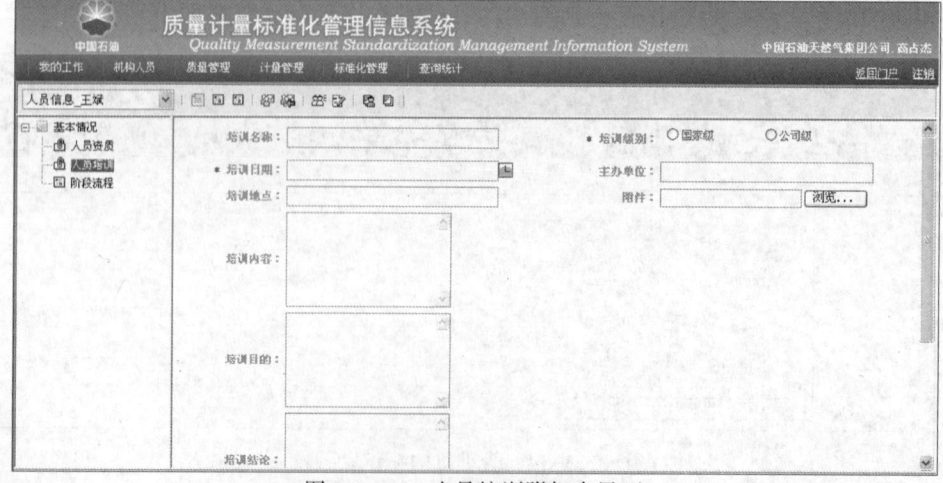

图 8-3-17 人员培训附加表界面

五、计量业务功能

1. 测量体系

用户登录系统后，点击菜单项【计量管理】/【测量体系】，页面会显示测量体系的相关信息。用户对测量体系的信息可以进行新增、修改和删除操作，其中新增页面如图 8-3-18 所示。用户填写完相应的信息并检查无误后点击保存。

图 8-3-18　测量体系新增界面

用户点击测量体系下的名称，显示测量体系的基本情况，包括测量体系内审、测量体系外审附加表信息，如图 8-3-19 和图 8-3-20 所示。

2. 在用工作计量器具

用户登录系统后，点击菜单项【计量管理】/【在用工作计量器具】，页面会显示在用工作计量器具的相关信息，如图 8-3-21 所示。用户对在用工作计量器具的信息可以进行新增、修改、删除和查询操作。其中页面第一行用于设置查询条件，设置好查询条件点击查询则显示对应的计量器具的信息。

图 8-3-19　测量体系内审附加表界面

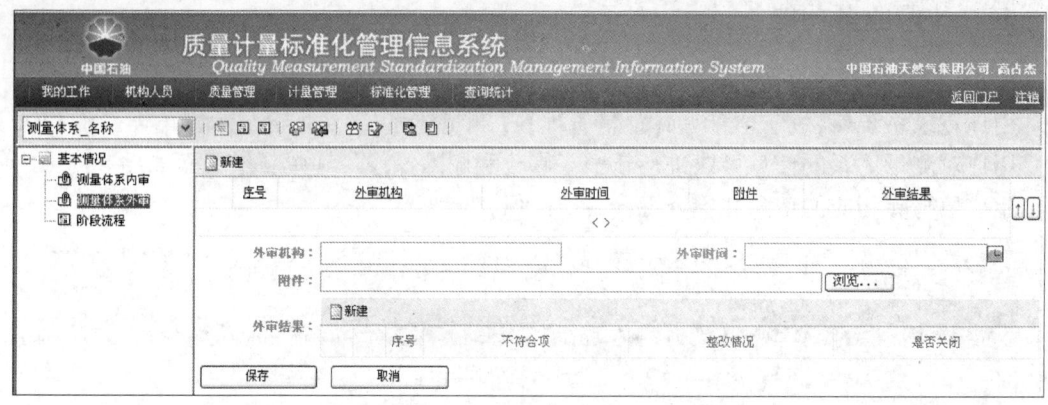

图 8-3-20 测量体系外审附加表界面

图 8-3-21 在用工作计量器具相关信息界面

点击创建则新增计量器具，如图 8-3-22 所示，填写相应信息并检查无误后点击保存，创建完毕。

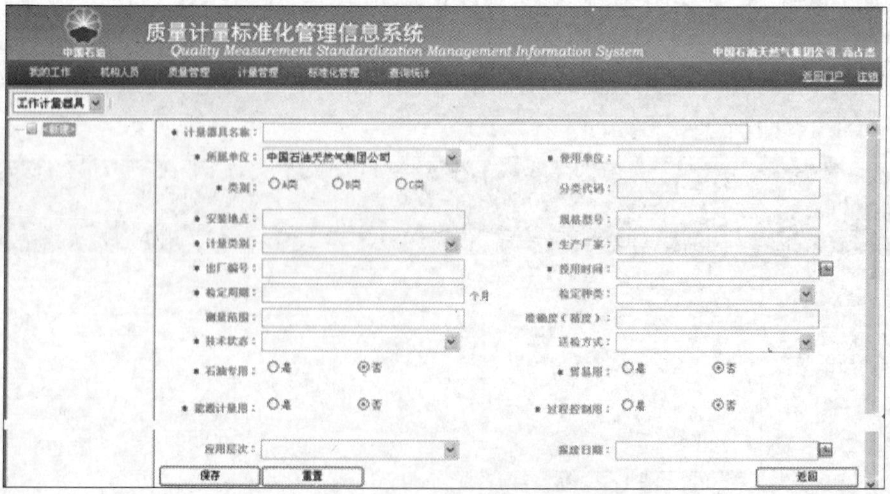

图 8-3-22 在用工作计量器具新增界面

点击编辑，页面显示对应计量器具的基本情况，包括计量器具的检定信息附加表信息，如图8-3-23所示。

图8-3-23　在用工作计量器具基本情况编辑界面

3. 新增/更新工作计量器具

用户登录系统后，点击菜单项【计量管理】/【新增/更新工作计量器具】，页面会显示新增/更新工作计量器具的相关信息。用户对新增/更新工作计量器具的信息可以进行新增、修改和删除操作，其中新增页面如图8-3-24所示。用户填写完相应的信息并检查无误后点击保存。

图8-3-24　新增/更新工作计量器具新增界面

4. 计量标准装置

用户登录系统后，点击菜单项【计量管理】/【计量标准装置】，页面会显示计量标准装置的相关信息。用户对计量标准装置的信息可以进行新增、修改和删除操作，其中新增页面如图8-3-25所示。用户填写完相应的信息并检查无误后点击保存。

用户点击计量标准装置下的计量标准名称，显示计量标准装置的基本情况，包括计量标准器、主要配置设备附加表信息，如图8-3-26和图8-3-27所示。

5. 新增/更新计量标准装置

用户登录系统后，点击菜单项【计量管理】/【新增/更新计量标准装置】，页面会显示新增/更新计量标准装置的相关信息。用户对新增/更新计量标准装置的信息可以进行新增、修改和删除操作，其中新增页面如图 8-3-28 所示。用户填写完相应的信息并检查无误后点击保存。

6. 计量纠纷管理

用户登录系统后，点击菜单项【计量管理】/【计量纠纷管理】，页面会显示计量纠纷管理的相关信息。用户对计量纠纷管理的信息可以进行新增、修改和删除操作，其中新增页面如图 8-3-29 所示。用户填写完相应的信息并检查无误后点击保存。

图 8-3-25　计量标准装置信息新增界面

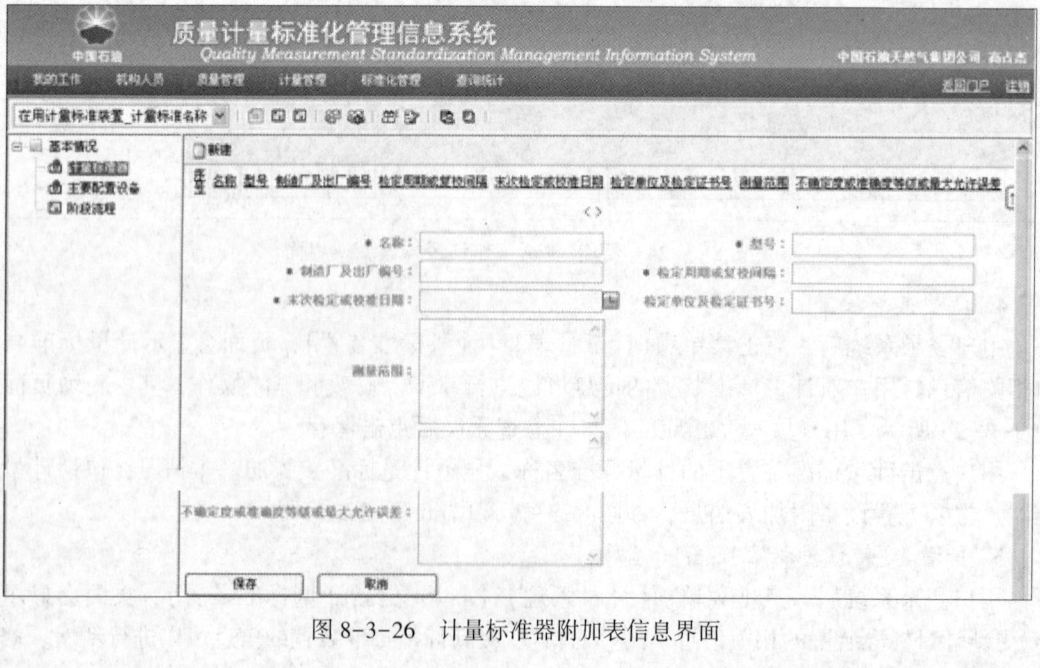

图 8-3-26　计量标准器附加表信息界面

图 8-3-27　主要配置设备附加表信息界面

图 8-3-28　新增/更新计量标准装置新增界面

图 8-3-29　计量纠纷管理信息新增界面

附录 A 原油计量交接协议模板

交方：
接方：
根据中国石油天然气股份有限公司《油气交接计量管理规定》，为明确责任，确保原油交接计量顺利进行，经双方商定，制定本协议，内容如下：

1. 交接地点
(1) 交接地点：××输油分公司××计量间。
(2) 交接界面：流量计出口法兰处。

2. 输油计划
(1) 按照股份公司月度运销计划，由交方以书面形式提供给接方，核对双方计划是否一致，交方根据生产实际情况制订油品输送计划。
(2) 双方应确保输油计划的按时完成和管道的安全平稳运行，没有特殊原因不得变更输油计划。
(3) 双方计划如有变更，变更方应提前 5 天以书面形式将变更计划提供给对方，以便调整供油计划或管道运行方案。特殊情况下，输油计划变更以股份公司下发的《天然气与管道分公司调运计划调整通知单》为准。
(4) 接方需要对油品销售结算量进行调整时，需提前 3 天以书面形式提供给交方，避免反复更改，以便交方进行调整和安排。

3. 原油计量执行标准
(1) 油量计算执行 GB/T 9109.5《石油和液体石油产品油量计算 动态计量》。
(2) 原油密度测定执行 GB/T 1884《石油及液体石油产品密度实验室测定法》。
(3) 原油密度换算执行 GB/T 1885《石油计量表》。
(4) 油品取样执行 GB/T 4756《石油及液体石油产品取样法（手工法）》。
(5) 原油含水测定执行 GB/T 8929《原油水含量测定法》。
(6) 温度测定执行 GB/T 8927《石油及液体石油产品温度测定法》。
(7) 油量计算过程中，数据取舍执行 GB 8170《数据修约原则》，即四舍六入五单进。

4. 原油计量、密度、含水检验仪器仪表配置与管理
用于原油计量、密度、含水检验所需的仪器仪表及其他辅助设施，由交方负责配置和管理。主要器具规格及性能指标见表 1。

表 1 主要器具规格及性能指标

序号	名称	规格型号	测量范围	数量	精度等级	备注
1	标准体积管				0.02%（复现性）	
2	××流量计				±0.2%	

序号	名称	规格型号	测量范围	数量	精度等级	备注
3	振动管密度计				0.001g/cm³	
4	含水分析仪				±0.1%	
5	标准金属量器	一组(台)			2.5×10⁻⁴	

5. 原油计量方式及计算方法

(1) 计量方式：采用流量计配玻璃浮计动态计量方式。

(2) 标准参比条件下的原油质量计算公式：

$$M_n = V_i \rho_{20} (F_M \cdot C_{pi} \cdot C_{ti} \cdot F_a \cdot C_w)$$

$$C_{pi} = 1/[1-(1000 \times pF) \times 10^{-6}]$$

$$F = e^X \times 10^{-6}$$

$X = -1.62080 + [21.592t + 0.5 \times (\pm 1.0)] \times 10^{-5} + [87096.0/\rho_{15}^2 + 0.5 \times (\pm 1.0)] \times 10^{-5} + [420.92t/\rho_{15}^2 + 0.5 \times (\pm 1.0)] \times 10^{-5}$

式中 M_n——原油在空气中的净质量，kg；

V_i——流量计累积体积值(流量计表头结束读数值减去开始读数值)，m³；

ρ_{20}——原油的标准密度，kg/m³(根据测得的视密度查 GB 1885—1998《石油计量表》中表59A)；

$(F_M \times C_{pi} \cdot C_{ti} \cdot F_a \cdot C_w)$——联合修正系数；

F_M——流量计仪表系数；

C_{pi}——原油体积压力修正系数；

F——原油压缩系数，kPa⁻¹；

p——原油计量压力，MPa(表压)；

t——原油计量下温度，℃；

ρ_{15}——原油在15℃时的密度，kg/m³；

C_{ti}——原油体积温度修正系数(可查 GB 1885—1998《石油计量表》中表60A)；

F_a——空气浮力修正系数(根据 GB 9109.5—1988《原油动态计量油量计算》中规定，可使用$\rho_{20}-1.1$代替$\rho_{20}F_a$)；

C_w——原油含水系数($C_w = 1-W$，W为原油含水质量百分率)。

(3) 油量计算数据取舍原则。

① 数据取舍按四舍六入五单进原则处理。

例如：5.136，5.135，5.126，5.125 要求保留小数点后两位，取舍后分别为：5.14，5.14，5.13，5.12。

② 计量参数保留位数规定如下：

原油质量(m_m，m_j)，位数保留至0.001t；

原油体积(V_{20}，V_t)，位数保留至0.001m³；

温度精确到0.1℃；

压力精确到50kPa；

密度ρ_{20}、视密度ρ'_t、实际密度ρ_{ti}均保留或读至1.0kg/m³或0.001g/cm³(其中ρ'_t为视密度)；

流量计仪表系数(F_M)、体积修正系数(VCF_{20})、体积压力修正系数(C_{pi})、原油含水率(W),保留至小数点后4位。

6. 原油计量交接

(1) 原油计量结算时间为每日8:00(北京时间)。

(2)《原油计量交接凭证》一式××份,其中交方持××联,接方持××联。

(3)《原油计量交接凭证》由交方填写,每日上午10:00前双方审核签字确认后,加盖计量专用章。

(4) 原油密度、含水检验每天××次,在××:00—××:00、××:00—××:00……进行。《原油化验单》由交方填写,双方审核后签字盖章确认,《原油化验单》一式××份,其中交方持××联,接方持××联。

7. 计量器具检定

(1) 用于原油交接计量的所有计量器具均应进行周期检定,经检定合格方可使用(或投运),检定周期见表2。

表2 计量器具检定周期表

序号	器具名称	数量	检定周期	序号	器具名称	数量	检定周期
1	刮板流量计			6	温度变送器		
2	标准体积管			7	压力变送器		
3	振动管密度计			8	二等标准金属量器		
4	玻璃水银温度计			9			
5	玻璃密度计						

(2) 计量器具检定机构。

① 刮板式流量计、标准体积管由中国国家原油大流量计量站负责周期检定。

② 二等标准金属量器组、原油低含水分析仪由交方委托具有资质的检定机构负责周期检定。

③ 其他计量仪器和仪表由交方送至地方计量检定专门机构检定。

④ 交方持各类计量器具检定合格后的"检定证书"原件,接方持复印件。

a. 上述各类计量器具送检、检定发生的一切费用由交方承担。

b. 检定规程:原油计量的主要计量器具检定所执行的检定规程由计量检定机构确定。

(3) 流量计检定。

① 流量计周期检定。流量计周期检定双方派人监护。检定合格后按检定机构颁发的"检定证书"中给出流量计各检定点的基本误差及相对应流量计仪表系数,划定其适用流量范围区间,用于规范流量计仪表系数的使用。对检定合格的流量计在检定机构没有出具检定证书之前,可暂时由检定机构出具检定数据,检定人员签字,相关方各持一份,于检定完成次日8:00开始用新的流量计系数,具体使用方法见表3。

表3 流量计仪表系数使用方法

项目 \ 流量	××m³/h	××m³/h	××m³/h	××m³/h	××m³/h
流量计仪表系数(假设)	1.0012	0.9997	0.9998	0.9999	1.0005
适用范围(m³/h)	××~××	××~××	××~××	××~××	××~××

② 流量计监测自检。

a. 由于流量计检定周期较长(为 6 个月)，为监测流量计运行状况，在流量计周期检定的基础上，双方授权的检定人员，每半月一次(××日，节假日顺延)对流量计进行监测自检(但不能调整流量计精度调整机构)。

b. 如检定结果合格，则继续使用新流量计系数，如检定结果不合格(指基本误差大于±0.2%)，应立即停运该台流量计，并请检定机构进行复检。

(4) 双方授权的检定人员应参加流量计、标准体积管的现场检定的过程监督。对机构的检定过程、计算程序、检定结果有疑义时可提出，但应保证检定工作继续正常进行。待检定过程到达某一阶段时，参加检定的人员对疑义部分进行交流，协商解决。

8. 原油密度和含水检验

原油密度和含水检验是指对原油的品质项目(密度、含水)在检验室内进行检验测定、分析。每天××次，在××：00—××：00……进行。

1) 取样

(1) 管线自动取样器运行正常，以管线取样器采取试样为代表性试样，用于原油密度、含水检验。

(2) 管线自动取样器发生故障，且短时间内难以修复的情况下，可采用人工方法进行"时间比例样"试样的采取。并以此试样用于原油密度、含水检验。人工取样量每次不少于××mL，每 2 小时取样一次，每××小时组成一个混合试样。

2) 检验

原油密度、含水检验采用人工化验方法，对原油密度值、含水率进行测定。检验结果填写在《原油化验单》上，交方签字、盖章，接方签字确认。

3) 油样的保存

将每天采取的混合试样平均分成两份，一份用于当日的品质检验，另一份为备查样，若无异议，备查样于检验后处理，否则保存直至异议处理。

9. 运行管理

(1) 计量设备、密度、含水检验由交方操作，接方监护，严禁接方操作。

(2) 交方人员每××小时对该站计量仪表巡回检查一次。接方人员参与计量岗位巡检与密度、含水检验工作的监护。

(3) 每 2 小时交方人员记录一次各流量计量参数，包括流量计表头读数、流量计进出口压力、计量管线温度等。接方人员负责监护，对交方记录无疑义应予以签字确认，接方不到场则以交方数据为准。

(4) 对原油品质检验项目操作过程，接方人员参与监护，对无疑义结果应予以签字确认，接方不到场则以交方数据为准。

10. 计量仪器故障及故障期间的油量处理

(1) 如流量计周期检定超差，根据超差情况退补油量，退补油量按按超差的1/2乘以最近 10 天通过的油量计算。

(2) 由于流量计表头机械故障或其他故障造成流量计体积计量值失准时，应立即停运该故障流量计，投运备用流量计。按该故障流量计发生故障前××小时的平均流量乘以故障时间，推算出该流量计故障状态下运行时间通过的体积量。

(3) 油品检验室因停电等原因无法进行油品检验,则采用前××小时《原油品质检验结果通知单》所记录的数值,作为本日检验数值。

(4) 其他如压力、温度等测量仪器仪表出现故障也可参照上述办法处理。

11. 争议处理及仲裁

(1) 在原油计量、品质检验过程中,发生计量、检验结果争议,双方人员应本着实事求是的原则,对照有关技术标准、规程、检查记录,共同分析、查找原因,协商处理。

(2) 如果双方人员未能通过协调解决计量、检验争议,则双方应促成其各自授权代表根据常规签署《原油计量交货凭证》《原油化验单》等相关文件;并且将争议项目在《原油计量交货凭证》《原油化验单》上备注栏中记录。

(3) 若接方对计量器具有异议,需以书面形式向交方提出,双方协商解决,若协商不成,可向法定计量检定机构申请复检。争议未解决前,供需双方应按交方计量的油量进行结算,接方不得以任何理由拒绝签字和付款。复检后如计量设备不超差,则无须补量,检定费用由接方承担;如超差,自提出异议之日起按复检数值进行修正补量,检定费用由交方承担。交方对计量器具有异议参照上述办法执行。

12. 工作协调与联系

(1) 双方应建立定期会晤制度,进行情况交流,协商解决双方在原油计量、密度、含水检验以及各种有关协议、规则执行中存在的问题。进一步加强和促进双方的工作合作。

(2) 双方会晤时间、地点(采取轮换制)另行商定。

13. 其他

(1) 本协议一式××份,交接双方各执××份,本协议由双方法人代表(或委托代理人)签字并加盖公章后生效。

(2) 本协议生效后有效期为××年,如双方对协议均无异议,本协议可继续使用。

(3) 本协议在执行中若发现存在未尽事宜,双方应及时沟通、协商,如有必要可签订补充条款。

交方: 接方:
代表: 代表:
日期: 年   月   日   日期: 年   月   日

附件:投产初期的计量方式

在投产初期由于管道内的油品含有杂质,容易对流量计产生损坏,采用储油罐(需经计量检定合格)作为交接器具进行油品交接。油罐的检尺工作由交方人员进行,接方人员进行监护。油品取样、油品密度、含水实验由交方人员进行,接方人员进行监护。一个管程后改为流量计计量。

1. 投产初期采用大罐交接计量时执行的标准

(1) GB 9110—1988《原油立式金属罐计量油量计算方法》。

(2) GB/T 13894—1992《石油和液体石油产品液位测量法》。

(3) GB/T 13236—2011《石油和液体石油产品储罐液位手工测量设备》。

(4) SY 5669—1993《石油及液体石油产品立式金属罐交接计量规程》(其中引用的标准如有新的版本,则执行新的版本)。

(5) SH/T 0316—1998《石油密度计技术条件》。
采用大罐交接计量时计算公式:
2. 油罐计量计算方法
(1) 纯油品质量(在空气中质量)计算公式。
$$M_n = m(1-w)$$
式中 M_n——纯油品质量,t;
m——含水油品质量,t;
w——油品质量含水率(计算时将含水率换算为小数)。
(2) 含水油品质量(在空气中重量)计算公式。
① 采用空气浮力修正系数进行计算:
$$m = V_{20}(\rho_{20} - 0.0011)$$
式中 ρ_{20}——含水油品标准密度,t/m^3;
V_{20}——含水油品标准体积,m^3;
$0.0011(t/m^3)$——对油品密度的空气浮力修正值。
② 采用石油体积系数进行计算:
$$V_{20} = VCF_{20} \cdot V_{tp}$$
式中 V_{20}——含水油品标准体积,m^3;
VCF_{20}——石油体积系数,可查 GB 1885 表60A;
V_{tp}——含水油品在温度(平均)为 t_p℃时的体积,m^3。
(3) 含水油品在温度(平均)t_p℃时体积计算公式。
$$V_{tp} = (V_b + \Delta V_y)[1 + \beta(t_k - 20)]$$
式中 V_b——计量罐表所载体积,m^3;
ΔV_y——计量罐内含水油品液位下静压力引起的容积增大值(容积大于或等于 $1000m^3$ 的计量罐应进行静压力修正计算),m^3;
β——计量罐壳体材料体膨胀系数,当壳体材料为碳钢时,可取 $\beta = 3.6 \times 10^{-5}$,℃$^{-1}$;
t_k——计量罐壳体温度(计量罐壁具有保温层可采用计量罐内含水油品的平均温度 t_p),℃。
(4) 静压力引起计量罐容积增大值计算公式。
$$\Delta V_y = \Delta V_{ys} d_{4t}$$
式中 ΔV_{ys}——计量罐内与含水油品同一液位下水的静压力引起的容积增大值,m^3;
d_{4t}——含水油品在贮存温度(平均)为 t_p℃时的密度(在计算时可取该含水油品的视密度)与温度为4℃、压力为标准大气压时纯水密度的比值,纯水在此状况下密度为 0.999973 g/cm^3,在计算时可取 1 g/cm^3)。
(5) 浮顶罐。
浮顶处在起浮高度以上时所用的油量计算公式同前;
本标准规定在计量时浮顶严禁处在非起浮段。
(6) 计量罐内油品液位检测。
原油宜检空尺。用量油尺检测计量罐内油品液位。其测得值应准确读到 mm。

液位检测应在指定的检尺点下尺。应进行多次检测。取相邻两次的检测值相差不应大于 2mm。两次测得值相差大于 1mm 并小于 2mm 时。则取两次测得值的算术平均值作为计量罐内液位高度；两次测得值相差小于 1mm 则以前次测得值作为计量罐内液位高度。

（7）计量罐内油品温度检测。

计量罐内油品温度检测应符合 GB 8927—2008《石油和液体石油产品温度测定法》的规定。测得值应估读到 0.1℃，结果按 0.25℃ 间隔报告。

（8）计量罐内取样。

计量罐取样按照批次进行，每批(罐)取样化验。取样执行 GB/T 4756—1998《石油及液体石油产品取样法(手工法)》。

注：新罐首次进油计算接收油量时，应减去油罐浮船重量。

附录B 成品油计量交接协议模板

第一章 总则

第一条 为了规范油品计量交接，确保计量数据准确可靠、财务结算顺利进行，依据《中华人民共和国计量法》、国家计委、能源部〔1990〕943号文件《原油天然气和稳定轻烃销售交接计量管理规定》《中国石油天然气股份有限公司计量交接管理规定》《中国石油天然气集团公司成品油计量交接规范》等有关法律、法规、规章制度，经中国石油天然气股份有限公司管道××分公司(以下简称甲方)、中国石油天然气股份有限公司××销售分公司(以下简称乙方)、中国石油天然气股份有限公司××销售分公司(以下简称丙方)共同友好协商，达成如下协议。

第二章 交接地点和交接方式

第二条 交接地点：××各分输站。

第三条 用质量流量计(以下简称流量计)交接时的界面规定如下：

各分输站的交接界面是管道分公司××各分输站流量计的出口法兰。

第四条 采用流量计计量交接时，应按以下规定执行：

(一) 流量计的精度不低于0.2级。

(二) 油量计量动态计算公式。

第一部分，投产半年前执行：

$$m = m_r F_M F(1 - W)$$

式中 m——交接计量结算的商业质量数，kg；

m_r——质量流量计读数之差(为质量流量计结束读数减去开始读数)，kg；

F_M——在线实流检定的流量计系数(按照中间值为界，靠近使)；

F——将质量流量计计量的在真空状态下质量换算到空气中商业质量的换算系数(经三方协商，本协议规定柴油为0.9987，汽油为0.9985)；

W——油品含水质量百分比(以检验报告为准)，%。

第二部分，投产半年后执行：

$$m = m_r F_M F$$

式中各字母代表的意义同前，如遇特殊情况，由相关方协商解决。

第五条 正常状态下计量

以甲方符合计量要求的质量流量计动态计量为准，并且采用流量计系数法，结算油量按空气中的质量(即商业质量)进行。

第六条 非正常状态下计量

在符合下列情况时，以丙方(或乙方)符合计量要求的立式金属罐静态计量为准，结算

油量按空气中的质量(即商业质量)进行:

(一)分输站的所有流量计出现故障不能满足计量需要时;

(二)新购置的流量计进行在线检定前;

(三)分输站的所有流量计维修后需重新检定前。

第七条 采用立式金属计量罐进行计量交接时,应按以下规定执行:

(一)各油库用于计量交接的立式金属罐必须经国家授权的省级以上第三方大容量计量检定站检定合格,未经国家授权的省级以上第三方大容量计量检定站检定合格的立式金属罐,不能作为计量交接罐。

(二)按罐逐一进行计量交接,分输前各方要提前2小时到达计量交接罐,确认流程无误,关闭相关油罐的阀门并加锁,检前尺计算油品量;对计量金属油罐完成进油30分钟后,2小时以内各方要准时到达计量交接罐现场,检后尺计算油品量,进行计量交接。

(三)油量计算执行 GB/T 1885—1998《石油计量表(产品部分)》:

$$m = V_t \cdot VCF_{20}(\rho_{20} - 1.1)$$

式中 m——油品交接量,kg;

V_t——计量温度下的体积,m³;

VCF_{20}——体积修正系数;

ρ_{20}——标准密度,kg/m³。

第八条 计量单位、符号和小数位数执行附录 计量单位、符号和小数位数规定。

第三章 油品计量执行标准

第九条 成品油计量交接执行下列标准:

(一)JJG 1038《质量流量计检定规程》。

(二)JJG 209《体积管检定规程》。

(三)JJG 370《工作振动管液体密度计试行检定规程》。

(四)JJG 259《标准金属量器检定规程》。

(五)JJG 168《立式金属罐容量检定规程》。

(六)GB/T 9109.1《原油动态计量一般原则》。

(七)GB/T 9109.4《原油动态计量固定式标准体积管安装技术规范》。

(八)GB/T 1884《原油和液体石油产品密度实验室测定法(密度计法)》。

(九)GB/T 260《石油产品水分测定法》。

(十)GB/T 4756《石油液体手工取样法》。

(十一)GB/T 13894《石油和液体石油产品液位测量法(手工法)》。

(十二)GB/T 8927《石油和液体石油产品温度测量法》。

(十三)GB/T 1885《石油计量表(产品部分)》。

(十四)SY 6682《用科里奥利流量计测量液态烃流量》。

(十五)SY/T 5671《石油及液体石油产品流量计交接计量规程》(本规程已经长时间未修订,计量过程可参照执行;但其引用标准的内容与其他新版标准相悖时,应执行新版标准)。

(十六)GB 8170《数据修约原则》。

（十七）GB/T 19779《石油和液体石油产品油量计算静态计量》。

第四章 计量管理

第十条 双方按以下规定的时间进行计量交接：

（一）用流量计计量时，每日早 8：00 时（北京时间）各方计量人员准时到达各分输站共同对质量流量变送器进行读数，以昨日早 8：00 时至今日早 8：00 时质量流量变送器的累计量，按第五条的规定计算油品量，作为今日的油品交接量。

（二）以立式金属罐检尺计量时，以换罐或作业停止后，液面静止至少 30 分钟方可进行。

（三）任何一方不得以任何理由拖延时间交接，当日分输的油品量须当日交接。

第十一条 计量交接操作过程按以下规定执行，若对方不进行监护，则视为同意：

（一）用流量计进行计量交接时，各分输站计量交接过程，甲方操作，乙方、丙方监护。

（二）用立式金属罐进行计量交接时，计量交接过程，油罐产权方操作，相关方监护。

第十二条 输油开始、结束和质量流量计运行中的每 2 小时（双点），相关方值班人员同时对计量交接系统的计量仪表巡回检查 1 次，同时记录质量流量计（包括流量计算机）的累积数、瞬时流量、压力和温度等参数。如果监护方不按时到达或未到，以记录方的记录数据为准。

第十三条 当运行中发现质量流量计和附属设备发生故障时，要及时切换至备用流量计，甲方值班人员应立即通知相关方，并做好各项记录。

第十四条 用立式金属罐进行交接计量时，检尺操作过程中由立式金属罐产权方检第 1 尺，相关方检第 2 尺、第 3 尺；按罐逐一进行计量交接，输油前相关方提前 2 小时到达计量交接罐，确认流程无误，由产权方切换相关油罐的阀门，相关方打铅封确认，共同测量油水总高、水高、油温、计算油品量；完成输油 30 分钟后，在 2 小时内相关方要准时到达计量交接罐现场，相关方按照检前尺原则进行检后尺操作，计算油品量，进行计量交接。

第十五条 在成品油计量交接时，在规定的计量交接时间内，监督方未到场时应视为确认当次油量，不得以任何理由拒绝签字、盖章，影响正常结算。

第十六条 成品油交接成品油结算的凭证分为：《质量流量计计量凭证》和《立式金属罐计量凭证》，《质量流量计计量凭证》由甲方出具和填写，《立式金属罐计量凭证》由产权方出具和填写，各方计量人员应复核计量数据并签字确认，加盖计量交接专用章后生效，作为结算成品油的凭证。任何一方无权涂改，如有异议需要更改，经各方协商一致后，可重新开具凭证，收回原凭证，并注明原因，保留备查。

第十七条 用立式金属罐进行交接计量时，原始记录相互签字，相关方各持一份，便于产生差量时查找原因。

第十八条 甲、乙、丙三方计量人员应坚持每旬、月末进行对账，发现问题及时沟通和解决。

第十九条 流量计出现故障需要维修或更换时，流量计产权方应及时通知相关方，相关方需在通知的时间内到达现场监护并做好记录，没有按时到达或对方同意，则视为同意。若未通知，则不能使用，需各方重新检定合格后方可使用。

第二十条 流量计运行时出现故障、掉电等影响流量计计量的情况，值班人员应立即通知相关方，并做好各项记录，可切换到备用流量计，若无法投用备用流量计可暂停分输。故障或掉电时间的流量按上一次巡检时间(前 2 小时)的流量计算，故障或掉电时间按上一次巡检时间到切换备用流量计或暂停止分输的时间计算。上一次巡检时间以前的流量计累计量按前 2 小时记录的流量计表底数减前表底数计算，进行计量交接。

故障时间油品通过量(m) = 上一次巡检流量(kg/h) × 流量计的故障时间(h)

若流量计现场显示计数单元故障，故障时间的累计量各方可按流量计算机的累计量进行计量交接。

第二十一条 各站流量计互为备用，正常分输时应固定流量计运行，检定流量计或流量计故障时可互相切换使用。

第二十二条 周期检定流量计时，如果流量计超差，以最近两个批次流量计的累计量计算退补量；如果不超差不进行退补；退补量按以下方式计算：

(一) 退补量按检定的流量点系数分别计算，按超差全额量的一半进行退补：

退补量 = 流量计的累计量 × (1.0000 − 检定超差的流量计系数) × 空气浮力修正系数 × 0.5

(二) 根据检定结果各方应每半年进行一次退补量的结算，并签订会议纪要。

第二十三条 三方计量交接人员必须持有股份公司或其授权的计量机构颁发的计量交接员证书。

第五章 计量设备管理

第二十四条 各分输站所用计量设备由产权方配备和管理。

第二十五条 标准体积管和质量流量计检定的请检、自检、送检工作，由产权方负责组织，应提前 7 天通知相关方，各方对检定过程进行监督。检定计量器具前产权方应召集相关方召开首次会议，明确本次检定工作的内容、工作方式计及检定点，各方人员相互熟悉，检定结束后召开末次会议，由检定机构人员对本次检定情况进行说明，各方参加人员签字。

第二十六条 标准体积管检定。

标准体积管的检定由国家法定计量机构负责实施，标准体积管按 JJG 209—2010《体积管检定规程》用水标法进行检定，其重复性应优于 0.02%，总不确定度应优于 0.05%。

第二十七条 计量器具的检定应按以下规定的检定周期进行检定，经检定合格后方可使用，检定不合格或超期未检的计量器具要停用(如因特殊原因确实需要延期使用的，由相关方协商，一致同意后方可继续使用)。或经相关方协商可改变计量方式。

(一) 标准金属量器 2 年；

(二) 标准体积管 3 年；

(三) 质量流量计 1 年，原则上周期检定后 4 个月有固定体积管的站场，相关方进行自检，若自检不合格，请国家原油大流量计量站检定；

(四) 振动管密度计 1 年；

(五) 计算机数据处理计量系统、流量计算机 1 年；

(六) 压力变送器、温度变送器 1 年；

(七) 压力表 1 年；

(八) 玻璃液体温度计、玻璃密度计 1 年；

(九) 立式金属罐首次两年，后续一般不超过 4 年。

计量器具的检定要确保在使用周期内进行。

第二十八条 质量流量计检定合格后，相关方共同在质量流量变送器指定的位置上实施封印，封印样式由相关方共同制定。若出现不影响计量数据的故障需要维护时，相关方共同启封，故障处理后相关方可重新封印。流量计算机所需的计量参数经检定机构输入，并经相关方确认后，任何一方均无权修改。

第二十九条 对检定合格的流量计在检定机构没有出具检定证书之前，可暂时由检定机构出具检定数据，检定人员签字，相关方各持一份，于检定完成次日 8:00 便可启用新的流量计系数。

第三十条 流量计检定完成后，检定证书的原件由产权方负责保管，产权方应尽快向另两方提供检定证书的复印件。

第三十一条 立式金属罐检定。

（一）计量器具检定完成后，检定证书的原件由产权方负责保管，产权方应尽快向另两方提供检定证书（包括立式金属罐容积表等）的复印件。

（二）金属罐检定周期规定：按 JJG 168 执行。

第三十二条 计量器具检定不合格时，要立即停用并查找原因，需要更换时，通知相关方。

第六章 油品质量管理

第三十三条 管输油品的质量责任划分。

甲方负责由于油品切换过程而造成的油品质量问题；乙方负责油品在首站注入主管线前取样化验，油品检验合格后方可入主管线，甲方予以配合；丙方负责计量交接界面下游的油品质量。

第三十四条 分输站的油品取样，以相关方共同在质量流量计的入口的管线取样、留样为主，根据需要相关方也可协商在立式油罐取样、留样。

（一）立式油罐的采样必须在罐内油品静止时，才能进行油品取样，在油品顶液面下其深度的 1/6、1/2 和 5/6 的 3 个部位各取一份点样等比例组合试样，如果成品油在罐内分层较为严重，则增加深度的 1/3 和 2/3 的 2 个取样部位。

（二）管线取样在质量流量计入口取样处定时取点样，由甲方主操，点样以相等的体积掺合成一份组合试样，如输油时间大于 24 小时，则每 24 小时掺合成一份组合试样，输油开始后 1 小时取第 1 次样，输油结束前 1 小时取最后 1 次样，中间每隔 8 小时取样 1 次，每批次至少取 3 次样。

第三十五条 管线取样操作由甲方进行，立式金属罐的取样操作由油罐产权方进行，相关方监护，取样标签应注明油品品名、来源、取样时间、地点、取样人、取样方法、数量等；相关方人员在取样单上签字认可留样。

第三十六条 取样后，将样品平均分成两份，将其中一份，由丙方进行试样的化验工作，相关方指定专人监督；在规定的取样化验时间内，监督方未到场时应视为确认当次油品质量，不得以任何理由拒绝签字、盖章，影响正常结算。取样后 6 小时出具常规项油品化验单。另一份三方签字施封，作为备查样。

第三十七条 质量化验用的仪器设备必须都在有效期内，如因特殊原因确实需要延期使用的，由相关方协商，一致同意后方可使用。

第三十八条 油样保存 3 个月，当发现质量不合格时，甲、乙、丙三方要组织其他有关各方查找原因，找出质量问题的源头。按照质量纠纷先处理、质量追溯有依据、谁的责任谁承担的原则进行解决。

第七章 计量质量纠纷处理

第三十九条 若交接计量过程中发生争议，要先交接，采取以协调为主的方式处理争议，不能影响当天计量交接。相关方可在 5 日内协商处理，以书面形式向对方提出，节假日顺延，如协商不成，双方各自上报上级主管部门解决。

第四十条 各方应尽量在对甲方全部完成流量计周期检定之后提出复检，在不影响周期检定正常进行的情况下，安排复检。如需要进行复检，由流量计产权方在两周内向国家原油大流量计量站提出复检申请。如无法进行复检，应以书面形式向对方回复，并确定检定时间。

第四十一条 流量计在检定合格的有效期内，任何一方均可对流量计的准确性提出异议，提出复检的时间：每批次输油完成后，如对本批次计量数据有异议，可在分输完成后 48 小时内以书面形式向对方提出（应注明分输开始和结束时间、批次、数量和流量计的位号）。

第四十二条 根据相关方申请复检流量计的结果，如果流量计超差，以相关方书面提出异议的时间、批次、数量和流量计位号开始到复检完成日期为止流量计的累计量计算退补量，退补量按 0.2% 以外的超差量进行退补；若流量计不超差不进行退补。

第四十三条 流量计复检费用按以下规定执行：
（一）若流量计产权方提出复检时，复检费用由流量计产权方承担。
（二）若流量计非产权方提出复检时，根据检定结果，需给提出方补量时，复检费用由产权方承担；如需给流量计产权方补量时，复检费用由流量计提出方承担；若无需补量，复检费用由提出方承担。

第四十四条 当发现油品质量不合格时，乙方组织其他各方查找原因，甲、丙方积极配合，找出质量问题的源头。

第八章 三方权力与义务

第四十五条 甲方：
（一）负责流量计系统的操作和管理，严格执行国家有关计量法规和计量器具管理规范，在进行计量器具检定、计量器具更换、修改有关计量参数时，应提前 3 个工作日通知乙方和丙方，接受乙方和丙方的监督，并做好记录。
（二）向乙方和丙方提供质量流量计检定证书（复印件），有权对乙方和丙方油罐及工艺流程进行查验。

第四十六条 乙方：
（一）向相关方提供计量交接罐检定证书，工艺流程（复印件）。
（二）有权对甲方的流量计系统参数进行查验。

第四十七条 丙方：

(一) 向相关方提供计量交接罐检定证书、工艺流程(复印件)。

(二) 有权对甲方的流量计系统参数进行查验。

第四十八条 交接三方互相指派计量人员到场抄表交接计量,并提供交接计量人员名单,凭有效的工作证件登记后方可进入站场,进入站场的人员要遵守安全生产管理的有关规定。否则,由责任方承担责任。

第四十九条 由于不可抗力原因(自然灾害、战争等)造成的损失由各方各自承担(乙方承担油品损失、甲方负责管道设备损失)。

第九章 其 他

第五十条 违约:

甲、乙、丙任何一方违反上述约定,均须承担相应责任,所有后果自负,并承担直接和间接经济损失,本协议在执行中遇到任何问题,各方均应友好协商处理,协商不成,分别报上级主管单位裁定。

第五十一条 油库为乙方全资库,由甲、乙双方进行成品油计量交接;油库为丙方全资库(或租赁库),由甲、乙、丙三方进行成品油计量交接。

第五十二条 本协议一式9份,正本3份,由甲、乙、丙三方各持一份,副本6份,甲、乙、丙三方各持2份。

第五十三条 本协议经各方代表签字并加盖公章后生效,有效期一年。协议到期后,如各方无异议,协议自动延续到下一年度。

第五十四条 本协议未尽事宜,以各方协商一致的补充协议为准。

甲方:(盖章)	乙方:(盖章)	丙方:(盖章)
中国石油天然气股份有限公司	中国石油天然气股份有限公司	中国石油天然气股份有限公司
公司管道××输油气分公司	××销售分公司	××销售分公司
委托代理人:	委托代理人:	委托代理人:
年 月 日	年 月 日	年 月 日

附录 计量单位和小数位数规定

序号	数据名称	单位	小数点位数
1	质量(流量计读数)	kg	整数
		t	3位小数
2	流量计系数	无量纲	4位小数
3	空气浮力修正系数	无量纲	4位小数
4	体积量	m³	3位小数
5	密度	kg/m³	1位小数

续表

序号	数据名称	单位	小数点位数
6	流量	kg/h	整数
		m³/h	3 位小数
7	压力	MPa	2 位小数
8	温度	℃	1 位小数
9	时间	h	1 位小数
10	高度	mm	整数
11	体积修正系数	VCF_{20}	4 位小数
12	含水	%	2 位小数

附录 C 天然气计量交接协议模板

天然气交接计量协议

甲方：管道公司××分公司

乙方：

根据《中华人民共和国计量法》和国家计委、能源部〔1990〕943号文件《原油天然气和稳定轻烃销售交接计量管理规定》，为明确责任，确保原油交接计量顺利进行，经双方商定，制定本协议，内容如下：

1 交接地点

1.1 气量交接点：××计量站。

1.2 计量交接界面：流量计出口法兰处。

1.3 自××起管线由××管理。

2 输气计划

天然气输气计划执行《天然气购销协议》中相关内容，并按管道公司销售处相关管理程序，执行日指定量供气方式。

3 执行标准

3.1 GB/T 18604《用气体超声流量计测量天然气流量》。

3.2 GB/T 13610《天然气的组成分析 气相色谱法》。

3.3 GB/T 13609《天然气取样导则》。

3.5 GB/T 18603《天然气计量系统技术要求》。

3.6 GB/T 21391《用涡轮流量计测量天然气流量》。

3.7 GB/T 21446《用标准孔板流量计测量天然气流量》。

3.8 GB/T 17747《天然气压缩因子的计算——用摩尔组成进行计算》。

4 天然气计量、检验仪主要器仪表配置与管理

用于天然气计量、品质检验所需的仪器仪表及其他辅助设施，由甲方负责配置和管理。主要器具规格及性能指标见表一。

表1 主要器具规格及性能指标

序号	名称	规格型号	测量范围	数量	精度等级	备注
1	××流量计					
2	气相色谱分析仪					

5 天然气计量

5.1 采用××流量计作为计量仪表，其中××路计量，××路备用。准确度等级应为国家标准GB/T 18603《天然气计量系统技术要求》为××级所规定的准确度等级。其他仪表配备符

合 SY/T 5398—1991《原油天然气和稳定轻烃交接计量站计量器具配备规范》。

5.2 采用温度变送器、压力变送器对超声波流量计的温度、压力进行修正。

5.3 采用流量计算机采集并计算数据，流量计算机需经计量检定机构检定（校准）合格后方可使用。

5.4 以流量计算机计算的数据作为计量交接量。

5.5 采用××色谱分析仪测量天然气的组分。

5.6 天然气交接以体积量为计算，单位为 m^3，天然气体积计量的标准参比条件是温度为 293.15K（20℃），绝对压力为 101.325kPa。

6 天然气计量交接

6.1 交接时间为每天 8：00，前日 8：00 至当日 8：00 流量计计量数据作为当日计量交接量。

6.2 每天 8：00 甲方填写《计量交接凭证》，双方在《计量交接凭证》签字，如有异议，应注明原因，但不得拒签，以保证输气正常进行。

6.3 每天 8：00 甲方向乙方提供过去 24 小时的《气质分析报告》，包含下列数据：天然气中的 C_1—C_{6+}，N_2 和 CO_2 组分含量。

7 计量器具检定

7.1 甲方按照××天一个维护周期，对计量器具进行维护，维护时甲方提前 1 天通知乙方，乙方派人现场监督并签字确认。

7.2 甲方按检定周期，流量计由国家大流量计量检定站进行检定，其他计量器具（如色谱分析仪、温度变送器、压力变送器、流量计算机等）请地方计量检定部门进行检定，以确保合格。检定结束后，甲方将检定证复印件提交给乙方。

7.3 检定所发生的费用由产权方承担。

8 质量检验

8.1 采用在线色谱分析仪对气质进行检验。

8.3 当在线色谱分析仪出现故障，或未设在线色谱分析仪时，采用临近站组分数据。

9 运行管理

9.1 交接气所用计量器具由甲方负责配备和操作管理，乙方现场监护。

9.2 双方参加计量交接的人员必须持有交接计量员证，作为计量交接的上岗资格。

9.3 计量仪器仪表由甲方操作，乙方监护。

9.4 双方交接计量员每 2 小时到现场读取流量、温度、压力、组分等参数，并填写记录，每 8 小时在记录上签字，如乙方未到场以甲方记录的数据为准。

9.5 使用流量计算机进行气量计算时，由甲方输入所需的计量参数，乙方监护。供需双方若有疑问，都可对计量参数进行查询，如计量参数需要调整由双方共同修改并做好记录。

9.6 乙方如需要检修，应提前××日以书面形式向供气方提供管道检修计划，乙方在进行设备检修、管道技术试验，清管作业时提前××天通知甲方，甲方应予以配合。

9.7 在日常运行中，乙方有权检查甲方使用的气质组分及相应参数，并进行核对。

9.8 供气期内，甲方在获悉不合格天然气已通过或可能会通过交接点时，应立即通知乙方，通知应说明下列详细情形：

9.8.1 供应的天然气与标准规定的现有或预期不符程度。
9.8.2 不合格天然气已通过或估计会通过交接点的日期和时间。
9.8.3 该不符合情形的预期持续时间。
9.8.4 如果乙方提供流量计,则每年由乙方出资××万元作为维护费用。

10 故障、争议及处理

10.1 乙方派员对计量交接进行现场监护,乙方如对甲方的计量仪表有异议时,甲方应及时与乙方共同查找原因,在查找原因期间甲方应积极配合并随时提供与计量有关的各种参数。若未查出原因,按甲方的计量值签字交接。若甲方的气量计量值确有错误,查明原因后按校正参数后的计量值进行多退少补。

10.2 如乙方认为甲方的计量器具存在问题,乙方可向甲方以书面形式提出,由甲方向国家鉴定机构提出对计量器具进行复检。如复检结果合格则不进行补量,检定相关费用由乙方承担;如检定结果不合格依据检定结果退补气量,其检定相关费用由甲方承担。

10.3 当甲方计量仪表及设备发生故障时,甲方应及时进行检修,检修时甲方必须通知乙方人员在场,故障期间交接气量按故障发生前两小时平均流量乘以故障时间计算。

10.4 在生产运行过程中,供需双方发生争议时要本着互谅互让的原则协商解决,任何一方不得以任何借口影响正常的供用气。

11 仲裁

双方因本协议或与本协议有关的任何事项发生的任何争议,由双方协商解决。如协商未达成一致,由中国石油天然气股份有限公司仲裁解决。

12 工作协调与联系

12.1 双方应建立定期会晤制度,进行情况交流,协商解决双方在计量中存在的问题。进一步加强和促进双方的工作合作。

12.2 双方会晤时间、地点(采取轮换制)另行商定。

13 其他

13.1 本协议一式××份,供需双方各执××份,本协议由双方法人代表(或委托代理人)签字并加盖公章后生效。

13.2 本协议生效后有效期为1年,到期双方对协议无异议,可延续执行。

13.3 本协议在执行中若发现存在未尽事宜,双方应及时沟通、协商,如有必要可签订补充条款。

甲方: 乙方:
代表: 代表:
日期: 年 月 日 日期: 年 月 日

第三部分　计量工程师资质认证试题集

初级资质认证

初级资质理论认证要素细目表

行为领域	代码	认证范围	编号	认证要点
基础知识 A	A	计量基础知识	01	计量的概念
			02	误差的名词术语
			03	油品的基本特性
			04	流量计主要技术指标定义
专业知识 B	A	计量设备维护管理	01	流量计日常维护和故障处理
			02	流量计的维护和保养
	B	计量交接管理	01	计量交接管理规定
			02	降低输差的主要途径
	C	计量检定管理	01	流量计检定条件
			02	流量计检定项目
	D	站场运销管理	01	天然气运销计划管理内容
			02	天然气盘点基本要求
	E	生产管理系统	01	ERP 计量管理模块业务填报内容
			02	PPS 系统概述

初级资质理论认证试题

一、单项选择题(每题 4 个选项,将正确的选项号填入括号内)

第一部分　基础知识

计量基础知识部分

1. AA01《中华人民共和国计量法实施细则》自(　　)起执行。
A. 1986 年 7 月 1 日　　　　　　　　B. 1987 年 2 月 1 日
C. 1986 年 1 月 1 日　　　　　　　　D. 1986 年 1 月 1 日

2. AA01 量值（　　）。
A. 可以定性区别并能定量确定的物体属性
B. 由数值和计量单位相加所表示的量的大小
C. 由数值和计量单位的乘积所表示的量的大小
D. 由计量单位表示的大小

3. AA01 测量（　　）。
A. 定性区别并能定量确定的物体属性
B. 以确定被测对象量值为目的的全部操作
C. 已知的量与未知的量进行比较
D. 实现单位统一和量值准确可靠的测量

4. AA01 计量器具（　　）。
A. 用以直接或间接测出被测对象量值的装置、仪器仪表、量具和用于统一量值的标准物质
B. 计量器具包括计量基准器具和计量标准器具两大类
C. 经各省计量行政部门批准作为统一量值最高依据的计量器具
D. 计量器具就是计量标准器具

5. AA02 检定（　　）。
A. 计量检定与有无检定规程作为依据无关
B. "校准"和"测试"都不是检定
C. "校准"和"测试"也可以出具检定证书
D. 为了评定计量器具的计量性能（准确度、稳定度、灵敏度等）并确定其是否合格所进行的全部工作

6. AA02 修正值（　　）。
A. 被测量的值本身所具有的真实大小
B. 测量结果与标准值之差
C. 真值与测量值之差
D. 测量结果与被测量真值之差

7. AA02 系统误差（　　）。
A. 在偏离测量规定条件时或由于测量方法所引入的因素，而产生按某确定规律变化的误差
B. 在偏离测量规定条件时或由于测量方法所引入的因素，而产生没有规律变化的误差
C. 在偏离测量规定条件时或由于测量方法所引入的因素而产生的按某确定规律变化和没有规律变化的误差之和

8. AA02 测量误差是指测量仪表的指示值与被测量的（　　）之间存在的偏差值。
A. 真实性　　　　B. 测量值　　　　C. 指示值　　　　D. 示值

9. AA02（　　）是指测量结果和被测量的真值之间的差。
A. 绝对误差　　　B. 相对误差　　　C. 引用误差　　　D. 计量误差

10. AA02 测量误差可以用（　　）表示。
A. 系统误差和随机误差　　　　　B. 绝对误差和相对误差
C. 绝对误差和引用误差　　　　　D. 相对误差和引用误差

11. AA02 原油含水量测定时，接收器中的水体积要读准至（　　）mL。
A. 0.05　　　　B. 0.025　　　　C. 0.01　　　　D. 0.10

12. AA03 开尔文是热力学温度单位,等于水的三相点热力学温度的(   )。
    A. 1/293.16   B. 1/273.16   C. 1/263.16   D. 1/253.16
13. AA04 用于贸易结算及优于0.5级的超声波流量计检定周期为(   )年。
    A. 2   B. 4   C. 0.5   D. 1.5
14. AA03 油品的密度随温度的升高而(   )。
    A. 升高   B. 降低   C. 不变   D. 不确定
15. AA03 标准密度是指在(   )℃和101.325 kPa下单位体积液体的质量。
    A. 20   B. 15   C. 4   D. 0
16. AA04 下列不属于容积式流量计的是(   )。
    A. 椭圆齿轮流量计   B. 腰轮流量计
    C. 刮板流量计   D. 质量流量计

第二部分　专业知识

计量设备维护管理部分

17. BA01 对油品进行密度测定时,密度计在试样中漂浮时,密度计底部与量筒底部的间距至少有(   )mm。
    A. 15   B. 20   C. 25   D. 30
18. BA01 选项(   )不是影响振动管密度计测量性能的因素。
    A. 密度计常数   B. 温度修正系数
    C. 压力修正系数   D. 空气浮力系数
19. BA01 根据管道公司文件要求,体积管系统定期维修周期为(   )年。
    A. 1   B. 2   C. 3   D. 4
20. BA01 活塞式体积管一般有(   )个光电开关。
    A. 2   B. 3   C. 4   D. 5
21. BA01 活塞式体积管在基准容积检定时,氮气系统连通阀应保持(   )状态。
    A. 开   B. 关   C. 远程控制   D. 就地控制
22. BA02 活塞式体积管活塞通过(   )光电开关时,系统开始采集数据和脉冲并计时。
    A. 第一   B. 第二   C. 上游等待   D. 下游等待
23. BA02 活塞式体积管之所以容积小,而且保证检定流量计的高准确度,除了检测开关灵敏度高外,另一个主要原因是采用了(   )。
    A. 压力补偿技术   B. 温度补偿技术
    C. 脉冲插值技术   D. 增加脉冲技术
24. BA02 体积管的重复性应优于(   ),方能满足计量性能要求。
    A. 0.02%   B. 0.05%   C. 0.1%   D. 0.2%

计量交接管理部分

25. BB01 成品油交接数量计量应采用(   )计量单位。
    A. 质量   B. 体积   C. 能量   D. 任意

26. BB01 用于计量交接的立式金属罐必须经国家授权的( )级以上第三方大容量计量检定站检定合格,方能作为计量交接罐。
   A. 国家   B. 省   C. 市   D. 县

27. BB02 原油及轻质成品油在输送和储存、计量过程中,因蒸发而损耗相当数量的轻质油馏分,此种为油品损耗形式中的( )。
   A. 漏损   B. 混油损失   C. 蒸发损耗   D. 油品挥发

28. BB02 石油产品在某一项生产、作业过程中发生的损耗量同参与该项生产、作业量的质量百分比,称为( )。
   A. 蒸发损耗   B. 残漏损耗   C. 损耗量   D. 损耗率

29. BB02 采用手工法测定油品密度时,在整个试验期间,环境温度变化应不大于( )℃。
   A. 1   B. 2   C. 3   D. 5

30. BB02 采用手工法测定透明液体密度时,应读取液体( )与密度计刻度相切的那一点的密度值。
   A. 上弯月面   B. 下弯月面
   C. 上、下弯月面   D. 任意位置

计量检定管理部分

31. BC01 用于原油交接计量的刮板流量计检定周期为( )。
   A. 6个月   B. 3个月   C. 1个月   D. 1年

32. BC01 计量检定必须执行计量( )规程,否则,不能称为检定。
   A. 基准   B. 标准   C. 工作   D. 检定

33. BC01 质量流量计的检定周期根据使用情况确定。用于贸易结算的一般不超过( )年。
   A. 0.5   B. 1   C. 1.5   D. 2

34. BC01 根据管道公司文件要求,质量流量计计量系统定期维修周期为( )年。
   A. 1   B. 2   C. 3   D. 4

35. BC02 各输油气分公司根据计量设备检定结果,合理安排运行,一般应在最大流量的( ),保证计量设备在精度范围内使用。
   A. 30%以下   B. 50%以上   C. 80%以上   D. 30%~70%

36. BC02 用于原油计量交接的质量流量计的准确度为( )。
   A. 0.5级   B. 0.2级   C. 0.1级   D. 2级

37. BD01 管道公司规定站运销日报上报时限为每天( )时。
   A. 8   B. 9   C. 10   D. 11

站场运销管理部分

38. BD02 盘库时要求:成品油检实尺、水尺;原油检( )。
   A. 实尺   B. 空尺   C. 水尺   D. 不确定

生产管理系统部分

39. BE02 每日，站计量岗使用（　　）系统计量交接凭证功能，按规定结账时间直接提交生成计量交接凭证，打印出来与用户签字确认。

A. PPS　　　　　　B. ERP-PM　　　　　　C. MDM　　　　　　D. SAP

二、判断题（对的画"√"，错的画"×"）

第一部分　基础知识

计量基础知识部分

（　　）1. AA01 计量是实现单位统一和量值准确可靠的活动。

（　　）2. AA01 计量就是计算和测量。

（　　）3. AA01 量的数值：量值的纯数字和单位部分。

（　　）4. AA01 计量单位前面的数字一定为 1。

（　　）5. AA01 所谓计量标准器具，简称计量标准，是指准确度低于计量基准的、用于检定次级计量标准或工作计量器具的计量器具。

（　　）6. AA02 量程是流量范围的定量描述参数，量程比则为不同流量范围的流量计之间比较宽窄的一个参量。是评价一台流量计计量性能指标的重要参数，量程比大，说明流量范围宽。

（　　）7. AA02 流量计在规定的正常工作条件下允许的最大误差，称为流量计的允许误差。允许误差可用绝对误差、相对误差表示。

（　　）8. AA02 流量计的准确度等级是评价流量计优劣的最重要技术指标之一，其数值越大，流量仪表准确度等级越高，其精度越高。

（　　）9. AA02 仪表的重复性是指在同一工作条件下，对同一被测量多次重复测量，其示值相互不一致的程度。重复性表示仪表随机误差的大小。

（　　）10. AA02 计量的精密度（precision of measurement）是指在相同条件下，对被测量进行多次反复测量，测得值之间的一致（符合）程度。从测量误差的角度来说，精密度所反映的是测得值的随机误差。

（　　）11. AA02 准确度等级是指符合一定的计量要求，使误差保持在规定极限以内的测量仪器的等级、级别。

（　　）12. AA02 测量准确度是定性概念，测量不确定度是定量概念。

（　　）13. AA02 修正值指真值与测量值之差。

（　　）14. AA02 数据 1.005 50 保留到小数点后第三位应为：1.006。

（　　）15. AA02 在测量时计量员读错了数据或测错量时，产生的误差称为随机误差。

（　　）16. AA03 酸性天然气：含硫量大于 $20mg/m^3$（N）的天然气，必须经净化才能管输。

（　　）17. AA03 天然气的相对分子质量：化学上采用碳元素 C_{12} 的质量的 1/12 作为测量一切分子的质量的单位，用这种质量单位表示的分子质量叫相对分子质量。

（　　）18. AA03 天然气的热值是指单位数量的天然气在空气中燃烧所放出的热量。

(　　)19. AA03 天然气的绝对湿度，是指单位数量天然气中所含水蒸气的质量，单位是 g/m^3。

(　　)20. AA03 在一定温度和压力条件下，天然气的含水量达到某一最大值，就不能再增加水汽的含量，同时开始有水从天然气中凝析出来，此时的天然气含水量达到饱和，即天然气为水汽饱和。

(　　)21. AA03 硫化氢及其与氧化物所形成的二氧化硫，都具有强烈的刺激气味，对眼黏膜及呼吸道都有损坏作用。空气中硫化氢浓度大于 $910mg/m^3$（约 0.06% 体积比）时，人呼吸1小时，就会严重中毒。空气中含有 0.05% 二氧化硫时，呼吸短时间生命就有危险。

(　　)22. AA03 即使硫化氢含量不大，金属的腐蚀速度也很快，而硫化氢和氧的浓度越高，腐蚀越加剧。硫化氢的燃烧产物二氧化硫也具有腐蚀性。

(　　)23. AA03 天然气比空气轻，其相对密度一般小于1，通常为 0.5~0.7。

(　　)24. AA03 对于同一气体，其比定压热容比比定容热容小。

(　　)25. AA03 饱和蒸气压与外界压力相等时的温度称为液体的沸点，也是气体的液化点。

(　　)26. AA03 天然气的爆炸极限一般为 5%~15%。

(　　)27. AA03 在一定压力下，对应的温度称为水的露点，简称为露点。

(　　)28. AA04 气相色谱仪分析出天然气的体积组成后，便可通过计算确定天然气的流量。

(　　)29. AA04 流量以质量表示时，称为"质量流量"；以体积表示时称为"体积流量"；以能量表示时称为"能量流量"。

(　　)30. AA04 从结构特点来分，刮板流量计有凸轮式和凹轮式两种形式。

(　　)31. AA04 外界环境的振动对旋进旋涡流量计测量结果的影响比较大。

(　　)32. AA04 流经旋进旋涡流量计的气流应是稳定的随时间变化不大的单相气流。

(　　)33. AA04 标准体积管的形式，从安装的方式可分为单向式和双向式两种。

第二部分　专业知识

计量设备维护管理部分

(　　)34. BA02 最大流量与最小流量值的比值称为流量计的量程比，亦称为流量计的范围度。

(　　)35. BA01 密度计放入试样中要注意避免弄湿液面以上的干管。

(　　)36. BA02 计量设备在使用或保存时，应注意防尘、防潮、防腐蚀、防止日晒雨淋。

计量交接管理部分

(　　)37. BB01 为加强管道输送原油、成品油和天然气计量工作的管理，确保油、气计量的准确性，并控制油、气输差损耗在指标范围内，制订了油气计量管理程序。

(　　)38. BB01 各输油气分公司运销科是油气计量管理工作的归口管理部门。

(　　)39. BB02 根据管道公司规定，采用流量计计量交接成品油时，流量计的精度不低于 0.5 级。

(　　)40. BB02 为达到交接计量所要求的准确度等级,应在流体特性、操作条件和安装条件与正常使用条件相接近的条件下检定流量计。

计量检定管理部分

(　　)41. BC01 计量人员的管理执行《计量人员注册、考核管理规定》。

(　　)42. BC01 对于原油计量,在流量计检定周期内,至少1个月进行一次自检。

(　　)43. BC01 容差调整只在流量计检定时进行。

(　　)44. BC01 用于油品贸易交接的流量计不属于强制检定的计量器具。

(　　)45. BC01 检测开关是体积管的发讯机构,安装在基准管的进、出口端。

(　　)46. BC01 根据股份公司相关规定,供方或承运方检定(校准)、调整交接计量设施,可以不用通知相关各方到场监督。

(　　)47. BC02 "校准"和"测试"不能出具检定证书,可以测试结果通知书。

(　　)48. BC02 用于油品计量交接的量油尺可通过检定也可通过校准后使用。

(　　)49. BC02 水冷凝管使用时,冷却水的进口应在组装仪器的高处,出水口应在组装仪器的低处。

(　　)50. BC02 计量设备检定合格后,由各输油气分公司保存检定证书复印件,并向相关方提供原件。

(　　)51. BC02 各类计量原始数据,应认真采集填写,不得随意涂改复制,确保原始面貌。

生产管理系统部分

(　　)52. BE01 每年1月、7月,各输油气分公司向生产处汇报《计量设备检定统计表》,以便生产处掌握计量设备的状态。

(　　)53. BE01 对于原油计量,在ERP系统中按日录入平均密度、平均含水,系统生成曲线后进行分析。

(　　)54. BE02 分公司运销科如需修改本单位运销日报数据时,须通过PPS系统向生产处运销科提交《数据修改申请表》。

(　　)55. BE02 管道生产管理系统必须使用中石油UKEY,从统一身份验证平台访问系统。

三、简答题

第一部分　基础知识

计量基础知识部分

1. AA01 什么是量值传递与溯源?
2. AA02 国际单位制中7个SI基本单位是什么?并写出其单位名称和单位符号?
3. AA03 简述高位发热量和低位发热量的区别?
4. AA03 天然气标准参比条件是什么?

第二部分 专业知识

计量设备维护管理部分

5. BA01 涡轮流量计滤网的作用和影响？
6. BA01 涡轮流量计的启动顺序是什么？
7. BA02 简述涡轮流量计的工作原理？
8. BA02 什么是系统误差？
9. BA02 怎么修改 S600 气质组分替代值？

计量交接管理部分

10. BB01 简述对于计量交接时间的规定？

计量检定管理部分

11. BC02 强制检定的计量器具包括哪几部分？

初级资质理论认证试题答案

一、单项选择题答案

1. B	2. C	3. B	4. A	5. D	6. C	7. A	8. A	9. A	10. B
11. B	12. B	13. A	14. B	15. A	16. D	17. C	18. D	19. C	20. B
21. A	22. A	23. C	24. A	25. A	26. B	27. C	28. D	29. B	30. C
31. A	32. D	33. B	34. C	35. D	36. B	37. C	38. B	39. A	

二、判断题答案

1. √ 2. ×计量是实现单位统一和量值准确可靠的活动。 3. ×量的存数字部分。 4. √ 5. √ 6. √ 7. √ 8. ×其数值越小，精度越高。 9. √ 10. √ 11. √ 12. √ 13. √ 14. √ 15. ×在测量时计量员读错了数据或测量错时，产生的误差称为粗大误差。 16. √ 17. √ 18. ×天然气的热值是指单位数量的天然气完全燃烧所放出的热量。 19. √ 20. √ 21. √ 22. √ 23. √ 24. ×比定压热容比比定容热容大。 25. √ 26. √ 27. ×在一定压力下，饱和绝对湿度对应的温度称为水的露点。 28. ×分析出组分后，计算相对密度、发热量等，才能实现体积计量和能量计量。 29. √ 30. ×从结构特点来分，刮板流量计有凸轮式和凹线式两种形式。 31. √ 32. √ 33. ×标准体积管的形式，从安装的方式可分为固定式和移动式两种。 34. √ 35. √ 36. √ 37. √ 38. ×生产处是油气计量管理工作的归口管理部门。 39. ×不低于 1.0 级。 40. √ 41. √ 42. ×对于原油计量，在流量计检定周期内，至少每半月进行一次自检。 43. √ 44. ×用于油品贸易交接的流量计属于强制检定器具。 45. √ 46. ×双方在场。 47. √ 48. ×用于油品计量交接的量油尺必须经强制检定合格后方可使用。 49.×水冷凝管使用时，冷。 50.×计量设备检定合格后，由各输油气分公司保存检定证书原件，并向相关方提供复印件。 51.√ 52.√ 53.√ 54.√ 55.√

三、简答题答案

1. AA01 什么是量值传递与溯源？

答：(1)量值传递就是通过检定，将国家计量基准所复现的计量单位量值传递给下一等级的计量标准，并逐渐传递到工作计量器具，以保证被测量的量值准确一致。(2)量值溯源就是通过一条具有规定不确定度的不间断的比较链，使测量结果或计量标准值能够与规定的参考标准，通常是与国家计量标准或国际计量标准联系起来的特性。

评分标准：答对(1)(2)各占50%。

2. AA02 国际单位制中7个SI基本单位是什么？并写出其单位名称和单位符号？

答：

量的名称	单位名称	单位符号
长度	米	m
质量	千克	kg
时间	秒	s
电流	安培	A
热力学温度	开尔文	K
物质的量	摩尔	mol
发光强度	坎德拉	cd

评分标准：共7条，每条各占15%。

3. AA03 简述高位发热量和低位发热量的区别？

答：(1)高位发热量是指一定量的气体在空气中完全燃烧所释放的热量，其生成物中的水以液态形式存在；(2)低位发热量是指一定量的气体在空气中完全燃烧所释放的热量，其生成物中的水以气态形式存在。

评分标准：答对(1)(2)各占50%。

4. AA03 天然气标准参比条件是？

答：GB/T 19205—2003《天然气标准参比条件》中规定：在测量和计算天然气、天然气代用品及气态的类似流体时，使用的压力和温度的标准参比条件是101.325kPa，20℃(293.15K)。也可采用合同规定的其他压力、温度作为标准参比条件。

评分标准：答对占100%。

5. BA01 涡轮流量计滤网的作用和影响？

答：(1)安装滤网可以避免管道内施工遗留焊渣造成叶轮轴承损坏；(2)滤网安装一段时间以后因为气体脏污造成堵塞，使得涡轮流量计内的气体流态不稳定，造成计量精度大大下降，因此，原则上投产后3个月应该拆除滤网。

评分标准：答对(1)(2)各占50%。

6. BA01 涡轮流量计的启动顺序是什么?

答:(1)安装就位后,应确保所有的切屑和残渣均已清除,系统已经吹洗、试压、气流进入并升压至流量计入口阀。(2)打开流量计上游旁通小球阀。(3)缓慢打开流量计上游旁通小截止阀,气体缓慢充入直到流量计下游电动强制密封球阀前。(4)注意:压力剧烈振荡或过快的高速加压会损坏流量计。为了保护气体涡轮流量计,加到涡轮流量计上的压力升高不能超过35kPa/s。如现场不能测量压力变化,则监视流量计流量不能超限。(5)关闭旁通小球阀和截止阀。(6)转动手轮打开入口强制密封阀。(7)缓慢打开流量计下游电动强制密封球阀(至少持续1分钟),最好使用电动执行机构上的手动开关,一定要小心,不要使涡轮流量计超速运转。(8)整个系统充压完毕,天然气开始被计量。

评分标准:答对(1)~(8)各占12.5%。

7. BA02 简述涡轮流量计的工作原理?

答:(1)当气体进入流量计时,首先经过特殊结构的前导流体并加速,在流体的作用下,由于涡轮叶片与气体流向成一定角度,此时涡轮产生转动力矩,在涡轮克服阻力矩和摩擦力矩后开始转动。(2)当诸力矩达到平衡时,转速恒定,涡轮转动速度与流量呈线性关系。(3)利用电磁感应原理,通过旋转的涡轮叶片顶端导磁体周期性的改变磁阻,从而在线圈两端感应出与频率与流体体积流量成正比的脉冲信号,测出脉冲信号的频率便得到流量的大小。

评分标准:答对(1)(2)各占30%,答对(3)占40%。

8. BA02 什么是系统误差?

在偏离测量规定条件时或由于测量方法所引入的因素,而产生按某确定规律变化的误差。

评分标准:答对占100%。

9. BA02 怎么修改S600气质组分替代值?

(1)在主菜单下按OPERATOR;(2)选择COMPOSITION;(3)选择测量值(MEASURED)或替代值(KEY PAD);(4)在KEYPAD MOLE菜单下修改组分值。

评分标准:答对(1)~(4)各占25%。

10. BB01 简述对于计量交接时间的规定?

答:(1)每日8:00—8:30进行销气量统计和计量交接凭证及气质分析报告的填写工作,与门站计量人员对计量交接凭证和气质分析报告进行确认后双方签字认可,分输站向门站每日提供2份计量交接凭证和1份气质分析报告。

(2)每周一将两份计量交接原件用特快专递寄给市场开发与销售部。

评分标准:答对(1)(2)各占50%。

11. BC02 强制检定的计量器具包括哪几部分?

答:强制检定的计量器具包括3部分:(1)社会公用的计量标准器具;(2)部门和企业、事业单位使用的最高计量标准器具;(3)用于贸易结算、安全防护、医疗卫生、环境监测方面的列入强制检定项目的工作计量器具。

评分标准:答对(1)(2)各占30%,答对(3)占40%。

初级资质工作任务认证

初级资质工作任务认证要素细目表

模块	代码	工作任务	认证要点	认证形式
一、计量设备维护管理	S-JL-01-C01	刮板流量计的维护管理	刮板流量计预防性维护保养	步骤描述
	S-JL-01-C02	质量流量计的维护管理	使用流量变送器确认流量计报警	技能操作
	S-JL-01-C03	一球一阀双向体积管的维护管理	一球一阀双向体积管预防性维护保养	步骤描述
	S-JL-01-C04	活塞式体积管的维护管理	活塞式体积管预防性维护保养	步骤描述
	S-JL-01-C05	超声波流量计的维护管理	更换超声波流量计探头	技能操作
	S-JL-01-C06	气体涡轮流量计的维护管理	气体涡轮流量计定期维修内容描述	技能操作
二、计量交接管理	S-JL-02-C01	动态计量油量计算	质量流量计计量油品质量计算	技能操作
	S-JL-02-C02	静态计量油量计算	静态计量油量计算程序描述	步骤描述
	S-JL-02-C03	输差产生及控制方法	描述降低输油管道输差的控制措施	步骤描述
	S-JL-02-C04	天然气损耗管理	分析天然气管道输差损耗产生的原因	步骤描述
三、计量检定管理	S-JL-03-C01	容积式流量计检定	计量工艺系统要求	步骤描述
四、站场运销管理	S-JL-04-C01	原油、成品油计划管理	原油月度运销计划的获得和执行	技能操作
	S-JL-04-C02	原油、成品油运销数据的统计与上报管理	分析站场输差损耗较大的原因	技能操作
	S-JL-04-C03	油品盘点管理	库存盘点过程中，油罐检尺需要的技术要求	技能操作
五、生产管理系统应用	S-JL-05-C01	ERP系统（计量管理模块）应用	计量交接员统计表填报	系统操作
	S-JL-05-C02	ERP系统（计量管理模块）应用	流量计检定计划录入	系统操作
	S-JL-05-C03	PPS系统应用	天然气站场运销日报填报	系统操作
	S-JL-05-C04	QMS系统应用	录入企业信息	系统操作
	S-JL-05-C04	QMS系统应用	录入计量人员信息	系统操作

初级资质工作任务认证试题

一、S-JL-01-C01 刮板流量计维护管理——刮板流量计预防性维护保养

1. 考核时间：20min。
2. 考核方式：步骤描述。
3. 考核评分表。

考生姓名：＿＿＿＿＿＿＿　　　　　　　　　　　　　　　　　　　单位：＿＿＿＿＿＿＿

序号	工作步骤	工作标准	配分	评分标准	扣分	得分	考核结果
1	描述刮板流量计预防性维护保养内容及主要技术要点	(1)检查大字码表头(指示器)。检查流量计表头(指示器)计数器是否正常、无卡数、丢数现象；对流量计表头齿轮传动部分，每年应进行一次彻底清洗、检查、润滑、调试，调试好后再装到流量计主体上。 (2)检查精度修正器。对精度修正器应一年检查一次，并对齿轮传动部分进行清洗润滑；当精度修正器长期使用或因经常注油不足导致其损坏时，建议更换备用精度修正器。 (3)检查脉冲发讯器。检查流量计脉冲发讯器发讯是否正常，标准体积管电子脉冲计数器计数是否正常，如果不正常，则应对流量计脉冲发讯器的安装进行检查和处理，直至工作正常；检查如果脉冲发讯器损坏严重，必要时更换备用发讯器。 (4)检查流量计主体部分。检查、监听流量计的运转是否有杂音，目视检查流量计、管线、阀门及接头有无泄漏流量计在运行过程中一旦发生故障不能继续使用，应进行解体检查，若零部件损坏则应分解、清洗和更换并重新组装，重新检定合格后投用。 (5)检查密封机构。检查出轴密封是否定期加注甘油，是否有渗漏，如渗漏严重应予以更换；更换过度磨损的齿轮、轴、密封垫及"O"形密封圈，加满甘油。 (6)检查辅助系统。根据过滤器两端压差大小决定是否清洗；拆卸过滤器，若发现滤网损坏，立即更换；检查消气器排气管是否渗漏，如有渗漏应立即修理消气器	100	随机抽查4项，每项25分。每项根据回答情况按比例给分			
		合计	100				

考评员　　　　　　　　　　　　　　　　　　　　　　　　　　　　　　　年　　月　　日

二、S-JL-01-C02 使用显示器确认流量变送器报警

1. 考核时间：10min；
2. 考核方式：技能操作。
3. 考核评分表。

考生姓名：_____　　　　　　　　　　　单位：_____

序号	工作步骤	工作标准	配分	评分标准	扣分	得分	考核结果
1	检查 LED 状态	查看流量变送器 LED 状态指示灯	10	不清楚流量变送器 LED 状态指示灯各类状态含义扣 10 分			
2	确认报警操作	进入查看报警菜单，选择查看报警，记录报警代码，确认报警	80	光敏开关操作不正确扣 10 分，遮挡时间不足 4 秒扣 10 分；直接确认所有报警扣 20 分，无法进行查看未确认的报警扣 20 分；记录报警代码不正确扣 10 分；未确认报警代码直接退出报警菜单扣 10 分			
3	退出	退出至原始界面	10	无法退出至原始操作界面扣 15 分			
		合计	100				

考评员　　　　　　　　　　　　　　　　　　　　　　　年　　月　　日

三、S-JL-01-C03 一球一阀双向体积管维护管理——一球一阀双向体积管预防性维护保养

1. 考核时间：20min。
2. 考核方式：步骤描述。
3. 考核评分表。

考生姓名：_____　　　　　　　　　　　单位：_____

序号	工作步骤	工作标准	配分	评分标准	扣分	得分	考核结果
1	描述一球一阀双向体积管预防性维护保养内容及主要技术要点	(1)检查电磁阀和控制系统的运行和状态；(2)检查安全阀，如需要，进行校准；(3)完成对流量计的检定后，体积管可用于通油运行，如果长期不用，应及时对体积管扫线，并记录时间；(4)在环境温度低于 5℃时，应打开四通阀底部的排污堵头，将四通阀内的积水排空；按相关标准规定对电动执行机构进行维护并记录；(5)按体积管生产厂家规定定期对操作机构进行润滑	100	每项 20 分。每项根据回答情况按比例给分			
		合计	100				

考评员　　　　　　　　　　　　　　　　　　　　　　　年　　月　　日

四、S-JL-01-C04 活塞式体积管维护管理——活塞式体积管预防性维护保养

1. 考核时间：20min。
2. 考核方式：步骤描述。
3. 考核评分表。

考生姓名：_____　　　　　　　　　　　　单位：_____

序号	工作步骤	工作标准	配分	评分标准	扣分	得分	考核结果
1	描述活塞式体积管预防性维护保养内容及主要技术要点	(1) 检定控制系统复检； (2) 体积管装置定期检定； (3) 设备和车辆清洗干净； (4) 对液压系统的液压油进行检查更换； (5) 检查或清洗过滤器滤芯； (6) 检查阀门操作灵活性； (7) 对压力、温度、密度检测装置进行定期检查或检定； (8) 检查氮气瓶压力	100	缺少一项扣15分			
		合计	100				

考评员　　　　　　　　　　　　　　　　　　　　　　　　　　　年　　月　　日

五、S-JL-01-C05 超声波流量计维护管理——更换超声波流量计探头

1. 考核时间：30min。
2. 考核方式：步骤描述。
3. 考核评分表。

考生姓名：_____　　　　　　　　　　　　单位：_____

序号	工作步骤	工作标准	配分	评分标准	扣分	得分	考核结果
1	记录探头部件编号	依次记录探头各部件编号	10	少记录一处扣2分			
2	更换探头	(1) 拆除原有探头； (2) 将新探头装入，在Meterlink软件中tools-transducer swap-out中按向导进行更改； (3) 将新探头的参数写入并上传	90	不能拆除探头扣20分，拆除中工具使用不当扣10分；不能装入新探头扣20分，使用工具不当扣10分；参数未设置扣20分，参数设置错误一处扣10分，更改后未上传扣10分			
		合计	100				

考评员　　　　　　　　　　　　　　　　　　　　　　　　　　　年　　月　　日

六、S-JL-01-C06 气体涡轮流量计维护管理——气体涡轮流量计定期维修内容描述

1. 考核时间：30min。

2. 考核方式：步骤描述。
3. 考核评分表。

考生姓名：_____ 单位：_____

序号	工作步骤	工作标准	配分	评分标准	扣分	得分	考核结果
1	描述气体涡轮流量计定期维修容及主要技术要点	(1) 日常检查流量计运行是否有噪声； (2) 流量计拆装检定时，检查前后直管段内壁脏污情况，并进行清理； (3) 检查高频和中频脉冲比是否正常； (4) 检查流量计现场传输线路是否破损，软保护套管有无损伤； (5) 检查流量计脉冲信号是否正常，更换脉冲探头或维修脉冲连接线路； (6) 检查流量计内部旋转叶轮，叶轮损坏时进行更换； (7) 检查流量计内部旋转轴承，当轴承损坏或振动间隙过大时进行更换； (8) 流量计定期拆装检定	100	缺少一项扣20分			
		合计	100				

考评员　　　　　　　　　　　　　　　　　　　　　年　月　日

七、S-JL-02-C01 动态计量油量计算——质量流量计计量油品质量计算

1. 考核时间：15min。
2. 考核方式：技能操作。
3. 考核评分表。

考生姓名：_____ 单位：_____

序号	工作步骤	工作标准	配分	评分标准	扣分	得分	考核结果
1	原始数据采集	记录质量流量计始读数、末读数、油温、在线密度，按要求保留有效位数	20	记录原始数据不准确一项扣5分，有效位数保留不正确一项扣5分			
2	查询流量计系数	计算平均流量，根据平均流量查询流量计系数	20	平均流量计算不准确扣15分，流量计系数不正确扣20分			
3	计算	计算油品在空气中的净质量，要求计算准确，按要求保留有效位数	60	净质量计算不准确扣60分，有效位数保留不准确一项扣10分			
		合计	100				

考评员　　　　　　　　　　　　　　　　　　　　　年　月　日

八、S-JL-02-C02 静态计量油量计算——油量计算程序描述

1. 考核时间：15min。

2. 考核方式：步骤描述。
3. 考核评分表。

考生姓名：＿＿＿＿＿＿＿   单位：＿＿＿＿＿＿＿

序号	工作步骤	工作标准	配分	评分标准	扣分	得分	考核结果
1	描述计量油量计算程序	(1) 计量罐内油品介质液位检测； (2) 计量罐内油品温度检测； (3) 计量罐内取样； (4) 用玻璃管密度计、温度计测定油品密度； (5) 原油含水测定； (6) 计算油量	100	空尺、实尺适用油品描述错误扣 10 分，油品液位取值描述错误扣 10 分，计量罐内温度测量点选择描述不正确扣 10 分，测量值估读值描述不正确扣 10 分，计量罐内取样位置描述不正确扣 10 分，密度测定方法和取值描述不正确扣 10 分，油品含水测定方法和取值描述不正确扣 10 分，油量计算步骤描述不正确扣 30 分（此项根据回答情况给分）			
		合计	100				

考评员   年   月   日

九、S-JL-02-C03 输差产生及控制方法——描述降低输油管道输差的控制措施

1. 考核时间：15min。
2. 考核方式：步骤描述。
3. 考核评分表。

考生姓名：＿＿＿＿＿＿＿   单位：＿＿＿＿＿＿＿

序号	工作步骤	工作标准	配分	评分标准	扣分	得分	考核结果
1	描述降低输油管道输差的控制措施	(1) 自用油节约办法； (2) 降低损耗措施； (3) 减少计量误差的措施	100	自用油节约办法答错 1 项扣 5 分，降低损耗措施答错 1 项扣 10 分，减少计量误差的措施答错 1 项扣 5 分			
		合计	100				

考评员   年   月   日

十、S-JL-02-C04 天然气损耗管理——分析天然气管道输差损耗产生的原因

1. 考核时间：15min。
2. 考核方式：步骤描述。
3. 考核评分表。

考生姓名：_____   单位：_____

序号	工作步骤	工作标准	配分	评分标准	扣分	得分	考核结果
1	分析天然气管道输差损耗产生的原因	(1)计算管存量产生的误差； (2)计量仪表的误差； (3)天然气输送过程中的损失	100	每项根据回答情况按比例给分			
		合计	100				

考评员　　　　　　　　　　　　　　　　　　　　　　　　年　　月　　日

十一、S-JL-03-C01 容积式流量计检定——计量工艺系统要求

1. 考核时间：15min。
2. 考核方式：技能操作。
3. 考核评分表。

考生姓名：_____   单位：_____

序号	工作步骤	工作标准	配分	评分标准	扣分	得分	考核结果
1	描述容积式流量计检定计量工艺系统要求	(1)流量计进口安装消气器和过滤器； (2)过滤器前后安装0.4级压力表； (3)流量计出口处安装止回阀（以防止流量计倒转）、取样器（或取样口）、温度计插口； (4)流量计出口侧阀门严密性要好； (5)流量计前后安装0.4级压力表； (6)压力表前安装隔离接头； (7)流量计出口至标准体积管进口管线上所有的连接阀门严密性要好； (8)流量计到标准体积管间的管线要尽量短，并不应有气室； (9)整个工艺系统应满足流量计的操作、检定、维修和事故处理等要求； (10)一般流量计口径大于等于100 mm，配排污扫线系统； (11)整个系统应做保温层	100	描述错误一项扣10分，缺少一项扣10分			
		合计	100				

考评员　　　　　　　　　　　　　　　　　　　　　　　　年　　月　　日

十二、S-JL-03-C01 计划管理——原油月度运销计划的获得和执行

1. 考核时间：40min。
2. 考核方式：技能操作。
3. 考核评分表。

考生姓名：_____　　　　　　　　　　　　　　单位：_____

序号	工作步骤	工作标准	配分	评分标准	扣分	得分	考核结果
1	登录PPS系统查询月度计划	登录PPS系统中查询到本站场当月的运销计划	10	不会或不能（账号长期未登录）登录PPS系统扣5分，不会查询月计划或不了解得到月计划途径不得分			
2	按月度运销计划与用户衔接计划量	与用户对接当月分油种运销计划	10	漏此项扣10分			
3	审核计量员每日开具的分油种计量交接凭证	审核计量交接凭证数据齐全准确	25	数据不全，不准确一处扣5分、计量交接量或日报收、销数据出错没审核出来，一次扣5分			
4	查看调运计划调整通知	每日查看PPS系统是否有《调运计划调整通知单》，及时在PPS系统中确认接收，并与客户方计量人员进行沟通确认，确认无误后，严格按调整后的最新分品种原油计划进行开票	25	每日不查看PPS系统待办信息扣5分，超过24小时没在PPS系统中确认接收调运调整扣5分，不执行调运调整一次扣10分			
5	执行计划信息上报	当得知因本站设备故障等原因或用户方相关原因，不能按月度运销计划完成分输时，需及时将掌握的相关信息向上一级运销主管部门汇报	10	没有汇报一次扣2分			
6	当月运销计划执行情况的掌握	在每月度下旬，发现当前分输量可能偏离月度计划完成时，要及时向上级运销部门汇报并询问了原因，确保月度运销计划执行的完成率	20	没有完成计划，扣10分。不了解计划执行情况扣5分			
		合计	100				

考评员　　　　　　　　　　　　　　　　　　　　　　　　　　　　　年　　月　　日

十三、S-JL-03-C01 运销数据统计管理——分析站场输差损耗较大原因

1. 考核时间：40min。
2. 考核方式：技能操作。
3. 考核评分表。

考生姓名：＿＿＿＿＿＿　　　　　　　　　　　　　　　　单位：＿＿＿＿＿＿

序号	工作步骤	工作标准	配分	评分标准	扣分	得分	考核结果
1	登录PPS系统查询月度运销数据，计算输差	登录PPS系统，查询到本站场当月的运销数据，计算本站输差损耗率。要求所查到数据准确，齐全，损耗率计算准确	10	不会计算本站输差损耗率扣5分			
2	分析计量交接数据填报是否有误	核对输差超标时间段内的计量交接数据是否正确，核对PPS系统中对外交接量与纸制计量凭证数据是否一致	10	漏此项扣10分，数据错误没有发现扣5分			
3	分析PPS系统数据链接是否错误	手工计算相关数据，以核对PPS系统由于不稳定或系统维护人员操作失误等原因，造成PPS系统数据统计过程中数据链接发生错误	10	漏此项扣10分，数据链接有误，没有核查出来扣5分			
4	核查库存数据是否正确	核查期末库存计算和汇总统计过程中是否有误，成品油罐检尺取样是否具有代表性。必要时对油罐进行重新检尺、取样	10	漏此项扣10分，数据链接有误，没有核查出来扣5分			
5	核查计量化验过程是否规范	核实化验人员取样化验过程是否规范、计算是否准确	10	漏此项扣10分，化验不规范，没有核查出来扣5分			
6	核查流量计系数是否超差	检查流量计运行是否正常，对流量计进行自检，如判断流量计系数超差，需马上切换备用流量计，并立即汇报分公司运销科	20	漏此项扣20分，流量计超差没有查出扣10分。未切换备用流量计，扣5分，未汇报分公司运销科，扣5分			
7	核查天然气组分是否及时更新。流量计算机是否故障	检查天然气组分数据是否及时更新，更新数据是否准确。分析流量计算机或计量系统相关仪表是否故障	20	漏此项扣20分，天然气组分不准没有查出扣10分。流量计量相关仪表问题没有查出，扣10分			
8	按分析原因进行整改方案	分析到输差较大原因后，根据问题原因制定整改方案	10	漏此项扣10分			
		合计	100				

考评员　　　　　　　　　　　　　　　　　　　　　　　　年　　月　　日

十四、S-JL-03-C01 油品盘点管理——库存盘点过程中，油罐检尺需要的技术要求

1. 考核时间：40min。
2. 考核方式：技能操作。
3. 考核评分表。

第三部分 计量工程师资质认证试题集

考生姓名：＿＿＿＿＿＿＿＿＿＿　　　　　　　　　　　　　　　　　　单位：＿＿＿＿＿＿

序号	工作步骤	工作标准	配分	评分标准	扣分	得分	考核结果
1	检尺过程执行标准	执行GB/T 13894《石油和液体石油产品液位测量法（手工法）》	30	未按标准执行不得分			
2	检尺前准备	对于成品油，应检实尺。液面稳定时间不少于15分钟	10	未执行不得分			
		对于原油，应检空尺，液面稳定时间不少于30分钟					
3	下尺	下尺时，尺砣不应前后摆动，并在其重力下引尺带下伸。尺砣接触油面时应缓慢，以免引起油面大的波动。估计尺砣将近罐底时，应放慢速度。当尺砣轻轻地触及罐底之前，应有一个液面扰动的平息时间，用左手拇指压紧尺架的尺带，慢慢降低手腕高度；对于原油罐检尺，检空高时，当尺砣进入液面后，停止降落，保持液面平静时，再继续缓慢地降落（只允许尺砣上带刻度部分浸入油中），直到量油尺上最近的一个厘米或分米刻线与参照点正确处在一条水平线上，停止降落	20	尺砣前后摆动扣10分，检尺下尺方法不规范一处扣5分			
4	提尺	对于测量黏性油品，应保持尺砣与容器底板接触3~5s，以使得量油尺周围的油品表面达到正确的水平位置再提尺读数，避免读数偏低	10	提尺时机不对不得分			
5	读数	读数时，应先读小数，后读大数，尺带不应平放或倒放，以免液面上升；对于测量挥发性油品，读数应该准确迅速。检尺需连续两次测量值相差不大于2 mm时为止。如果第二次与第一次误差不大于1mm，取第一次测量值。如果第二次与第一次误差大于1mm，取两次测量值平均值	20	读数不准确不得分。连续两次测量值相差大于2 mm，扣5分			
6	水尺	检水尺时，尺带必须拉紧，以保证水尺垂直，尺砣到罐底后，要保持足够长的时间让水改变示水膏的颜色。如不能得到清晰的水层读数，必须去除示水膏，将尺擦干，重新涂水膏再测	10	没有保持足够长的时间让水改变示水膏的颜色扣5分。不能得到清晰的水层读数，再测时，没有重新涂水膏扣5分			
		合计	100				

考评员　　　　　　　　　　　　　　　　　　　　　　　　　　　　　　年　　月　　日

十五、S-JL-05-C01 ERP 系统(计量管理模块)应用——计量交接员统计表填报

1. 考核时间:10min。
2. 考核方式:系统操作。
3. 考核评分表。

考生姓名:_____   单位:_____

序号	工作步骤	工作标准	配分	评分标准	扣分	得分	考核结果
1	计量交接员统计表填报	(1)登录 ERP 系统,进入计量管理模块填报界面; (2)点击交接计量员统计表填报按钮,选择二级单位、场站,进入新增交接计量员统计填报界面; (3)录入交接计量员相关信息并保存	100	不能进入计量管理模块填报界面扣 30 分,不能进入场站新增交接计量员统计填报界面扣 30 分,录入交接计量员信息错误一项扣 5 分			
		合计	100				

考评员   年   月   日

十六、S-JL-05-C02 ERP 系统(计量管理模块)应用——流量计检定计划录入

1. 考核时间:10min。
2. 考核方式:系统操作。
3. 考核评分表。

考生姓名:_____   单位:_____

序号	工作步骤	工作标准	配分	评分标准	扣分	得分	考核结果
1	流量计检定计划录入	(1)登录 ERP 系统,进入计量管理模块填报界面; (2)点击"流量计、体积管检定计划"填报按钮,选择二级单位、场站,进入新增流量计检定计划填报界面; (3)点击"新增条目—编辑"按钮,录入流量计检定计划内容	100	不能进入计量管理模块填报界面扣 30 分,不能进入场站新增流量计检定计划填报界面扣 30 分,录入流量计检定计划信息错误一项扣 8 分			
		合计	100				

考评员   年   月   日

十七、S-JL-05-C03 PPS 系统应用——天然气站场运销日报填报

1. 考核时间：10min。
2. 考核方式：系统操作。
3. 考核评分表。

考生姓名：_____　　　　　　　　　　　　　　　　单位：_____

序号	工作步骤	工作标准	配分	评分标准	扣分	得分	考核结果
1	进入运销日报填报界面	进入"运销计量—天然气运销日报"菜单，选择日期，刷新数据	20	无法进入运销日报填报界面扣10分，日期选择错误扣10分			
2	录入运销日报数据	录入场站运行、自耗和生产动态等运行参数	80	参数录入错误一项扣10分，有效位数保留错误一项扣10分			
		合计	100				

考评员　　　　　　　　　　　　　　　　　　　　　　　年　　月　　日

十八、S-JL-05-C04 QMS 系统应用——录入企业信息

1. 考核时间：10min。
2. 考核方式：系统操作。
3. 考核评分表。

考生姓名：_____　　　　　　　　　　　　　　　　单位：_____

序号	工作步骤	工作标准	配分	评分标准	扣分	得分	考核结果
1	登录 QMS 系统	用填报人的邮箱账号及密码登录 QMS 系统，进入机构人员—企业信息填报界面	20	无法登录 QMS 系统扣10分，无法进入机构人员—企业信息扣10分			
2	录入企业信息数据	点击新建按钮，正确录入企业信息数据	80	参数录入信息错误一项扣15分			
		合计	100				

考评员　　　　　　　　　　　　　　　　　　　　　　　年　　月　　日

十九、S-JL-05-C05 QMS 系统应用——录入计量人员信息

1. 考核时间：10min。
2. 考核方式：系统操作。
3. 考核评分表。

考生姓名：＿＿＿＿＿＿＿　　　　　　　　　　　　　　　　单位：＿＿＿＿＿＿＿

序号	工作步骤	工作标准	配分	评分标准	扣分	得分	考核结果
1	登录 QMS 系统	用填报人的邮箱账号及密码登录 QMS 系统，进入机构人员—人员管理填报界面	20	无法登录 QMS 系统扣 10 分，无法进入机构人员—人员管理扣 10 分			
2	录入计量人员信息数据	点击新建按钮，根据原始数据正确录入计量人员信息数据	80	参数录入信息错误一项扣 10 分			
		合计	100				

考评员　　　　　　　　　　　　　　　　　　　　　　　年　　月　　日

中级资质理论认证

中级资质理论认证要素细目表

行为领域	代码	认证范围	编号	认证要点
基础知识 A	A	计量基础知识	01	计量的概念
			02	误差的名词术语
			03	油品的基本特性
			04	流量计主要技术指标定义
专业知识 B	A	计量设备维护管理	01	流量计日常维护和故障处理
			02	流量计的维护和保养
	B	计量交接管理	01	计量交接管理规定
			02	降低输差的主要途径
	C	计量检定管理	01	流量计检定条件
			02	流量计检定项目
	D	站场运销管理	01	天然气运销计划管理内容
			02	天然气盘点基本要求
	E	生产管理系统	01	ERP计量管理模块业务填报内容
			02	PPS系统概述

中级资质理论认证试题

一、单项选择题（每题4个选项，将正确的选项号填入括号内）

第一部分 基础知识

计量基础知识部分

1. AA01 流量计量的手段和基础是（　　）。
   A. 流量测量　　　B. 质量测量　　　C. 长度测量　　　D. 时间测量

2. AA01 我国天然气计量的标准状态为：（　　）。
   A. 101.325 kPa，20℃　　　　　　　B. 101.56 kPa，15℃
   C. 101.56 kPa，15.56℃　　　　　D. 101.325 kPa，15℃

3. AA01 测量是以确定被测对象( )为目的一组操作。
   A. 量制　　　　　　B. 量值　　　　　　C. 数据　　　　　　D. 单位
4. AA01 计量( )器具是指用以复现和保存计量单位量值，经国务院计量行政部门批准作为统一全国量值最高依据的计量器具。
   A. 基准　　　　　　B. 标准　　　　　　C. 工作　　　　　　D. 检定
5. AA01 国际单位制的基本单位有( )个。
   A. 5　　　　　　　B. 6　　　　　　　C. 7　　　　　　　D. 8
6. AA02( )是在偏离测量规定条件时或由于测量方法所引入的因素，而产生按某确定规律变化的误差。
   A. 系统误差　　　　B. 随机误差　　　　C. 粗大误差　　　　D. 残余误差
7. AA02 差压变送器的精度较高，允许误差不超过量程的( )。
   A. ±0.25%　　　　B. ±0.5%　　　　　C. ±1%　　　　　　D. ±2.5%
8. AA02 在相同测量条件下，对同一被测量连续多次测量，所得结果间的一致性称为( )。
   A. 重复性　　　　　B. 复现性　　　　　C. 再现性　　　　　D. 一致性
9. AA03 在温度不变，压力升高时，油品的密度( )。
   A. 变小　　　　　　B. 变大　　　　　　C. 不变　　　　　　D. 不确定
10. AA03 在20℃下，单位体积的石油含有的质量称为( )。
    A. 视密度　　　　　B. 相对密度　　　　C. 恩氏密度　　　　D. 标准密度
11. AA03 科里奥利质量流量计的检定规程标准号为( )。
    A. JJG 209　　　　B. JJG 1038　　　　C. JJG 1037　　　　D. JJG 168
12. AA03 天然气的黏度：( )。
    A. 与其组分相对分子质量、组成、温度及压力无关
    B. 在低压条件下，压力变化对气体黏度影响不明显，温度升高气体黏度增大
    C. 在高压条件下，压力增加气体黏度减小
    D. 在压力不变时随温度升高分子运动速度增大，使分子间接合条件恶化，气体黏度增加
13. AA04 下列哪个不属于容积式流量计( )。
    A. 腰轮流量计　　　B. 椭圆齿轮流量计　C. 刮板流量计　　　D. 孔板流量计
14. AA04 刮板流量计的转子转动是由( )带动的。
    A. 凸轮　　　　　　B. 刮板　　　　　　C. 惯性作用　　　　D. 外部的齿轮

第二部分　专业知识

计量设备维护管理部分

15. BA01 为了保护气体涡轮流量计，加到涡轮流量计上的压力升高不能超过( )。
    A. 50 kPa/s　　　　B. 45 kPa/s　　　　C. 40 kPa/s　　　　D. 35 kPa/s
16. BA01 下面关于流量计算机叙述错误的是( )。
    A. 在正常供气情况下清洗、检修节流装置或调校仪表时，流量计算机系统应具有流量

自动累积功能
B. 流量计算机系统应具有所有计量参数和历史事件的记录功能
C. 流量计算机系统应具有参数设置、数据记录的安全保护功能
D. 流量计算机系统不需具备与外部通信功能

17. BA02 超声流量计的信号强度与下列哪些是成反比的?（　　）
A. 压力　　　　　　B. 数据采集积分时间　C. 采集数据量　　　D. 路径

18. BA02 下面关于超声波流量计的安装要求叙述错误的是（　　）。
A. 超声流量计的内表面应当保持无凝析液或与轧屑、脏物和沙子混在一起的少许油等任何沉积物，因为它们将影响流量计的流通截面积
B. 对于单向流动的流量计，设计方应当把温度计套管安放到流量计的上游
C. 制造厂家应注意高气流速度可使温度计套管产生诱发的流体振动。温度计套管材料的严重疲劳损坏可能最终由该诱发振动引起

19. BA02 孔板流量计仪表要求正确的是（　　）。
A. 差压值宜在满量程的 10%~90% 范围内
B. 被测压力较稳定时，工作压力宜在满量程的 10%~75% 范围内；被测压力波动较大时，工作压力宜在满量程的 30%~50% 范围内
C. 天然气温度变化应在等分刻度温度仪表满量程的 50%~70% 范围内
D. 以上说法都不对

计量交接管理部分

20. BB02 直接影响质量流量计计量精度的因素有（　　）。
A. 温度　　　　　　B. 压力　　　　　　C. 密度　　　　　　D. 零点稳定度

21. BB02 首、末站收、销油，采用统计的计量方式进行交接计量是降低（　　）的措施。
A. 蒸发损耗　　　　B. 计量误差　　　　C. 漏损　　　　　　D. 混油损耗

22. BB02（　　）是由于损耗而减少的数量。
A. 蒸发损耗　　　　B. 残漏损耗　　　　C. 损耗量　　　　　D. 损耗率

23. BB02 在不同地区，相同季节，同样一座储存汽油的立式金属油罐，在下述地区中，其蒸发损耗最高的是（　　）。
A. 广东　　　　　　B. 河北、北京、天津　C. 江苏　　　　　　D. 吉林

计量检定管理部分

24. BC01 根据管道公司相关体系文件规定，采用固定式体积管检定的流量计的最长自检周期为（　　）。
A. 一月一次　　　　B. 两月一次　　　　C. 三月一次　　　　D. 半年一次

25. BC01 油气计量管理程序规定，对于原油计量，在流量计检定周期内，至少每（　　）进行一次自检。
A. 6 个月　　　　　B. 3 个月　　　　　C. 1 个月　　　　　D. 半月

26. BC01 用于原油交接计量的温度变送器检定周期为（　　）。
A. 6 个月　　　　　B. 2 年　　　　　　C. 3 年　　　　　　D. 1 年

27. BC01 根据 JJG 209 体积管检定规程规定,为了确保标定球在体积管内运行时与管壁具有良好的密封性,标定球尺寸应该比体积管内径大(　　)。
   A. 1%~3%　　　　B. 2%~3%　　　　C. 2%~4%　　　　D. 3%~4%
28. BC02 选项(　　)不是质量流量计后续检定的检定项目。
   A. 随机文件　　　B. 外观　　　　　C. 准确度等级　　D. 重复性
29. BC02 质量流量计每个流量点的检定次数不应少于(　　)次。
   A. 2　　　　　　B. 3　　　　　　C. 4　　　　　　D. 5
30. BC02 质量流量计在检定前,应在可达到的最大检定流量的 50% 以上运行一段时间,一般不少于(　　)min。
   A. 5　　　　　　B. 10　　　　　　C. 20　　　　　D. 30

站场运销管理部分

31. BD02 油品计量的主要任务是保证量值准确可靠,具体说油品计量任务是及时准确地确定(　　),并据以计算损耗量或空容量等,以及对油品计量方法、手段、准确度和损耗等进行研究或探索。
   A. 收进、发出、买进及销售油品的数量　　　B. 收进、发出、储存及运输油品的数量
   C. 收进的数量和发出的数量　　　　　　　　D. 存储的数量和运输的数量

生产管理系统部分

32. BE02 管道生产管理系统填报进展黄色的五角星表示(　　)。
   A. 尚未填报　　　B. 暂存　　　　　C. 审核中　　　　D. 填报完成

二、判断题(对的画"√",错的画"×")

第一部分　基础知识

计量基础知识部分

(　　)1. AA01 量值是由一个数乘以测量单位所表示的特定量的大小。如 1m。

(　　)2. AA01 计量单位是人为规定的量值大小。

(　　)3. AA02 修正值是真值与测量值之差。

(　　)4. AA03 气体的体积是随温度和压力而变化的。因此,在测量天然气体积流量时,必须指定某一温度和压力作为计量的标准温度和压力,称为"基准状态"或"标准状态"。

(　　)5. AA03 一般来说流体的密度值越大,其压缩系数越大;反之,密度值越小,压缩系数越小。

(　　)6. AA04 容积式流量计的原理和结构决定了其对气流介质的适应性,它对气流条件几乎没有特殊的要求。容积式流量计的测量准确度也不亚于上述两种流量仪表。容积式流量计特别适用于井口计量等场合的湿气计量。

(　　)7. AA04 一球一阀式双向标准体积管的换向长度应根据标准体积管允许的最小流速和换向所需的时间来确定。

(　　)8. AA04 换向管长度主要是保证四通阀换向动作全部完成之前,标定球不致通过四通阀。

(　　)9. AA04 流量计到标准体积管间的管线要尽量长。

(　　)10. AA04 在选择使用测量仪表时,应根据被测量的大小和准确度要求,综合考虑仪表的精度等级和量程等因素,克服单纯追求精度等级"越高越好"的倾向,这样才能科学经济地选择和使用测量仪表。

第二部分　专业知识

计量设备维护管理部分

(　　)11. BA01 超声流量计不应当安装到振动强度或频率可激励信号处理装置、元器件或超声传感器的固有频率的地方。

(　　)12. BA01 超声波流量计只能用于单向流动的流体中。

(　　)13. BA01 传播时间法所测量和计算的流速是声道上的线平均流速,而计算流量所需是流通横截面的面平均流速。

(　　)14. BA01 实流校准能减小因声道长度、声道角度、管径、声道位置的不精确而引入的误差。

(　　)15. BA01 在超声波流量计的上下游使用足够长的直管段或安装整流器,可以消除涡流和脉动流。

(　　)16. BA01 超声流量计所检测到的声速的数值是在一定范围内的稳定值。

(　　)17. BA01 超声流量计的增益值变大,说明存在脏污、压力过低、流速过高、噪声等问题。

(　　)18. BA01 调压阀产生的噪声的大小和传播距离的长短取决于管路的工艺条件。

(　　)19. BA01 流量计算机系统由信号转换和采集单元、流量计算和处理单元以及输出单元构成。

(　　)20. BA01 压力传感器的作用是感受压力并把压力参数变换成电量信号。

(　　)21. BA01 涡轮流量计前后必须加一定长度的直管段,其内径与流量计的口径相同,长度一般应不小于前 $10D$ 后 $5D$。

(　　)22. BA01 涡轮流量计启动时,必须利用旁通对流量计进行充压。

(　　)23. BA02 色谱分析仪的载气必须使用干燥、高纯、不活泼的气体。

(　　)24. BA02 超声流量计是根据已知的截面积把气体的平均流速转换成流量的。

计量交接管理部分

(　　)25. BB01 原油含水测定应符合 GB/T 8929《原油水含量测定法(蒸馏法)》的规定。

(　　)26. BB02 原油管道与上游交接发现含水不合格,应首先通知上游,如不进行处理,不能进入管道,并及时向上级汇报,以得到尽快解决。

(　　)27. BB02 只要加强岗位责任制,提高人员的责任心,加强设备维护管理,漏油一般是可以防止的。

(　　)28. BB02 损耗为蒸发损耗和残漏损耗的总称。

(　　)29. BB02 原油交接数量计量应优先采用流量计动态计量方式，不具备动态计量条件的，可采用金属罐、罐车、船舱等静态计量方式。

(　　)30. BB02 由于流量计表头机械故障或其他故障造成流量计体积计量值失准时，应立即停运该故障流量计，投运备用流量计。

(　　)31. BB02 由于管道内气流的撞击，会造成超声流量计的误判断，产生一个不真实的流量，所以需要利用流量计算机的小流量切除功能，根据实际情况进行小流量切除。

(　　)32. BB02 质量流量计在使用过程中应对流体温度、压力进行补偿。

计量检定管理部分

(　　)33. BC01 检定是为评定计量器具的计量性能，并确定其是否合格所进行的全部工作。

(　　)34. BC01 国家计量检定规程由部门或地方组织制订，在全国范围内施行。

(　　)35. BC01 通过体积管出口调节阀调节流量时，要使流量计出口背压力大于操作压力，要防止发生节流过大造成憋压。

(　　)36. BC01 各输油气分公司依据计量设备检定周期编制检定计划，进行自检。

(　　)37. BC01 油品盘点小组各输油分公司运销部门、主管站长、站运销、运行(计量)岗位人员组成，由所在站点主管站长任组长。

(　　)38. BC01 标准水罐的总不确定度应达到0.05%，否则不能用来检定体积管。

(　　)39. BC01 质量流量计调零后必须进行再次检定。

(　　)40. BC02 为了调整科里奥利流量计的零点，流量传感器内流体应不流动，且传感器应充满工作状态下的被测流体。

(　　)41. BC02 为确保质量流量计的正常运行，应定期检查质量流量计的零点。

(　　)42. BC02 活塞式体积管连续使用8年后，应根据检定记录及使用情况对体积管性能进行分析，确定是否继续使用。

(　　)43. BC02 原油含水量测定时，若预期含水量小于0.5%，则需取试样量为100g (或mL)。

(　　)44. BC02 原油含水量测定时，初始加热后，应控制加热速度，馏出物应以大约每秒2~5滴的速度滴进接收器。

(　　)45. BC02 体积管的基准体积段或检测开关经过维修或更换后，体积管不一定要重新检定。

(　　)46. BC02 在相同测量条件下，对同一被测量进行连续多次测量所得结果间的一致性称为复现性。

站场运销管理部分

(　　)47. BD01 根据股份公司相关规定，进行计量争议调查时，争议相关方人员不应加入计量争议处理小组。

生产管理系统部分

(　　)48. BE01 QMS 系统目标是建立由下至上的质量、计量、标准化管理信息沟通网络，实现信息的有效传递和及时共享。

( )49. BE01 只有流量计强检时才需要将检定相关信息录入计量 ERP 管理系统。
( )50. BE02 交接计量员统计表是在 PPS 系统里录入。

三、简答题

第一部分　基础知识

计量基础知识部分

1. AA03 简述高位发热量、低位发热量定义及其区别？
2. AA03 天然气标准参比条件是什么？
3. AA04 简述单声道超声波流量计的工作原理？

第二部分　专业知识

计量设备维护管理部分

4. BA01 对超声波流量计计量产生影响有哪些外部因素？
5. BA01 DANIEL3400 超声波流量计自诊断系统显示，某通道增益量大，信噪比差，声速核查错误，其产生的原因可能是什么？
6. BA02 Daniel 色谱分析仪检测器电桥如何进行调平衡操作？

计量交接管理部分

7. BB01 根据管道公司规定，交接计量设施包括哪些设备？

计量检定管理部分

8. BC01 什么是强制检定？

中级资质理论认证试题答案

一、单项选择题答案

1. A   2. A   3. B   4. A   5. C   6. A   7. A   8. A   9. B   10. D
11. B   12. B   13. D   14. B   15. D   16. D   17. D   18. B   19. A   20. D
21. B   22. C   23. A   24. B   25. D   26. A   27. C   28. A   29. B   30. B
31. B   32. B

二、判断题答案

1. √   2. ×计量单位是人为规定的特定量，单位是用以定量表示同类量量值大小而约定采用的特定量。   3. √   4. √   5. ×在一定压力下。   6. √   7. ×一球一阀式双向标准体积管的换向长度应根据标准体积管允许的最大流速和换向所需的时间来确定。 8.×换向管长度主要是保证四通阀换向动作全部完成之前，标定球不致通过检测开关。 9.×流量计到标准体积管间的管线要尽量短。 10.√ 11.√ 12.×可以双向计量。 13.√ 14.√ 15.√ 16.√ 17.√ 18.√ 19.√ 20.√ 21.√ 22.√ 23.√ 24.√ 25.√ 26.√ 27.√ 28.√ 29.√ 30.√ 31.√ 32.√ 33.√ 34.×国家计量检定规程由国务院计量行政部门组织制订，在全国范围内施行。 35.√ 36.×各输油气分公司依据计量设备检定周期编制检定计划，进行请检或送检。 37.√ 38.×标准水罐的总不确定度应达到0.0025%，否则不能用来检定体积管。 39.√ 40.√ 41.√ 42.×1年。 43.×原油含水量测定时，若预期含水量小于0.5%，则需取试样量为200g(或mL)。 44.√ 45.×体积管的基准体积段或检测开关经过维修或更换后，体积管必须重新检定。 46.×在相同测量条件下，对同一被测量进行连续多次测量所得结果间的一致性称为重复性。 47.√ 48.√ 49.×维修时也要录入。 50.×交接计量员统计表是在ERP系统(计量管理模块)里录入。

三、简答题答案

1. AA03 简述高位发热量、低位发热量定义及其区别？

答：(1)高位发热量是指一定量的气体在空气中完全燃烧所释放的热量，生成物的水以液态形式存在；(2)低位发热量是指一定量的气体在空气中完全燃烧所释放的能量生成物的水以气态形式存在。

评分标准：答对(1)(2)各占50%。

2. AA03 天然气标准参比条件是什么？

答：GB/T 19205—2003《天然气标准参比条件》中规定：在测量和计算天然气、天然气代用品及气态的类似流体时，使用的压力和温度的标准参比条件是101.325kPa，20℃(293.15K)。也可采用合同规定的其他压力、温度作为标准参比条件。

评分标准：答对占100%。

3. AA04 简述单声道超声波流量计的工作原理？

答：传播时间差法气体超声流量计是通过测量高频声脉冲传播时间得出气体流量的速度式流量计，让声脉冲在管道内向逆流和顺流沿斜线方向传播，分别测量它们的传播时间，其传播时间差与气体的轴向平均流速有关，从而使用数值计算技术计算出在工作条件下通过气体超声流量计的气体轴向平均流速和流量。

评分标准：答对占100%。

4. BA01 对超声波流量计计量产生影响有哪些外部因素？

答：(1)外来噪声；(2)管壁有杂物；(3)近距离调压阀门动作；(4)超声换能器上有污物。

评分标准：答对(1)~(4)各占100%。

5. BA01 DANIEL3400 超声波流量计自诊断系统显示，某通道增益量大，信噪比差，声速核查错误，其产生的原因可能是？

答：(1)超声波换能器(探头)脏污；(2)超声波换能器故障；(3)前置放大器板故障。

评分标准：答对(1)(2)各占30%，答对(3)占40%。

6. BA02 Daniel 色谱分析仪检测器电桥如何进行调平衡操作?

答:在分析仪无法分析出检测结果时,需要进行电桥的调平检查。另外在色谱分析仪周期性维护时,也应进行电桥的调平衡。

(1)将色谱分析仪置于 halt 状态,停止所有的分析过程;(2)停止分析一段时间后(一般30分钟),打开分析仪上端的防爆保护外壳;(3)连接数字万用表的负端到黑色的界限端子,正极到红色的端子;(4)检查电桥的电压,正常的电压应该是 0~0.5mV,调节位于测试桩下面的粗调和微调旋钮以达到要求的值。

评分标准:答对(1)~(4)各占25%。

7. BB01 根据管道公司规定,交接计量设施包括哪些设备?

答:(1)交接计量设备;(2)辅助设备;(3)辅助温度;(4)辅助压力仪表。

评分标准:答对(1)~(4)各占25%。

8. BC01 什么是强制检定?

答:由县级以上人民政府计量行政部门指定的法定计量检定机构,授权的计量检定机构对强制的计量器具实行的定期定点检定。

评分标准:答对占100%。

中级资质工作任务认证

中级资质工作任务认证要素细目表

模块	代码	工作任务	认证要点	认证形式
一、计量设备维护管理	S-JL-01-Z01	刮板流量计维护管理	刮板流量计易损件更换	技能操作
	S-JL-01-Z02	质量流量计维护管理	质量流量计核心处理器更换	技能操作
	S-JL-01-Z03	涡轮流量计维护管理	涡轮流量计易损件更换	技能操作
	S-JL-01-Z04	超声波流量计维护管理	超声波流量计检测	技能操作
	S-JL-01-Z05	色谱分析仪维护管理	载气更换	技能操作
	S-JL-01-Z06	色谱分析仪维护管理	标准气更换	技能操作
二、计量交接管理	S-JL-02-Z01	油品密度测定	原油密度测定	技能操作
	S-JL-02-Z02	油品含水测定	原油水含量测定	技能操作
三、计量检定管理	S-JL-03-Z01	质量流量计检定管理	流量计调零	技能操作
	S-JL-03-Z02	质量流量计检定管理	流量计标定系数修改	技能操作
五、生产管理系统应用	S-JL-05-Z01	QMS系统应用	在用工作计量器具录入	系统操作

中级资质工作任务认证试题

一、S-JL-01-Z01 刮板流量计维护管理——刮板流量计易损件更换

1. 考核时间：40min。
2. 考核方式：技能描述。
3. 考核评分表。

考生姓名：_____　　　　　　　　　　　　　　单位：_____

序号	工作步骤	工作标准	配分	评分标准	扣分	得分	考核结果
1	表头更换	旋出紧固螺栓，向上方向取下大字码计数器；将备用大字码计数器下部联轴器槽口与发讯器短脖上部联轴器槽口对正后，将大字码计数器放置在发讯器短脖上；确认上、下槽口连接正确、紧密后，用扳手把大字码计数器与发讯器短脖之间用螺丝紧固	30	未能取下大字码计数器扣10分；未正确连接备用大字码计数器和发讯器短脖扣25分			

续表

序号	工作步骤	工作标准	配分	评分标准	扣分	得分	考核结果
2	精度调整器更换	(1)器差调整器的拆卸。 拆下器差调整机构护盖上的铅封，取下护盖，拆卸并取出带调整轴的器差调整转盘；拆除表头发讯器短脖与器差调整机构之间的紧固螺栓，将表头发讯器短脖取下平稳放置；把器差调整器上部注油槽口内注油软管拔出来，用螺丝刀拆除器差调整器上的定位紧固螺丝，取出器差调整器，将拆下配件集中放置待用。 (2)器差调整器的安装。 将新器差调整器放入器差调整机构短脖内，将器差调整器下部联轴器槽口与流量计出轴密封联轴器槽口对正放置；确认上、下槽口连接正确无误后，用定位螺丝把器差调整器紧固到器差调整机构短脖内，把注油软管插入器差调整器上部注油槽口内；将器差调整转盘调整轴插入器差调整机构短脖，确认器差调整器的预调螺杆槽口与调整器转盘的调整轴槽口对正放置，连接正确无误后，用螺丝把器差调整器转盘紧固在器差调整机构上，盖上护盖；将发讯器短脖下部联轴器槽口与器差调整器的上联轴器槽口对正放置；确认上、下槽口连接正确无误后，用内六角把发讯器短脖与器差调整机构短脖用螺栓紧固好	40	未取出器差调整转盘扣10分，未将器差调整器取出扣10分，器差调整器连接不正确扣10分，器差调整器未安装扣10分			
3	出轴密封更换	(1)出轴密封机的拆卸。 用大螺丝刀或扳手拆除出轴密封机构外沿与流量计上盖之间紧固螺丝，向上方向将上部表头部分(表头，发讯器，精度修正器)整体取下，螺丝放好备用；用小管钳拆下出轴密封注油管，放好备用；用内六角拆下出轴密封紧固螺栓，取出出轴密封。 (2)出轴密封的安装。 将出轴密封下部联轴器槽口与流量计联轴器槽口对正放置，确认上、下槽口连接正确无误后，用内六角把出轴密封与流量计上盖之间用螺栓紧固；将出轴密封注油管装回到出轴密封上，用小管钳紧固；将上部表头部分的联轴器槽口与出轴密封上部联轴器槽口对正放置，把出轴密封机构外沿与流量计上盖之间用螺栓紧固	30	未拆下注油管扣5分，未取出出轴密封扣10分，出轴密封下部联轴器槽口与流量计联轴器槽口未对正放置扣5分，出轴密封未安装扣10分			
		合计	100				

考评员　　　　　　　　　　　　　　　　　　　　　　　　　　　　　年　　月　　日

二、S-JL-01-Z02 质量流量计维护管理——质量流量计核心处理器更换

1. 考核时间：30min。
2. 考核方式：技能操作。
3. 考核评分表。

考生姓名：_____　　　　　　　　　　　　　　单位：_____

序号	工作步骤	工作标准	配分	评分标准	扣分	得分	考核结果
1	核心处理器拆卸	流量变送器断电，核心处理器拆卸	10	不清楚流量变送器断电开关位置扣5分，不断电打开信号接线盒扣10分，不清楚紧固螺丝位置扣2分，核心处理器未按插针方向拆卸扣10分			
2	传感器测试	用万用表对传感器测试	40	测试包括：绝缘测试、线圈阻值测试和RTD测试，缺少一项扣10分，不清楚插针顺序扣5分，测试标准不清楚扣10分，传感器故障与否不清楚不得分			
3	核心处理器安装	正确安装核心处理器安装	10	未按插针方向安装核心处理器扣5分，卡槽位置不清楚扣5分			
4	流量变送器组态	通过应用软件，流量变送器组态	40	无法建立个人计算机与流量变送器通讯扣10分；不清楚开启/关闭贸易交接功能菜单位置扣5分；不清楚组态菜单位置扣5分；流量、密度、温度和压力组态不完整一项扣10分			
		合计	100				

考评员　　　　　　　　　　　　　　　　　　　　　　　　　年　　月　　日

三、S-JL-01-Z03 涡轮流量计维护管理——涡轮流量计易损件更换

1. 考核时间：30min。
2. 考核方式：技能操作。
3. 考核评分表。

考生姓名：_____   单位：_____

序号	工作步骤	工作标准	配分	评分标准	扣分	得分	考核结果
1	拆卸部件	旋出叶轮紧固螺母（注意螺纹反牙需顺时针旋出），取出叶轮及销钉	5	未能取出叶轮及销钉扣5分			
		拆前轴承压板	5	未能拆前轴承压板扣5分			
		拆除芯柱固定螺丝，取出芯柱（左右旋转用力往外拔出）	10	未能取出芯柱扣5分			
		拆发讯盘（用叶轮套入主轴并用销钉定位）	10	未能拆发讯盘扣10分			
		拔出主轴取出前轴承	5	未能取出前轴承扣5分			
		拆后轴承压板，取出后轴承	5	未能取出后轴承扣5分			
		用纯净汽油（或酒精）浸泡轴承并清洗	5	未清洗扣5分			
		清洗其他部件	5	未清洗扣5分			
		晾干轴承并滴上少许涡轮表专用润滑油	5	未润滑扣5分			
2	安装部件	安装（更换）后轴承及压板	10	未能安装扣10分			
		安装（更换）前轴承插入主轴，安装前轴承压板	10	未能安装前轴承压板扣5分			
		安装信号发讯盘（磁钢朝外）	10	未能安装信号发讯盘扣10分			
		安装（更换）芯柱	10	未能安装芯柱扣5分			
		安装（更换）叶轮放置销钉紧固压紧螺母	5	未能安装紧固压紧螺母扣5分			
		合计	100				

考评员   年 月 日

四、S-JL-01-Z04 超声波流量计维护管理——超声波流量计检测

1. 考核时间：30min。
2. 考核方式：技能操作。
3. 考核评分表。

考生姓名：_____　　　　　　　　　　　　　　　　　单位：_____

序号	工作步骤	工作标准	配分	评分标准	扣分	得分	考核结果
1	建立笔记本电脑与流量计通信连接	通过以太网或串口连接至超声流量计	20	未能建立连接扣20分			
2	流量计检测	利用专业软件(如丹尼尔的CUI)对超声流量计的运行参数进行采集与分析。结果分析应包含以下部分： (1)流量计无报警； (2)增益值(小于102)； (3)信噪比(大于500)； (4)脉动比(A.D小于5.5%；B.C小于2.5%)； (5)剖面系数(1.17±0.05)； (6)声速偏差(小于2.5%)； (7)对称性(1±0.05)； (8)漩涡角(小于4°)； (9)接收率(大于85%)； (10)实际声速与理论声速的偏差小于0.5%	60	结果分析缺少一项扣6分			
3	检测结果分析处理	根据分析结果对流量计进行维护或工艺调整	20	根据结果，未能进行优化整改叙述的扣20分			
		合计	100				

考评员　　　　　　　　　　　　　　　　　　　　　　　　　　　　　　　年　　月　　日

五、S-JL-01-Z05 色谱分析仪维护管理——载气更换

1. 考核时间：30min。
2. 考核方式：技能操作。
3. 考核评分表。

考生姓名：_____　　　　　　　　　　　　　　　　　单位：_____

序号	工作步骤	工作标准	配分	评分标准	扣分	得分	考核结果
1	检查载气	检查载气纯度，至少应为99.99%的高纯氦气	20	未检查载气纯度扣20分			
2	拆卸载气	将现场空载气瓶上游截止阀关闭，将原有载气瓶卸下	30	未关闭截止阀扣10分，未能卸下载气瓶扣20分			
3	安装新载气	将新载气瓶及调压阀安装至工艺接口，打开上游截止阀并调整至规定压力。打开气瓶截止阀，调至规定压力。打开放空阀进行吹扫	50	未打开上游截止阀扣5分，未调至规定压力扣20分，未开阀扣10分，未调整压力扣10分，未吹扫扣5分			
		合计	100				

考评员　　　　　　　　　　　　　　　　　　　　　　　　　　　　　　　年　　月　　日

六、S-JL-01-Z06 色谱分析仪维护管理——标准气更换

1. 考核时间：50min。
2. 考核方式：技能操作。
3. 考核评分表。

考生姓名：_____   单位：_____

序号	工作步骤	工作标准	配分	评分标准	扣分	得分	考核结果
1	检查标准气	检查并记录新标准气组分，暂停色谱分析仪的分析过程	20	未记录新组分扣10分、未暂停分析扣10分			
2	更换标准气	将原有标准气瓶拆卸、安装新气瓶，打开气瓶截止阀，调至规定压力	30	未拆卸扣10分、未安装扣10分、未开阀扣5分、未调至规定压力扣10分			
3	将新标准气组分设置上载至色谱分析仪	将新标气组分的更改并上传，将色谱分析仪设置为自动运行	50	未更改新组分扣10分、未能上传扣20分、未设置为自动运行扣20分			
		合计	100				

考评员   年   月   日

七、S-JL-02-Z01 油品密度测定——原油密度测定

1. 考核时间：20min。
2. 考核方式：技能操作。
3. 考核评分表。

考生姓名：_____   单位：_____

序号	工作步骤	工作标准	配分	评分标准	扣分	得分	考核结果
1	检查	密度计、量筒使用前洗净晾干	10	密度计、量筒不干净各扣5分			
2	到样	向量筒倒试样后，表面有气泡时用滤纸除去	10	气泡除不干净扣10分			
3	操作	先放温度计等温度稳定后，并和水浴温度±0.5℃内时，放密度计，手要拿住上刻线以上部分，垂直轻放低黏试样，放开浮计时要轻轻转动一下，以帮助浮计自由漂浮，高黏试样要等足够长时间	40	顺序颠倒扣10分、温度不平衡扣10分、拿错位置扣5分、密度计紧贴量筒壁测定扣10分、时间不够长扣5分			

续表

序号	工作步骤	工作标准	配分	评分标准	扣分	得分	考核结果
4	读数	深色液体应看上缘,读准至 0.0001g/cm³,温度读至 0.1℃	20	浮计靠量筒壁测定扣 9 分,时间不够长扣 11 分读数方法不对扣 13 分,读数不准扣 12 分			
5	重复以上操作	两次密度测定不超过 1 个最小刻度,两次温度测定不超过 0.5℃为合格	20	两次测定值超过 1 个最小刻度不得分,温度超过 0.5℃不得分			
		合计	100				

考评员　　　　　　　　　　　　　　　　　　　　　　　　年　　月　　日

八、S-JL-02-Z02 油品密度测定——原油水含量测定

1. 考核时间:40min。
2. 考核方式:技能操作。
3. 考核评分表。

考生姓名:_____　　　　　　　　　　　　单位:_____

序号	工作步骤	工作标准	配分	评分标准	扣分	得分	考核结果
1	加热试样	将试样加热到有足够流动性,并摇均匀	10	加热不到足够流动性扣 5 分,摇不均匀扣 5 分			
2	调整天平	调整天平零点并称出烧瓶质量	10	调整天平零点不准扣 5 分,称量不准扣 5 分			
3	称样	在天平右盘中加入同质量数砝码,并向烧瓶中倒入试样,使左右两边平衡	5	试样量 5~50g 称准至 0.2g,试样量 100~200g 称准至 1g,称不准扣 5 分			
4	加溶剂油	用量筒量取 400mL200 号溶剂油放入烧瓶中,并加入玻璃珠或沸石	10	量取溶剂油不准或数量不够扣 6 分,未放玻璃珠或沸石扣 4 分			
5	装配仪器	正确装配仪器,并在冷凝管上端处接干燥管	10	操作不规范扣 5 分,硅胶变色不更换扣 5 分			
6	冷却循环	打开冷却循环水,并使水温保持在 20~25℃	5	循环水速度控制不好扣 5 分			

续表

序号	工作步骤	工作标准	配分	评分标准	扣分	得分	考核结果
7	加热	打开加热器开关,缓慢加热蒸馏试样	10	速度过快扣 5 分,造成冲油扣 5 分			
8	控制蒸馏速度	调整沸腾速度,使冷凝液柱不能超过冷凝器内管长度的 3/4,馏出物控制在每秒 2~5 滴	10	冷凝液柱过高扣 3 分,速度控制不好扣 4 分,违章操作不得分			
9	冲洗、刮落水滴	蒸馏直到除接收器外仪器的任何部分都没有可见水,接收器中的体积至少保持恒定 5min 后,用溶剂油冲洗或用刮具除冷凝管内水滴冲洗后蒸馏至少 5min,如果这个操作不能除掉水,用刮水器将水刮进接收器中	20	不按规定操作扣 5 分,冲洗前必须停止加热至少 15min,反之扣 5 分,不按规定蒸馏 5min,扣 5 分,冷凝管内壁水滴刮不干净扣 5 分			
10	读数	将接收器冷却至室温,读出接收器中水的体积,读准至 0.025mL	10	不冷却到室温读数扣 5 分,读数不准扣 5 分			
		合计	100				

考评员　　　　　　　　　　　　　　　　　　　　　　　　　　　　年　　月　　日

九、S-JL-03-Z01 质量流量计检定——流量计调零

1. 考核时间：30min。
2. 考核方式：技能操作。
3. 考核评分表。

考生姓名：_____　　　　　　　　　　单位：_____

序号	工作步骤	工作标准	配分	评分标准	扣分	得分	考核结果
1	准备工作	确认被测介质状态稳定,打开流量变送器接线盒盖子,打开流量变送器电源腔室,连接信号转换器导线与服务口端子	30	被测介质至少打循环 5 分钟,时间不够扣 10 分,接线盒选择错误扣 5 分,接线盒盖子开关方向选择错误扣 5 分,电源腔室选择错误扣 5 分,不清楚服务口端子位置扣 10 分,信号转换器接线连接错误扣 5 分			

续表

序号	工作步骤	工作标准	配分	评分标准	扣分	得分	考核结果
2	建立个人计算机与流量变送器连接	查询 USB-RS485 转换器端口号,启动 ProLink 应用软件,选择协议模式和服务口端子号,进入应用软件	20	端口号查询方法错误扣5分,软件启动错误扣5分,协议模式和服务口端子号选择错误扣5分,无法正确进入应用软件扣5分			
3	关阀	关闭与流量计相连的前后阀门	10	阀门关闭顺序不正确扣10分			
4	调零	确认满足"等温、满管、静置5分钟以上"3个调零条件后,通过应用软件对流量计调零	25	未关闭 ProLink 软件贸易交接功能菜单扣10分,不清楚调零菜单位置扣15分,调零时间不够扣10分			
5	记录	记录零点上下限值	5	记录流量计零点的范围不准确扣5分			
6	退出	开启 ProLink 软件贸易交接功能后退出软件	10	未开启 ProLink 软件贸易交接功能菜单扣10分			
		合计	100				

考评员　　　　　　　　　　　　　　　　　　　　　　　　年　　月　　日

十、S-JL-03-Z02 质量流量计——流量计标定系数修改

1. 考核时间：30min。
2. 考核方式：技能操作。
3. 考核评分表。

考生姓名：_____　　　　　　　　　　　　　　单位：_____

序号	工作步骤	工作标准	配分	评分标准	扣分	得分	考核结果
1	准备工作	确认被测介质状态稳定,打开流量变送器接线盒盖子,打开流量变送器电源腔室,连接信号转换器导线与服务口端子	30	被测介质至少打循环5分钟,时间不够扣10分,接线盒选择错误扣5分,接线盒盖子开关方向选择错误扣5分,电源腔室选择错误扣5分,不清楚服务口端子位置扣10分,信号转换器接线连接错误扣5分			

续表

序号	工作步骤	工作标准	配分	评分标准	扣分	得分	考核结果
2	建立个人计算机与流量变送器连接	查询 USB-RS485 转换器端口号,启动 ProLink 应用软件,选择协议模式和服务口端子号,进入应用软件	20	端口号查询方法错误扣 5 分,软件启动错误扣 5 分,协议模式和服务口端子号选择错误扣 5 分,无法正确进入应用软件扣 5 分			
3	修改流量计标定系数值	关闭 ProLink 软件贸易交接功能,进入组态菜单修改 FLOWcal 值	40	未通过 ProLink 软件关闭流量计贸易交接功能扣 10 分,不清楚组态菜单位置扣 10 分,不清楚流量计标定系数所在的子菜单扣 10 分,流量计标定系数修改不成功扣 10 分			
4	退出	开启 ProLink 软件贸易交接功能后退出软件	10	未开启 ProLink 软件贸易交接功能菜单扣 10 分			
		合计	100				

考评员　　　　　　　　　　　　　　　　　　　　　　　　　　　年　　月　　日

十一、S-JL-05-Z01 QMS 系统应用——在用工作计量器具录入

1. 考核时间:20min。
2. 考核方式:技能操作。
3. 考核评分表。

考生姓名:_____　　　　　　　　　　　　　　　　单位:_____

序号	工作步骤	工作标准	配分	评分标准	扣分	得分	考核结果
1	登录 QMS 系统	用填报人的邮箱账号及密码登录 QMS 系统,进入计量管理—在用工作计量器具填报界面	20	无法登录 QMS 系统扣 10 分,无法进入计量管理—在用工作计量器具扣 10 分			
2	录入计量器具数据	选择站场、日期和范围等,点击创建按钮,录入在用工作计量器具信息数据	80	参数录入信息错误一项扣 10 分,未进行保存直接退出扣 20 分			
		合计	100				

考评员　　　　　　　　　　　　　　　　　　　　　　　　　　　年　　月　　日

高级资质理论认证

高级资质理论认证要素细目表

行为领域	代码	认证范围	编号	认证要点
基础知识 A	A	计量基础知识	01	计量的概念
			02	误差的名词术语
			03	油品的基本特性
			04	流量计主要技术指标定义
专业知识 B	A	计量设备维护管理	01	流量计日常维护和故障处理
			02	流量计的维护和保养
	B	计量交接管理	01	计量交接管理规定
			02	降低输差的主要途径
	C	计量检定管理	01	流量计检定条件
			02	流量计检定项目
	D	站场运销管理	01	天然气运销计划管理内容
			02	天然气盘点基本要求
	E	生产管理系统	01	ERP 计量管理模块业务填报内容
			02	PPS 系统概述

高级资质理论认证试题

一、单项选择题(每题 4 个选项,将正确的选项号填入括号内)

第一部分 基础知识

> 计量基础知识部分

1. AA02 真值与测量值之差称为( )。
 A. 随机误差　　　　B. 系统误差　　　　C. 相对误差　　　　D. 修正值
2. AA03 气体的体积( )。
 A. 只随温度而变化　　　　　　　　B. 只随压力而变化
 C. 是随温度和压力而变化的　　　　D. 与温度和压力没有关系
3. AA03 天然气是( )。

A. 多种组分组成的混合气体　　B. 由一种分子组成的纯净气体
C. 一种化合物　　D. 单质

4. AA03 露点的表述正确的是：(　　)。
A. 是指天然气中水汽的含量
B. 是指单位数量天然气中所含水蒸气的质量，单位是 g/m³
C. 在一定的温度和压力条件下，天然气的含水量达到某一最大值，就不能再增加水汽的含量，同时开始有水从天然气中凝析出来，此时的天然气含水量达到饱和，就叫做露点
D. 在一定压力下，饱和绝对湿度对应的温度称为水的露点，简称为露点

5. AA03 天然气爆炸极限的表述正确的是(　　)。
A. 可燃气体与空气混合(空气中的氧为助燃物质)，遇到火源时，可以发生燃烧或爆炸称为爆炸极限
B. 可燃气体与空气的混合物，遇到明火进行稳定燃烧的浓度范围称为爆炸极限
C. 可燃气体与空气的混合物，在封闭系统中遇明火发生爆炸时，其可燃气体在混合气体中的最低浓度称之为爆炸限度
D. 爆炸下限与爆炸上限之间的可燃气体的浓度范围，称为爆炸极限

6. AA04 超声波流量计适合条件：(　　)。
A. 超声波流量计适合于流量小，需精确计量的场合
B. 超声波流量计适合于量程比大、精度高、承压高的场合
C. 超声波流量计适合于任何介质条件
D. 超声波流量计适合于流量大，介质含水量多的场合

7. AA04 孔板流量计温度计安装要求为(　　)。
A. 温度计安装位置与孔板之间的距离可等于或大于 5D，但不得超过 15D
B. 温度计套管应伸入管道至公称内径的大约 1/2 处，对于大口径管道(大于 300mm，温度计套管会产生共振)温度计的设计插入深度应不小于 90mm
C. 温度计插入方式只可直插，不能斜插
D. 温度计插入处开孔内壁边缘不用修圆，对毛刺和直管段管道内表面无要求

第二部分　专业知识

计量设备维护管理部分

8. BA01 下面关于超声波流量计的安装要求叙述错误的是：(　　)。
A. 制造厂家应当提供超声流量计的环境温度技术要求。应考虑提供遮荫、加热或冷却措施，以避免环境温度达到极限值
B. 超声流量计不应当安装到振动强度或频率可激励信号处理装置、元器件或超声传感器的固有频率的地方。制造厂家应当提供关于超声流量计元件固有频率的技术要求
C. 超声波流量计不受电气噪声(交流电流、电磁线圈的瞬变电流或无线电波的发送)的影响

9. BA01 下面关于超声波流量计的安装要求叙述错误的是：(　　)。

A. 一些具有降低可闻噪声功能的减压阀会在一定的流动条件下产生很大程度的超声噪声。这些"静音"控制阀的超声噪声能够对附近超声流量计的工作产生影响

B. 是否采用流动调整器与制造厂家的流量计结构和上游速度分布的恶劣程度有关。设计方即使需要装整流器，也应当咨询制造厂家，以确定在一定的上游管道结构下安装各种类型的流动调整器的益处

C. 在大多数应用超声流量计的场合，都必须使用气体过滤器，以避免杂质、轧屑、凝析液、润滑油的混合物沉积对流量计的影响

10. BA01 下面关于容积式流量计的安装叙述错误的是：（　　）。

A. 防止杂质进入流量计。大多数流量计损坏的原因是安装时有固体颗粒等杂质进入流量计所致，因此一定要保证安装时无异物混入流量计

B. 装表前清洗管路，让液体通过管道，可以冲掉管内的残存固体异物

C. 管道内容积式流量计可双向流动

11. BA01 涡轮流量计的输出是与流量成（　　）的脉冲信号。

A. 正比　　　　B. 反比　　　　C. 抛物线关系　　　　D. 线性

12. BA01 在实际测量中，为了使流量计本身的使用误差尽可能的小，应该使被测流量值在流量计最大流量的（　　）的范围内。

A. 10%～90%　　　B. 10%～80%　　　C. 20%～90%　　　D. 20%～80%

13. BA01 对旋进旋涡智能流量计气流条件的叙述错误的是：（　　）。

A. 被测气体应为单向的、连续地流经管道的圆管流

B. 气流应是音速以上、非脉动的，其流量随时间变化比较缓慢

C. 气体流经流量计之前，其流速必须与管道轴线平行，不得有旋涡流

14. BA02 没有油泵的涡轮流量计无须维护，装有油泵的涡轮流量计应（　　）个月加注一次润滑油。

A. 3　　　　B. 4　　　　C. 5　　　　D. 6

15. BA02 涡轮流量计由表体、导向体、（　　）、轴、轴承及信号检测器组成。

A. 叶轮　　　　B. 转子　　　　C. 换能器　　　　D. 探头

计量交接管理部分

16. BB01 我国天然气的主要贸易结算方式是（　　）。

A. 质量流量　　　B. 能量流量　　　C. 体积流量　　　D. 三者都是

17. BB01 GB/T 1885《石油计量表》，规定我国石油计量采用（　　）计量方法。

A. 体积　　　　B. 重量　　　　C. 质量　　　　D. 容积

计量检定管理部分

18. BC01 流量标准装置测量流量值的准确度必须高于被检流量计测量准确度，一般为（　　）。

A. 1.5倍　　　B. 2倍　　　C. 2.5倍　　　D. 3倍

19. BC01 用于原油计量交接的计量器具的检定属于（　　）。

A. 抽检　　　B. 非强制检定　　　C. 校准　　　D. 强制检定

20. BC01 检定规程是为评定计量器具的( )，作为检定依据的具有国家法定性的技术文件。
   A. 计量性能 B. 计量特性 C. 计量特点 D. 计量结果

21. BC02 计量员在使用量油尺时，要检查该量油尺是否有有效期内的( )。
   A. 检定结果通知书 B. 比对结果 C. 校准证书 D. 检定证书

22. BC01 根据管道公司相关体系文件规定，采用移动式体积管检定的流量计的最长自检周期为( )。
   A. 两月一次 B. 三月一次 C. 四月一次 D. 半年一次

23. BC02 用于原油交接计量的振动管密度计检定周期为( )。
   A. 6 个月 B. 2 年 C. 3 年 D. 1 年

24. BC02 质量流量计每个流量点检定时，实际流量与设定流量的偏差不应大于( )。
   A. 1% B. 2% C. 3% D. 5%

25. BC02 质量流量计的小信号的切除量一般不超过流量计上限额定流量的( )。
   A. 0.1% B. 0.2% C. 0.3% D. 0.5%

26. BC02 检定流量计时，至少应包括上、下限流量值的( )点以上进行检定，每点的检定次数不少于( )次。
   A. 2，2 B. 2，3 C. 5，3 D. 4，2

站场运销管理部分

27. BD02 油品动态计量中，有争议时应以( )为准。
   A. 等流样 B. 代表性试样 C. 时间比例样 D. 流量比例样

生产管理系统部分

28. BE01 在( )系统中建立计量设备档案并及时更新内容。
   A. PPS B. ERP C. 档案管理 D. 合同

29. BE01 下列业务中，( )在 ERP 系统(计量管理模块)中填报。
   A. 计量交接凭证 B. 运销月报
   C. 运销日报等 D. 流量计统计检定表

二、判断题(对的画"√"，错的画"×")

第一部分　基础知识

计量基础知识部分

( )1. AA01 计量工作是旨在实现计量单位统一、量值准确可靠而开展的一切活动。

( )2. AA01 计量是保证单位准确和量值可靠的操作。

(   )3. AA01 在我国规定使用《中华人民共和国法定计量单位》是为了确保国家计量单位制度的统一和全国量值准确一致。

(   )4. AA02 修正值在数值上与绝对误差相等。

(   )5. AA02 任何实流校准都有一定的不确定度，它取决于所选用的校准方法和校准装置，并由流速测量的随机误差及系统误差和实验室的随机误差及系统误差所决定。

(   )6. AA02 量程是指仪器测量范围的上限值与下限值之差。

(   )7. AA02 在油品计量交接油量计算中，空气浮力修正系数保留 5 位小数。

(   )8. AA02 在油品计量交接油量计算中，视密度读数精确到 0.1g/cm^3。

(   )9. AA03 各单位年平均销油含水不得小于收油含水，年平均销油密度不得高于收油密度。

(   )10. AA03 天然气的热值是指单位数量的天然气在空气中燃烧所放出的热量。

(   )11. AA03 可燃气体与空气的混合物，遇到明火进行稳定燃烧的浓度范围称为爆炸极限。

(   )12. AA03 声波在流体中传播，顺流方向声波传播速度会增大，逆流方向则减小，同一传播距离就有不同的传播时间。利用传播速度之差与被测流体流速之关系求取流速，称之传播时间法。

(   )13. AA04 容积式流量计又称排量流量计，它属于机械式流量计。

(   )14. AA04 流量计的测量精度是由其测量原理、结构、制造工艺水平、被测流体的性质和使用条件等决定的。

(   )15. AA04 速度式流量计目前使用较多的是涡轮流量计和旋进旋涡流量计。

(   )16. BA01 对于单向流动的流量计，设计方应当把温度计套管安放到流量计的上游。

第二部分　专业知识

计量设备维护管理部分

(   )17. BA01 流量计最好置于调压阀下游。

(   )18. BA01 气体超声流量计长期不用，应定期通电，以延长气体超声流量计的系统使用寿命。

(   )19. BA01 设计方和操作方不应当把超声流量计置于或将其接线到不必要的电气噪声处。

(   )20. BA01 超声波流量计的误差大小与由流量计上游管道结构引起的速度分布畸变的类型和程度以及流量计补偿畸变的能力有关。

(   )21. BA01 超声流量计使用前，在无流动介质的情况下，不需要检查流量计的读数。

(   )22. BA02 站场扫线时，应将流量计拆除，以直通短管代替，扫线作业完成后再安装流量计。

(　　)23. BA02 气相色谱仪不需要恒温装置。

(　　)24. BA02 色谱柱在色谱仪中用于将混合物中的各组分分离开。

计量交接管理部分

(　　)25. BB01 公司管理的计量人员包括：计量技术管理人员、计量检定员和油气交接计量员。

(　　)26. BB01 油气计量管理程序适用于油、气交接过程中计量管理、计量设备及计量人员的管理。

(　　)27. BB02 油品取样，由双方共同取样，有争议的原油样应留存。

(　　)28. BB02 损耗量是由于蒸发而减少的数量。

(　　)29. BB02 流量计的使用准确度是与被测介质的性质和现场条件密切相关的。

(　　)30. BB02 实验室测密度时只需要考虑密度计器差，无须考虑温度误差而产生的误差。

(　　)31. BB02 油品蒸发损耗按照发生的原因分为自然通风损耗、小呼吸损耗、大呼吸损耗和装油损耗。

计量检定管理部分

(　　)32. BC01 检定规程是为了评定计量器具的计量性能，作为检定依据的具有国家法定性的技术文件。

(　　)33. BC01 通过实流校准能确定超声波流量计输出信号和流动速度的平均比值。

(　　)34. BC01 选用容积法装置检定质量流量计时，在每个流量点的每次检定过程中，流体温度变化对质量流量的影响应可忽略。

(　　)35. BC01 用于贸易交接的计量设备，其精度、稳定性、可靠性应符合国家的有关标准规定。

(　　)36. BC02 根据计量器具的定义，各类仪表都属于计量器具，因而有必要对其进行定期检定或校准。

(　　)37. BC02 校准和检定是两个基本相同的概念。

(　　)38. BC02 流量计投入使用前，应按相应国家标准或规程进行检定或实流校准。

(　　)39. BC02 计量设备检定合格后，由各输油气分公司保存检定证书原件，并向设备使用单位和相关方提供复印件。

生产管理系统部分

(　　)40. BE01 每日，站计量岗使用ERP系统计量交接凭证功能，按规定结账时间直接提交生成计量交接凭证。

(　　)41. BE01 流量计检定、检修记录是在ERP系统(计量管理模块)里录入。

三、简答题

第一部分 基础知识

计量基础知识部分

1. AA01 量值传递与溯源的概念？
2. AA02 可能造成质量流量计出现零点不稳定或超差的原因有哪些？
3. AA04 质量流量计在使用过程中，哪些操作条件的变化会影响流量计的测量性能（列举5项）？

第二部分 专业知识

计量设备维护管理部分

4. BA01 涡轮流量计滤网的作用和影响？
5. BA01 涡轮流量计的启动顺序是什么？
6. BA02 超声换能器检查维护方法及步骤？

计量交接管理部分

7. BB02 为控制输差，减少计量误差应采取哪些措施？

计量检定管理部分

8. BC01 强制检定的计量器具包括哪3部分？
9. BC02 JJG 1038—2008《科里奥利质量流量计检定规程》中对检定流量点和检定次数的控制是如何规定的？

站场运销管理部分

10. BD01 简述长输油气管道系统运销综合平衡公式？
11. BD02 什么叫输差损耗？
12. BD01 成品油运销计划执行过程中，各二级单位和场站有哪些工作职责？
13. BD02 成品油盘库工作有哪些要求？

生产管理系统部分

14. BE01 QMS系统计量管理模块有哪些子功能（不少于5项）？

高级资质理论认证试题答案

一、单项选择题答案

1. D　2. C　3. A　4. D　5. D　6. B　7. A　8. C　9. C　10. C
11. A　12. D　13. B　14. A　15. A　16. C　17. C　18. D　19. D　20. A
21. D　22. C　23. A　24. D　25. D　26. C　27. D　28. B　29. D

二、判断题答案

1. √　2. ×计量是实现单位统一和量值准确可靠的活动。　3. √　4. ×修正值在数值上为绝对误差的相反数。　5. √　6. √　7. ×在油品计量交接油量计算中，空气浮力修正系数保留4位小数。　8. ×在油品计量交接油量计算中，视密度读数精确到 $0.1 kg/m^3$。　9. ×各单位年平均销油含水不得大于收油含水，年平均销油密度不得低于收油密度。　10. ×指单位数量的天然气完全燃烧所放出的热量。　11. ×爆炸上、下限之间的浓度。　12. √　13. √　14. √　15. √　16. ×下游　17. ×上游　18. √　19. √　20. √　21. ×需要检查。　22. √　23. ×需要。　24. √　25. √　26. √　27. √　28. ×损耗量是由于损耗而减少的数量。　29. √　30. √　31. √　32. √　33. √　34. √　35. √　36. √　37. ×两个概念　38. √　39. √　40. ×每日，站计量岗使用PPS系统计量交接凭证功能，按规定结账时间直接提交生成计量交接凭证。　41. √

三、简答题答案

1. AA01 量值传递与溯源的概念？

答：量值溯源就是通过一条具有规定不确定度的不间断的比较链，使测量结果或计量标准值能够与规定的参考标准，通常是与国家计量标准或国际计量标准联系起来的特性。

评分标准：答对占100%。

2. AA02 可能造成质量流量计出现零点不稳定或超差的原因有哪些？

答：(1)安装有应力；(2)未接地或虚接；(3)预热时间不够长；(4)变送器损坏。

评分标准：答对(1)~(4)各占25%。

3. AA04 质量流量计在使用过程中，哪些操作条件的变化会影响流量计的测量性能(列举5项)？

答：(1)流量变化；(2)流体温度变化；(3)流体压力变化；(4)多相流；(5)传感器内的闪蒸或气蚀现象；(6)流量传感器内壁的附着层或沉积物；(7)流量传感器的磨蚀；(8)流量传感器的腐蚀。

评分标准：答对任意1项占20%，答对5项占100%。

4. BA01 涡轮流量计滤网的作用和影响？

答：(1)安装滤网可以避免管道内施工遗留焊渣造成叶轮轴承损坏；(2)滤网安装一段时间以后因为气体脏污造成堵塞，使涡轮流量计内的气体流态不稳定，造成计量精度大大下降，因此，原则上投产后3个月应该拆除滤网。

评分标准：答对(1)(2)各占50%。

5. BA01 涡轮流量计的启动顺序是什么？

答：(1)安装就位后，应确保所有的切屑和残渣均已清除，系统已经吹洗、试压、气流进入并升压至流量计入口阀。(2)打开流量计上游旁通小球阀。(3)缓慢打开流量计上游旁通小截止阀，气体缓慢充入直到流量计下游电动强制密封球阀前。(4)注意：压力剧烈振荡或过快的高速加压会损坏流量计。为了保护气体涡轮流量计，加到涡轮流量计上的压力升高不能超过35kPa/s。如现场不能测量压力变化，则监视流量计流量不能超限。(5)关闭旁通小球阀和截止阀。(6)转动手轮打开入口强制密封阀。(7)缓慢打开流量计下游电动强制密封球阀(至少持续1分钟)，最好使用电动执行机构上的手动开关，一定要小心，不要使涡轮流量计超速运转。(8)整个系统充压完毕，天然气开始被计量。

评分标准：答对(1)~(8)各占12.5%。

6. BA02 超声换能器检查维护方法及步骤？

答：(1)超声波探头(换能器)的检查主要是测量其电阻值，其值应为1Ω左右，开路或短路则表明探头可能损坏。(2)拆卸探头可以有带压和不带压两种方法。(3)不带压拆卸时，不需要专用工具。关断流量计前后阀门，将阀门间的气体排出，观察现场压力表，当压力为零时方可拆卸；拧下罩壳上的螺栓，拆下罩壳；拧下露出的两个螺栓，拔下连线插头；用活扳手逆时针拧下探头。

评分标准：答对(1)(2)各占30%，答对(3)占40%。

7. BB02 为控制输差，减少计量误差应采取哪些措施？

答：(1)采用统一的计量方式进行交接计量。(2)计量设施要完善、配套，流量计要实现在线检定。计量器具按期周检不超差运行。(3)严格执行计量化验操作规程，避免或减少人为操作误差。(4)加强计量器具维护管理，避免机械、仪表、电气故障发生。

评分标准：答对(1)~(4)各占25%。

8. BC01 强制检定的计量器具包括哪3部分？

答：(1)社会公用的计量标准器具。(2)部门和企业、事业单位使用的最高计量标准器具。(3)用于贸易结算、安全防护、医疗卫生、环境监测方面的列入强制检定项目的工作计量器具。

评分标准：答对(1)(2)各占30%，答对(3)占40%。

9. BC02 JJG 1038—2008《科里奥利质量流量计检定规程》中对检定流量点和检定次数的控制是如何规定的？

答：(1)检定流量计依次为 q_{max}, $0.5q_{max}$, $0.2q_{max}$, q_{min} 和 q_{max}。(2)在检定过程中，每个流量点的每次时间检定流量与设定流量的偏差不超过设定流量的±5%；(3)每个流量点的检定次数不少于3次。

评分标准：答对(1)(2)各占40%，答对(3)占20%。

10. BD01 简述长输油气管道系统运销综合平衡公式？

答：油气输差=本期外销+自用+期末库存-本期收油-期初库存。

评分标准：答对占100%。

11. BD02 什么叫输差损耗？

答：输差损耗=收气量+管存变化量-销气量-自由量。

评分标准：答对占100%。

12. BD01 成品油运销计划执行过程中，各二级单位和场站有哪些工作职责？

答：(1)所属各单位运销科负责本单位管输计划的完成；(2)计量站计量岗负责计量、化验、与用户签计量交接凭证。

评分标准：答对(1)(2)各占50%。

13. BD02 成品油盘库工作有哪些要求？

答：(1)早8：00读取流量计计数和油罐检尺。(2)量油用具必须是检定合格的量油尺。(3)成品油检实尺、水尺。(4)储油罐较多的站，可提前一天对静态罐进行盘库检尺。在月末提前2小时进行倒罐停运，保留1~2个运行罐准时检尺，必须同时上罐，避免造成由于盘库时间不同步，使盘库数据不准。盘库的同时要对大罐液位计与人工检尺数据进行比对，发现有偏差及时对液位计进行调整。特殊天气情况下，可使用大罐液位计数据。(5)每次盘库须填写《盘库记录表》。

评分标准：答对(1)~(5)各占20%。

14. BE01 QMS系统计量管理模块有哪些子功能(不少于5项)？

答：包括测量体系、在用工作计量器具、新增/更新工作计量器具、计量标准装置、新增/更新计量标准装置、计量纠纷管理、计量培训情况7个子功能。

评分标准：答对1项占20%。

高级资质工作任务认证

高级资质工作任务认证要素细目表

模块	代码	工作任务	认证要点	认证形式
三、计量检定管理	S-JL-03-G01	容积式流量计检定	容积式流量计检定	技能操作
	S-JL-03-G02	质量流量计检定	活塞式体积管检定流量计准备	技能操作
	S-JL-03-G03	质量流量计检定	一球一阀双向体积管检定质量流量计	技能操作
	S-JL-03-G04	一球一阀双向体积管检定	一球一阀双向体积管清洗	技能操作
	S-JL-03-G05	一球一阀双向体积管检定	一球一阀双向体积管检定	技能操作
	S-JL-03-G06	活塞式体积管检定	活塞式体积管检定	技能操作

高级资质工作任务认证试题

一、S-JL-03-G01 容积式流量计检定——容积式流量计检定

1. 考核时间：50min。
2. 考核方式：技能操作。
3. 考核评分表。

考生姓名：_____　　　　　　　　　　　　　　单位：_____

序号	工作步骤	工作标准	配分	评分标准	扣分	得分	考核结果
1	检查	计量设施状态检查(包括流量计、体积管、温度表、压力表、工艺连接、封印及检定证书均有效等)，检查流量计及体积管管路上所有排污、排气、取样、扫线阀全部关严，检查其余计量管路检定阀门是否全部关严	20	少检查一项扣5分			

续表

序号	工作步骤	工作标准	配分	评分标准	扣分	得分	考核结果
2	倒检定流程	开流量计的进口阀,开体积管的进、出口阀,开流量计检定阀,关流量计出口阀和旁通阀,体积管排气,四通阀调为"远控"	20	未全开流量计进口阀扣5分;未全开体积管进、出口阀扣5分;未全开检定阀扣2分;操作错误,考试项目中止,不得分;阀门关闭不严扣5分;少排一次气扣3分;排气不规范扣2分;未设置四通阀状态扣5分			
3	检定	确定检定流量点,调节流量,检查流量计出口温度与体积管进口温度不超过1℃,开始检定程序,按正(反)向按钮,发球,当球到达D1检测开关时,计数器开始计数,同时记录流量计出体积管进、出口的温度、压力,当球到达D2检测开关时,计数器停止计数,按反(正)向按钮,发球,再次运行,检查一次检定过程中介质的温度变化应不超过±0.5℃	30	设定流量点不正确扣5分;调节流量与实际流量点超出±5%扣5分;未检查体积管出口和流量计进口温度差扣5分;没有记录温度、压力值扣5分;没有记录计数器脉冲数扣5分;未检查检定过程温度变化扣5分			
4	计算和分析	正(反)向行程与反(正)向行程的累计脉冲数和为1个检定数据,记录检定数据,计算流量计系数及重复性,流量计示值误差计算及结果判定,流量计重复性计算及结果判定,如超差应调整器差,调器差后应重新检定,检定合格后应铅封流量计	30	计算脉冲错误扣15分;分析流量计系数和重复性错误扣1~5分,流量计示值误差计算及结果判定扣5分;流量计重复性计算及结果判定错误扣5分;不知道铅封流量计扣5分			
		合计	100				

考评员　　　　　　　　　　　　　　　　　　　　　　　　　　年　　月　　日

二、S-JL-03-G02 质量流量计检定——活塞式体积管检定流量计准备

1. 考核时间:20min。
2. 考核方式:技能操作。
3. 考核评分表。

考生姓名：_____　　　　　　　　　　　　　　　　单位：_____

序号	工作步骤	工作标准	配分	评分标准	扣分	得分	考核结果
1	检查	检查体积管光电开关封印应完好、体积管检定证书均有效，查看检定介质压力，检查氮气系统的压力值是否满足检定要求，检查液压油缸油位，检查温度、压力仪表状态，检查体积管进入口管线连接是否完好，检查体积管排污排气管线及阀门状态，检查电源及相序，检查信号线连接是否完好	60	未检查铅封扣5分，为检查体积管及配套温度压力仪表检定证书扣10分，未查看被测介质压力扣5分，不会计算氮气系统压力值扣5分，未检查液压油缸油位扣10分，压力仪表阀门开关状态错误扣10分，排污、排气阀门处于开启状态1台扣5分，体积管动力电相序判断错误扣5分，信号插头连接不牢扣5分			
2	系统测试	启动检定流量计算机检查系统参数上传是否正常	40	无法进入检定流量计算机模拟量输入菜单扣10分，未进行温度、压力、密度和阀门状态参数检查1项扣10分			
	合计		100				

考评员　　　　　　　　　　　　　　　　　　　　　　　　年　月　日

三、S-JL-03-G03 质量流量计检定——一球一阀双向体积管检定质量流量计

1. 考核时间：40min。
2. 考核方式：技能操作。
3. 考核评分表。

考生姓名：_____　　　　　　　　　　　　　　　　单位：_____

序号	工作步骤	工作标准	配分	评分标准	扣分	得分	考核结果
1	检查	计量设施状态检查(包括流量计、体积管、温变、压变、工艺连接、封印及检定证书均有效)，记录流量计表底数等，检查流量计及体积管管路上所有排污、排气、取样、扫线阀全部关严，检查其余计量管路检定阀门是否全部关严，检查体积管配套温度、压力仪表状态	10	少检查一项扣2分，未记录流量计表底数扣3分			

续表

序号	工作步骤	工作标准	配分	评分标准	扣分	得分	考核结果
2	倒检定流程	开流量计的进口阀，开体积管的进、出口阀，开流量计检定阀，关流量计出口和旁通阀，对体积管排气，将四通阀处于"远控"位置	10	阀门开关状态错误一台次扣3分，体积管排气不规范扣2分，四通阀控制状态错误扣5分			
3	检定	确定检定流量点，调节流量	10	设定流量点不正确一个扣5分，调节流量与实际流量点超出±5%扣2分			
		全开密度计泵进、出口阀门，检查控制系统面板设置密度计参数正确后，启动密度计泵；检查流量计出口温度与体积管进口温度不超过1℃	10	密度计泵进出口阀开关状态错误一台次扣2分，密度计参数设置错误扣5分，体积管出口流量计进口温差超过1℃扣5分			
		进入检定系统并检查、设置相关参数后，正确选择被检流量计位号后，进行检定操作；某一流量点检定3次完成后，正确保存检定结果；要求检定系统操作正确、熟练	30	体积管检定系统参数设置错误一项扣5分，流量计选择错误扣5分，检定次数不够扣5分，检定系统操作不熟练扣5分			
		检查一次检定过程中介质的温度变化应不超过±0.5℃，流量波动量控制在±5%，密度变化不超0.2kg/m³，流量计出口保持一定背压	10	每一项不符合要求扣5分			
4	检定结果判断	计算流量计系数及重复性，依据检定数据，对流量计示值误差、重复性进行判断分析；分析流量计系数变化原因，熟悉流量计零点调整操作步骤	20	流量计系数、重复性计算错误每项扣10分，判定错误扣5分，流量计零点调整操作步骤不熟练扣5分			
		合计	100				

考评员　　　　　　　　　　　　　　　　　　　　　　　　　　年　月　日

四、S-JL-03-G04 一球一阀双向体积管检定——一球一阀双向体积管清洗

1. 考核时间：40min。
2. 考核方式：技能操作。
3. 考核评分表。

考生姓名：_____　　　　　　　　　　　　　　　单位：_____

序号	工作步骤	工作标准	配分	评分标准	扣分	得分	考核结果
1	准备	关闭体积管进出口阀，开排污阀启污油泵，开排气阀，将油转走	15	操作不规范扣5分，污油抽不干净扣10分			
		确认油已转走后，关闭排污阀和排气阀，停污油泵，开快速盲板，将最底部污油用活动齿轮泵抽干净	15	判断不准确扣5分，开快速盲板人不站在侧面扣10分，低部污油抽不干净扣5分			
		关快速盲板，开清水阀，启清水泵，开排气阀，排气干净后关排气阀，用清水运球，将污油除干净，停清水泵	15	不按顺序操作扣5分，气排不干净扣10分，操作不熟练扣5			
2	破乳剂浸泡清洗体积管	将水池及体积管内的污油、污水全部抽干净后，将准备好的破乳剂倒入水池中，用泵打进体积管内浸泡。然后启泵循环清洗污油，循环一段时间确认破乳剂与油品充分反应后将污油排走	30	污油水抽不干净扣10分，浸泡不彻底扣5分，加热不够、洗不干净扣5分			
3	清热水洗体积管	水池放水加热后，加清洗剂、循环清洗体积管，确认清洗干净后，将洗涤剂水全部排净，再用清水循环清洗几遍，无油花，水池无油迹，则清洗合格	25	判断、观察不准确扣10分，水面有油花扣10分，水池有油迹扣5分			
		合计	100				

考评员　　　　　　　　　　　　　　　　　　　　　　　年　　月　　日

五、S-JL-03-G05 一球一阀双向体积管检定——一球一阀双向体积管检定

1. 考核时间：40min。
2. 考核方式：技能操作。
3. 考核评分表。

考生姓名：_____　　　　　　　　　　　　　　　单位：_____

序号	工作步骤	工作标准	配分	评分标准	扣分	得分	考核结果
1	启泵排气	启动水泵，打开各排气阀，向体积管内充水，使水经体积管换向器，标准量器流回水池	10	操作不规范扣6分，不排气扣4分			
2	循环	进行一段时间的水循环，确认气已排净时关闭排气阀	10	湿润量器不规范扣6分，排气不干净扣4分			
3	平衡水温	测量体积管入口、出口标准量器出口及水池的水温，温度变化不超过1℃方可进行标定	10	水的温度不平衡进行标定扣10分			
4	量器准备	量器Ⅰ处于准备状态，这时水流经量器Ⅱ流回水池	5	操作不熟练扣5分			

续表

序号	工作步骤	工作标准	配分	评分标准	扣分	得分	考核结果
5	调节流量	调节流量调节阀以达到适当的流量,球随液体流运行,球触发检测开关 D1 时,D1 发出信号,换向器换向,这时换向器将水流导入处于准备状态的量器Ⅰ中,滴流 2min 关闭量器Ⅱ底阀,处于准备状态	20	流量调节的不适当或过大过小扣 10 分,准备工作未做好扣 5 分			
6	换向读数	当液面升至量器Ⅰ读数位置时,则由人工操作换向器倒换量器Ⅱ中,当量器Ⅰ读数后放水,放完水滴流 2min 关阀,重复操作	15	人工换向不熟练或掌握不好扣 5 分,人工换向失误溢罐或未到刻线换向扣 10 分			
7	记录数据	分别记下量器Ⅰ、Ⅱ的各次读取数值,直到球触发检测开关 D2 停止,一个检定行程结束	10	读数不准扣 4 分,记错数据扣 6 分			
8	余量处理	若液面正好升至读数刻线,则读出并记录之,若余量为负,可加入同温度的液体,使其升至刻线,记下填入的液体量。若干为正余量,应在球到达 D2 前先出之	10	不会使用 10L 和 5L 量器计量余量扣 10 分			
9	记录参数	测定并记录量器所计量的水温度值和各次的压力值	10	记录数据不整齐扣 4 分,数据不全后 6 分			
	合计		100				

考评员   年   月   日

六、S-JL-03-G05 活塞式体积管检定——活塞式体积管检定

1. 考核时间:40min。
2. 考核方式:技能操作。
3. 考核评分表。

考生姓名:_____   单位:_____

序号	工作步骤	工作标准	配分	评分标准	扣分	得分	考核结果
1	准备工作	检查氮气罐的压力是否为 75psi(表),并将氮气罐通往液压系统的球阀打开;检查液压油箱油液位;水池水质清洁、无气泡、杂质等	10	氮气罐压力偏离 75psi(表)压力值 10% 以上扣 5 分,液压油液位不在限位以内扣 5 分,水质未达标扣 3 分			
		正确连接各电源;安全取下检测开关套管;供电后,打开阀门 V1、V2、D1、D2、W1 和 W3,启动水泵,打开各排气阀,向体积管内充水,活塞上下游往返进行排气,直至整个系统各处水温相差不超 1℃,确认气已排净,关闭 W1、W2 和水箱水泵的出口阀,记录压力表 P1 的示值,确认本密闭系统无渗漏	10	顺序错误扣 5 分;少项漏项扣 5 分;气未排净扣 5 分			

续表

序号	工作步骤	工作标准	配分	评分标准	扣分	得分	考核结果
2	检定操作	标定下游体积： (1)查看拨位开关 S1 和 S2 的位置，将 S2 拨向上"DOWN"。 (2)打开水箱水泵的出口阀，关闭 W1 和 W2，打开 D1 和 V2，关掉 V1 和 D2，启动水箱水泵，体积管液压泵，将活塞拉至最上游位置。 (3)将 S1 向"RUN"侧拨动一下，此时 SV 阀应开启，并有水流动，体积管活塞向下游移动。 (4)待活塞指示片 TD 快接近光电检测开关"S1"位置时，关掉 W1 阀。此时 SV 阀继续开启，并继续有水流动。当活塞指示片 TD 移动到光电检测开关"S1"位置时，SV 阀会自动关闭。 (5)清除标准罐内的水，并关闭 W3。将 S1 向"RUN"侧拨动一下，开启 SV 阀，体积管活塞向下游移动。 (6)记录压力表 P1 示值，温度表 T1 和 T2 示值，记录环境温度示值。 (7)待活塞指示片 TD 快接近光电检测开关"S2"位置时，关掉 W1 阀。此时 SV 阀继续开启，并继续有水流动。当活塞指示片 TD 移动到光电检测开关"S2"位置时，SV 阀会自动关闭。 (8)准确读取并记录标准罐的示值，记录标准罐内的水温示值。待所有数据记录完毕后，打开 W3 阀，排放掉标准罐内的水，测量该水温，并记录下来。 (9)如有必要，将 S1 向"RET"侧拨动一下，将活塞拉到最上游位置，重复上述(3)~(9)步	30	(1)~(9)项每漏一项扣 5 分，顺序不正确扣 5 分			
		标定上游体积：将 S2 拨向上"UP"，其他操作参考上游体积标定的操作	30	(1)~(9)项每漏一项扣 5 分，顺序不正确扣 5 分			
3	检定结束	(1)停止所有泵的运转，将所有电源切断； (2)小心地将体积管检测开关的套管装回； (3)将氮气罐通往液压系统的球阀关闭； (4)将体积管橇座上的液压泵、密度泵控制箱关闭，锁紧；(5)将体积管橇座上的控制箱内接线恢复原状，并关闭，锁紧；(6)打开排空阀，排空体积管及前后管段内的积水，并用氮气吹扫，直到体积管内的水汽风干，并向体积管内充入高于大气压的氮气	20	每漏一项扣 5 分			
		合计	100				

考评员　　　　　　　　　　　　　　　　　　　　　　　年　　月　　日

参 考 文 献

［1］ JJF 1001—2011 通用计量术语及定义［S］.
［2］ 中国石化销售公司. 石油计量［M］. 合肥：安徽科学技术出版社，1993.
［3］ 张永红. 天然气流量计量［M］. 北京：石油工业出版社，2001.